变化环境下城市洪涝灾害风险评估方法与实践

黄国如　陈文杰　著

科学出版社
北京

内 容 简 介

本书主要介绍了变化环境下城市洪涝灾害风险评估方法和实践。分析气候变化和城市化对珠三角地区极端降雨的影响，探讨珠三角地区降雨结构和极端降雨时空演变规律。整理归纳城市洪涝灾害风险概念和内涵，提出城市洪涝灾害风险评估方法体系，以地处粤港澳大湾区的核心城市广州市、深圳市、珠海市等为例，分别开展基于指标体系法和情景模拟法的城市洪涝风险评估，提出城市洪涝弹性量化方法，并构建融合洪涝弹性的城市洪涝风险评估方法。提出基于机器学习的城市洪涝风险评估方法，开展气候变化和城市化对城市洪涝风险影响研究。

本书可供水利、水务、市政、规划、环境等科研工作者和工程技术人员参考，也可供相关专业的本科生和研究生使用和参考。

审图号：粤 S(2023)059 号

图书在版编目(CIP)数据

变化环境下城市洪涝灾害风险评估方法与实践/黄国如，陈文杰著. —北京：科学出版社，2024.3

ISBN 978-7-03-077420-0

Ⅰ. ①变… Ⅱ. ①黄… ②陈… Ⅲ. ①城市-水灾-风险评价-评估方法 Ⅳ. ①P426.616

中国国家版本馆 CIP 数据核字(2024)第 007159 号

责任编辑：杨帅英 张力群/责任校对：郝甜甜

责任印制：徐晓晨/封面设计：图阅社

科学出版社 出版

北京东黄城根北街 16 号

邮政编码：100717

http://www.sciencep.com

北京建宏印刷有限公司印刷

科学出版社发行 各地新华书店经销

*

2024 年 3 月第 一 版 开本：787×1092 1/16

2025 年 1 月第二次印刷 印张：14 3/4

字数：350 000

定价：198.00 元

(如有印装质量问题，我社负责调换)

前　言

近年来我国很多城市均遭受了极为严重的暴雨洪涝灾害，目前愈演愈烈的暴雨事件已对城市造成了极大危害，威胁到人们的日常生活，给城市安全运行造成了极大压力。暴雨洪涝频发与气候变化息息相关，气候变化改变了极端降雨发生的频率和强度，加剧了城市的洪涝灾害，正在引起越来越多的社会关注。同时，近年来我国城市化快速发展，大量沥青和混凝土路面取代自然路面，植被减少、建筑物增加，这些变化导致城市下垫面属性改变，直接导致水文循环改变，并影响能量循环特征，改变城市区域的降雨和产汇流规律。高速城镇化进程中粗放的扩张模式挤占了河湖空间，降低了湖泊的自然调蓄能力；先地上、后地下的城市建设理念导致配套的城市排水基础设施建设严重滞后，导致城市洪涝灾害频发。在气候变化和城市化双重影响下，城市洪涝管理面临更加严峻的挑战，但目前我国变化环境下城市洪涝风险评估研究基本处于空白状态，这给未来城市防洪减灾工作带来了巨大挑战。因此，本书以珠三角地区为研究对象，对变化环境下的城市洪涝灾害风险评估进行系统研究。

本书共分 8 章。第 1 章为绪论，主要介绍城市洪涝灾害风险评估的研究背景、研究意义和主要研究内容。第 2 章为气候变化对未来极端事件的影响，主要构建区域气候模式，开展了 RegCM4.6 对珠三角地区未来气候的模拟。第 3 章为城市化对极端降雨的影响，分析了珠三角地区城镇化进程，系统研究了珠三角地区降雨结构和极端降雨时空演变特征，模拟分析了城市下垫面变化对夏季降雨的影响。第 4 章为城市洪涝灾害风险评估方法，归纳整理城市洪涝灾害风险的概念和内涵，提出城市洪涝灾害风险识别方法、指标体系构建及权重确定方法、风险等级区划方法。第 5 章为基于指标体系法的城市洪涝风险评估，分别以珠三角地区和深圳市为研究区域，构建洪涝风险评估指标体系，利用层次分析法和 ArcGIS 等进行洪涝风险区划研究。第 6 章为基于情景模拟的城市洪涝风险评估，分别以广州市、深圳市和珠海市等三个典型城市流域为研究区域，利用 InfoWorks ICM 模型模拟得到研究区域淹没状况，构建城市洪涝风险评估指标体系，开展研究区域城市洪涝风险区划研究，提出融合洪涝弹性的城市洪涝风险评估方法。第 7 章为基于机器学习方法的城市洪涝风险评估，对多种机器学习算法进行深入研究，构建基于机器学习的珠三角地区洪涝评估模型，开展城市洪涝风险评估。第 8 章为气候变化与城市化对城市洪涝风险的影响，利用集对分析法研究不同气候变化情景、城市化情景和未来社会经济情景等对城市洪涝风险的影响。全书由黄国如、陈文杰统稿，其他作者还有张瀚、罗海婉、李碧琦、陈嘉雷、陈易偲等。

本书的研究成果是我们水资源及水环境科研团队长期努力的结晶，在撰写过程中，参考和引用了国内外许多专家和学者的研究成果，在此表示衷心的感谢。本书的研究得到了国家重点研发计划项目（2017YFC1502704、2018YFC1508201）、国家自然科学基金重点项目（51739011）、国家自然科学基金面上项目（51879108）等的大力资助，在此一并表示感谢。限于作者的研究水平，书中难免存在疏漏之处，恳请同仁批评指正。

作　者

2022年10月16日

目　录

第1章 绪　　论

1.1 研 究 背 景

自然灾害始终与人类相伴，可以说人类发展的历史是一部与各种自然灾害抗争的历史。自然灾害已对人类生产生活、环境保护和经济发展造成严重威胁，其中洪涝灾害是发生最频繁、影响最广泛的自然灾害之一。据紧急灾难数据库（Emergency Events Database，EM-DAT）（CRED，2022）统计，2001～2020 年平均每年发生 347 次较大自然灾害，造成年均 61212 人死亡和 1934 亿美元的损失。其中洪涝灾害在全球的影响范围最大，年均发生 163 次，位列所有自然灾害之首；造成年均 5185 人死亡，仅次于地震灾害、极端温度事件与风暴灾害；造成年均经济损失 341 亿美元，仅次于风暴与地震灾害。对于我国而言，2021 年全国因洪涝和地质灾害造成直接损失 2477 亿元，占全国自然灾害损失的 87.2%（国家统计局，2022）。在应急管理部发布的 2021 年全国十大自然灾害中，台风与暴雨洪涝灾害占 6 项，但受灾人口、死亡失踪、紧急转移安置与直接经济损失占比分别高达 97.8%、93.2%、96.3%和 92.1%。国家防汛抗旱总指挥部也指出，在 2014～2018 年期间，我国每年受淹城市分别高达 125 座、168 座、192 座、104 座和 83 座[①]，其中包括北京的“7 • 21”、广州的“5 • 22”、深圳的“8 • 29”等标志性灾害事件。2021 年 7 月 17～23 日，河南省郑州市遭遇历史罕见特大暴雨，引起地铁、地下隧道雨水倒灌，道路、桥区积水严重，造成了 380 人死亡，是我国近年来最严重的城市内涝灾难事件之一[②]。2012 年 7 月 21 日，北京市发生特大暴雨，最大降雨量达到 460mm，受灾死亡人数达到 79 人，直接经济损失达到 116.4 亿（Zhang et al.，2013）。据住建部统计，仅在 2022 年前汛期，全国有 52 个城市因强降雨发生过不同程度的洪涝现象达 73 次。由此可见，“逢暴雨必涝”已成为我国当前大部分城市的真实写照，已严重威胁到人们的正常生活，给国家和社会造成了严重的人员伤亡及财产损失。

此外，以平均气温升高和降水集中为主要特征的气候变化和以城市化发展为主要标志的高强度人类活动对地球系统产生了深远的影响（张建云和向衍，2018；王浩等，2021）。气候变暖和人类活动改变了自然界的水循环，增加了极端水文事件发生的概率，使城市暴雨洪涝问题日益增多（夏军和石卫，2016；张建云等，2016）。虽然一些防御性的措施也在逐步建设与运行，但随着承灾体暴露度的增加，城市内涝灾害的发生似乎并没有减缓迹象，甚至还呈现不断加剧的趋势（徐宗学和程涛，2019），遭受的损失也在逐渐增加（图 1-1）。

---

① 国家防汛抗旱总指挥部，中华人民共和国水利部. 2014-2018. 中国水旱灾害公报(2014—2018). 北京：中国水利水电出版社.

② 国务院灾害调查组. 2022.1. 河南郑州“7 • 20”特大暴雨灾害调查报告.

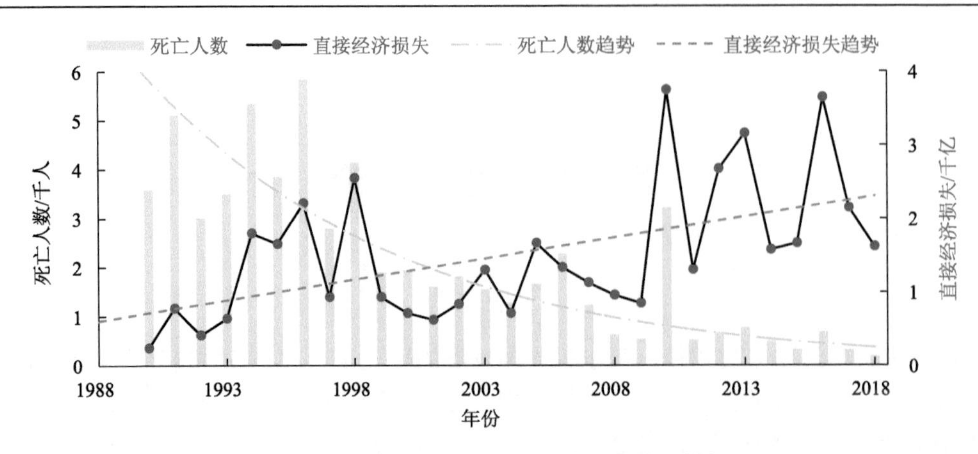

图 1-1 1990～2018 年我国洪涝灾害统计数据

近年来，期刊 *Nature* 和 *Science* 上发表了多篇与城市洪涝灾害相关的研究论文（Milly et al.，2002；Becker and Grünewald，2003；Hirabayashi et al.，2013；Temmerman et al.，2013；Jongman et al.，2014；Auerbach et al.，2015），这些研究均聚焦于气候变化与人类活动影响下的洪涝灾害风险。其中，Woodruff 等（2013）研究认为全球气候变化将会导致极端气候事件的发生频率增加，进而导致洪涝对人类的威胁越来越大。Tellman 等（2021）研究发现在 2000～2018 年约有 2.55 亿～2.90 亿人口直接受到了洪水的影响，受影响人口 2000～2015 年增加了 5800 万～8600 万，受洪水影响的人口比例上升了 20%～24%。另外，据联合国与世界银行的相关报告（Jha et al.，2012）指出世界上有 52%的人口居住在城镇化区域，其中 2/3 是在中低收入国家。到 2030 年，全球城市人口比例将会增加到 60%，2050 年将增长至 67%，城市人口是农村人口的两倍。随着城市规模的发展，到 2030 年大部分城市居民将住在小于 100 万人口的城镇中，而这种规模的城镇恰恰是最难以做到城市基础设施配套的，这将意味着更多的城市居民将面临洪涝灾害的风险。此外，城镇化发展不仅使得诸多地区下垫面发生剧烈变化，不透水面积增加，降雨径流增加，地表汇流时间减少，而且较多的人为热和较高的不透水率加剧了热岛效应和雨岛效应的形成，这也加剧了洪涝灾害发生的概率。

总的来说，我国乃至全球的洪涝灾害现状非常严峻，而气候变化与城市化也在深刻影响着城市洪涝的致灾因子与承灾体，对未来的洪涝灾害管理具有极高的挑战性。

1.2 研 究 意 义

城市洪涝灾害已成为影响城市地区经济发展的主要自然灾害之一，防灾减灾问题在国家、城市发展及学术研究等各个层面上均引起了广泛关注和高度重视。为应对广泛而又频繁的城市洪涝灾害，实现有效的雨洪管理，各国均采取了相应的应对策略。澳大利亚于 20 世纪 80 年代就提出了水敏感城市设计（Water Sensitive Urban Design，WSUD），旨在实现不同空间尺度下的城市规划和水循环的高效结合和最优管理。美国也提出了最佳管理策略（Best Management Practices，BMP），以控制径流量和削减非点源污染。欧洲国家提出的可持续排水系统（Sustainable Urban Drainage Systems，SUDS）指出要在解决水问题的同时考虑水的流量、质量和环境的舒适度，从而实现城市的可持续发展。

我国近年来也高度重视城镇化地区洪涝问题，提出了建设“海绵城市”“韧性城市”等目标。“海绵城市”的理念要求城市像一块海绵一样，在发生降雨时能够及时蓄水，而在需要用水时可以提供用水（Liu，2016）；“韧性城市”是新时期国家治理体系的重要组成部分，其核心要求之一在于城市能够抵御和适应外界的灾害或冲击，同时保持其主要特征和功能不受明显影响。为实现这一目标，国家相继出台了《国家中长期科学和技术发展规划纲要（2006—2020年）》《国家防灾减灾科技规划（2010—2020年）》《海绵城市建设技术指南》《国家综合防灾减灾规划（2016—2020 年）》《国家“十三五”科学和技术发展规划》等指南和规划，旨在构建城市防洪减灾体系，提高城市的防灾减灾能力，建设更加安全的“韧性城市”。

然而，城市内涝的防治并不是一蹴而就的，内涝防治工程体系的构建需要时间的积累和经验的沉淀，而预警预报、风险评估等非工程措施往往是更加直接、便捷规避风险的方法。其中，内涝灾害风险评估是一项极其重要的防灾减灾非工程措施，其内涵是指根据对风险发生可能性（概率）及其后果（财物损失或伤亡）影响程度进行评估的工作，目的是分析当前或未来的洪涝风险信息，识别高风险区域，为风险管理和防灾减灾决策提供技术支持，对指导城市规划、防洪减灾、洪水保险等工作的开展具有重要的参考价值，对国民生命财产安全的保障、社会的稳定及快速发展、人民群众洪涝风险意识的提高具有重要的现实意义。

1.3 主要研究内容

本书主要分析了气候变化和城市化对珠三角地区极端降雨的影响，探讨珠三角地区降雨结构和极端降雨时空演变规律，论述城市洪涝灾害风险评估方法，开展基于指标体系法和情景模拟法的城市洪涝风险评估，提出基于机器学习的城市洪涝风险评估方法，开展气候变化和城市化对城市洪涝风险影响研究。主要研究内容如下：

（1）应用高分辨率区域气候模式RegCM4.6单向嵌套GFDL-ESM2M全球气候模式，对珠三角地区进行历史时期1980～2000年和RCP4.5、RCP8.5两种未来情景下2030～2050年时间长度、水平分辨率为20km的模拟，并采用M-K方法对未来时期（2030～2050年）极端指标进行趋势检验。

（2）采用趋势统计、空间分布等方法从人口和经济发展角度分析珠三角地区的城镇化进程，以降雨发生率和降雨贡献率作为评价指标，从场次降雨的历时和等级两个角度分析珠三角地区降雨结构的时空演变特征，研究珠三角地区的极端降雨指标和暴雨雨型的时空变化特征，重点对比高度城镇化地区与周边地区极端降雨时空差异，采用中尺度气候模式WRF模拟珠三角高度城镇化地区夏季降雨，量化下垫面变化对珠三角核心区夏季降雨的影响。

（3）对城市洪涝灾害风险评估中的基本概念进行梳理，并对风险评估流程、灾害风险尺度以及空间单元选取方法进行研究，基于人眼分辨能力对空间分辨率、地图比例尺和制图分辨率之间的关系进行探讨。对风险识别、风险分析进行梳理和归纳，并对应用较为广泛的指标体系法进行论述，辨析城市洪涝灾害评估指标体系构建以及指标权重计算方法，进一步归纳并总结风险等级数量及等级区划的方法。

（4）以珠三角地区和深圳市两个不同尺度的区域为研究区，选用“危险性-易损性”风险评估框架，依据研究区的洪涝灾害特征构建洪涝风险评估指标体系，综合考虑降雨、地形条件和人口经济在城镇化前、后的时空分布特征，对该地区在城镇化前、后的洪涝风险进行区划，通过对比不同时期的风险区划结果为研究区防灾减灾和风险管理措施的制定提供理论依据和重要支撑。

（5）以地处珠三角地区的核心城市广州市、深圳市和珠海市三个研究区域为例，构建研究区域 InfoWorks ICM 城市洪涝模型，综合考虑流域洪涝灾害特性构建基于危险性-易损性评估框架的评估指标体系，采用指标体系法和情景模拟法相结合进行风险分析和区划，采用合成曲线法拟合深圳市居民室内财产淹没深度-损失率曲线，提出融合洪涝弹性的洪涝风险评估方法。

（6）将六种机器学习模型应用于珠三角地区洪涝风险评估中，采用网格搜索算法对模型的超参数进行优化，应用 2014 年的实测内涝黑点对优化后模型的合理性进行评估，基于模型模拟得到的风险结果选择最优模型，分析不同风险等级的指标分布特点、不同条件下高风险区域的特征和洪涝风险的主要驱动因子，为深度学习模型应用于洪涝风险评估提供了重要参考。

（7）根据风险成因机制系统的致灾因子、孕灾环境和承灾体三大驱动因子选取 8 个评价指标，利用层次分析法和熵权法计算评价指标的综合权重，分别构建珠三角地区历史时期和未来时期 RCPs-Urbanization-SSPs 多情景的洪涝灾害风险评估模型，对不同时期的洪涝风险进行评估，通过分析不同情景的区划结果剖析珠三角地区未来时期洪涝风险演变特征，并进一步揭示气候变化和社会经济对洪涝风险演变的影响机制。

第 2 章 气候变化对未来极端事件的影响

气候模式可以模拟大气、海洋、陆地之间的相互作用，在模拟与预估未来气候变化并进行气候变化机理研究等方面得到了广泛应用。IPCC 第五次评估报告指出，全球地表气温未来时期增加趋势显著，在气候变暖条件下，全球极端气候事件发生的频次和强度均有不同程度的上升，这将给世界各国带来巨大的经济损失。目前关于极端气候事件的研究也受到了众多学者的广泛关注。

珠三角地区是中国重要的经济中心，同时也是中国洪涝灾害事件高频率发生的主要地区，受气候变化影响，珠三角地区的极端事件强度和频次呈现显著上升趋势，对珠三角地区进行全面而详细的极端事件变化分析对未来时期洪涝灾害的评估、防灾减灾和灾后决策均至关重要。因此，本章基于区域气候模式 RegCM4.6 单向嵌套全球气候模式 GFDL-ESM2M 对珠三角地区 1980～2000 年气温和降雨进行评估，然后利用模式数据预测 RCP4.5 和 RCP8.5 下珠三角地区 2030～2050 年气温和降雨的时空变化特征。研究结果有助于深入理解珠三角地区气候变化规律，对珠三角地区防灾减灾、水资源管理以及社会经济发展具有重要的指导意义。

2.1 区域气候模式构建

2.1.1 区域气候模式简介

将有限区域模式（limited area models，LAMs）用于区域气候研究的想法最早由 Dickinson 和 Giorgi 等（1990）提出，以单向嵌套概念为基础，通过驱动大尺度环流模式（general circulation model，GCM）提供高精度的区域气候模式（regional circulation model，RCM）依赖的初始场和气象边界条件。第一代 NCAR RegCM 建立在宾夕法尼亚州立大学构建的可压缩有限差分模型，具有静力平衡和垂直σ坐标系中尺度模型 MM4 的基础上，随后为了将 MM4 用于气候研究，许多物理参数被替换。在过去的几年中，一些新的物理方案被嵌入 RegCM，主要依据最新版本的气候模型 CCM3，相比于 CCM2，除了考虑 H_2O、O_3、O_2、CO_2 和云的影响，太阳辐射传输采用$\sigma-$Eddington 方法，CCM3 进一步考虑了新的温室气体影响（NO_2，CH_4，CFCs）、大气气溶胶和云冰混合。还有一个重要改动是云和降水过程，原本的显式水汽方案由于计算资源耗费过大，被简化的版本所取代。在简化方案中，只包含一个云水的预报方程，它包括云水的形成、湍流的平流和混合、亚饱和条件下的再蒸发。这一方案的创新之处不仅在于简单的微观物理过程，而且在于预测的云水变量能够直接用于计算云辐射。而在区域气候模型的早期版本中，用于辐射计算的云水变量则被诊断为局部相对湿度。这一新特性在模拟水文循环和能量计算之间增加了一个非常重要和意义深远的元素。以上这些不断完善的更新使得 RegCM

模型成为世界上应用范围最可靠、最合适、最广泛的区域气候模式之一。

1. RegCM4.6 动力框架

RegCM 由 AbdusSalam 国际理论物理中心（ICTP）开发，已成功应用于中国的气候变化预测评估（Liu et al.，2013；Ji and Kang，2015；Sun et al.，2015；Wu and Huang，2016），基于美国国家大气研究中心（NCAR）和宾夕法尼亚州立大学（PSU）的中尺度模式（MM5）的流体静力学平衡模型，其动力方程组包括水平动量方程、连续性方程和 $\dot{\sigma}$ 方程、热力学方程和 ω 方程以及静力方程，各方程表述如下：

1）水平动量方程

$$\frac{\partial p^{*}u}{\partial t}=-m^{2}\left(\frac{\partial p^{*}uu/m}{\partial x}+\frac{\partial p^{*}vu/m}{\partial y}\right)-\frac{\partial p^{*}u\dot{\sigma}}{\partial\sigma}-mp^{*}\left[\frac{RT_{v}}{p^{*}+p_{\mathrm{t}}/\sigma}\frac{\partial p^{*}}{\partial x}+\frac{\partial\phi}{\partial x}\right]+fp^{x}v+F_{H}u+F_{V}u \tag{2-1}$$

$$\frac{\partial p^{*}v}{\partial t}=-m^{2}\left(\frac{\partial p^{*}uv/m}{\partial x}+\frac{\partial p^{*}vv/m}{\partial y}\right)-\frac{\partial p^{*}v\dot{\sigma}}{\partial\sigma}-mp^{*}\left[\frac{RT_{v}}{p^{*}+p_{\mathrm{t}}/\sigma}\frac{\partial p^{*}}{\partial x}+\frac{\partial\phi}{\partial x}\right]+fp^{x}u+F_{H}v+F_{V}v \tag{2-2}$$

式中，u 和 v 分别为水平速度分量；T_v 为虚温；ϕ 为位势高度；f 为科里奥参数；R 为干空气气体常数；m 为地图放大投影系数；$\dot{\sigma}$ 为垂直速度；F_H 和 F_V 分别为水平和垂直扩散效应；p_{s} 为地裂压力，p_{t} 为顶层压力常量，$p^{*}=p_{\mathrm{s}}-p_{\mathrm{t}}$。

2）连续性方程和 $\dot{\sigma}$ 方程

$$\frac{\partial p^{*}}{\partial t}=-m^{2}\left(\frac{\partial p^{*}u/m}{\partial x}+\frac{\partial p^{*}v/m}{\partial y}\right)-\frac{\partial p^{*}\dot{\sigma}}{\partial\sigma} \tag{2-3}$$

对式（2-3）进行垂直积分，进一步得到模式表面气压的时间变率和 $\dot{\sigma}$ 坐标系中每一层的垂直速度：

$$\frac{\partial p^{*}}{\partial t}=-m^{2}\int_{0}^{1}\left(\frac{\partial p^{*}u/m}{\partial x}+\frac{\partial p^{*}v/m}{\partial y}\right)\mathrm{d}\sigma \tag{2-4}$$

$$\dot{\sigma}=-\frac{1}{p^{*}}\int_{0}^{\sigma}\left[\frac{\partial p^{*}}{\partial t}+m^{2}\left(\frac{\partial p^{*}u/m}{\partial x}+\frac{\partial p^{*}v/m}{\partial y}\right)\right]\mathrm{d}\sigma' \tag{2-5}$$

式中，σ' 为积分哑变量，$\dot{\sigma}(\sigma=0)=0$。

3）热力学方程和 ω 方程

$$\frac{\partial p^{*}T}{\partial t}=-m^{2}\left(\frac{\partial p^{*}uT/m}{\partial x}+\frac{\partial p^{*}vT/m}{\partial y}\right)-\frac{\partial p^{*}T\dot{\sigma}}{\partial\sigma}+\frac{RT_{v}\omega}{c_{\mathrm{pm}}\left(\delta+p_{\mathrm{t}}/p_{\mathrm{ast}}\right)}+\frac{p^{*}Q}{c_{\mathrm{pm}}}+F_{V}T+F_{H}T \tag{2-6}$$

式中，c_{pm} 为湿空气的定压比热；T 为温度；ω 为垂向动量；p_{ast} 为大气标准压力；Q 为非绝热加热；F_VT 为垂直混合作用；F_HT 为水平混合作用。

$$\omega = p^* \dot{\sigma} + \sigma \frac{\mathrm{d}p^*}{\mathrm{d}t} \tag{2-7}$$

其中，$\frac{\mathrm{d}p^*}{\mathrm{d}t} = \frac{\partial p^*}{\partial t} + m\left(u\frac{\partial p^*}{\partial x} + v\frac{\partial p^*}{\partial y}\right)$　（2-8）

4）静力方程

$$\frac{\partial \phi}{\partial \ln\left(\sigma + p_{\mathrm{t}}/p^*\right)} = -RT_{\mathrm{v}}\left[1 + \frac{q_{\mathrm{c}} + q_{\mathrm{r}}}{1 + q_{\mathrm{v}}}\right]^{-1} \tag{2-9}$$

式中，q_{v}、q_{r}、q_{c}分别为水蒸气、降雨/雪、云水/冰的混合比；$T_v = T\left(1 + 0.608q_{\mathrm{v}}\right)$。式（2-9）用于从虚温计算位势高度。

2. 模式格点的侧边界条件选取方法

区域气候模式 RegCM 的水平与垂直格点均为跳点格式。在水平跳点格式（Arakawa-Lamb B）中，水平风速位于网格点的角上，其他动量场位于格点的中心点。区域气候模式 RegCM 的跳点格式相对于非跳点格式在计算气压梯度力、水平散度和涡度将会更精确。在垂直方向上，垂直速度位于整数层上，其余物理量位于半数层上（图 2-1）。

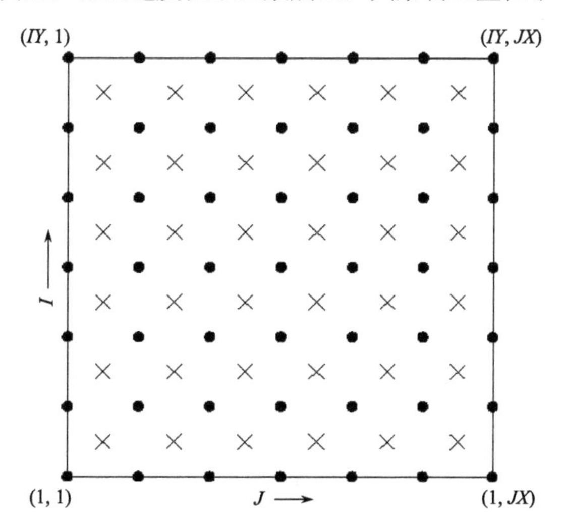

图 2-1　模式水平格点定义

2.1.2　实验设计和资料方法

全球气候模式选用 GFDL-ESM2M（Geophysical Fluid Dynamics Laboratory Earth System Model version 2M；2.5°×2.0° of horizontal resolution；American）（Dunne et al.，2012a，2012b）作为驱动场，海表温度 SST 为全球气候模式输出，土地利用数据为 GLCC（Loveland et al.，2010）。水平分辨率为 20km，南北方向格点数为 79，东西方向格点数为 72，纵向分为 18 层，顶层气压 5hPa（图 2-2 和表 2-1）。历史时期模拟时间为 1979～2000 年，未来时期模拟时间为 2029～2050 年。模拟第一年为模式预热，不参与后续分

析。辐射传输方案采用 NCAR CCM3 方案（Kiehl et al.，1996），积云参数化方案采用 Grell 方案（Grell，1993），陆面参数化方案采用生物圈-大气圈传输方案 BATS1e（Dickinson et al.，1993），非局部边界方案采用 Holtslag 方案（Holtslag et al.，1990），海洋通量参数化方案采用 Zeng 方案（Zeng et al.，1998），侧边界条件为指数松弛边界条件。

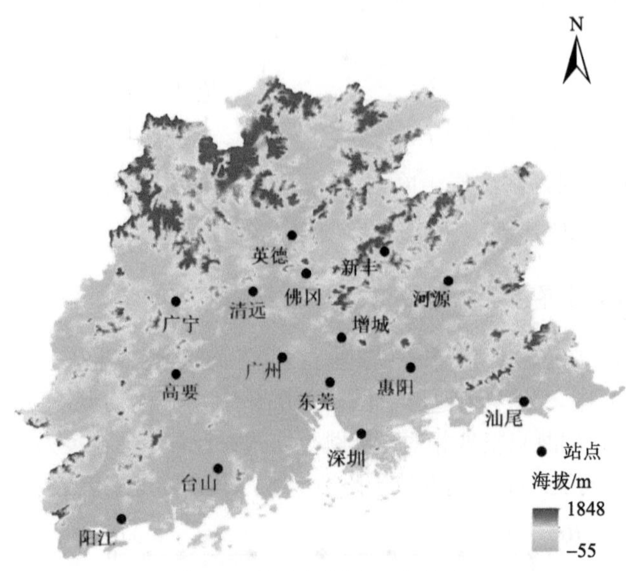

图 2-2 研究区域及气象站点

表 2-1 珠三角地区站点详细信息

站点编号	站点名称	纬度/°N	经度/°E	海拔/m
59087	佛冈	23.52	113.32	97.20
59088	英德	24.11	113.25	74.50
59097	新丰	24.03	114.12	198.60
59271	广宁	23.38	112.26	57.30
59278	高要	23.02	112.26	41.00
59280	清远	23.43	113.05	79.20
59287	广州	23.10	113.20	40.70
59289	东莞	22.58	113.44	56.00
59293	河源	23.48	114.44	70.80
59294	增城	23.20	113.50	30.80
59298	惠阳	23.05	114.25	108.50
59478	台山	22.15	112.47	32.70
59493	深圳	22.32	114.00	63.00
59501	汕尾	22.48	115.22	16.70
59663	阳江	21.50	111.58	89.90

2.2 研究方法

2.2.1 极端气候指标

ETCCDMI 定义了 27 个气候指标，主要集中在对极端事件的描述上，其中包括 11 个降水指标和 16 个气温指标，这些指标基于逐日降水量、每日最高气温和最低气温计算（http://etccdi.pacificclimate.org/indices.shtml）。

本章根据珠三角地区气候特点，从以上降水指标和气温指标中筛选出 5 个极端降水指标和 4 个极端气温指标（表 2-2）进行珠三角地区极端气候检验。

表 2-2　极端降水和极端气温指标及其定义

指数类型	英文名称	中文名称	单位
降水指数	CDD	连续干旱日数	d
	R25mm	强降水日数	d
	Rx1day	连续 1 日最大降水量	mm
	Rx5day	连续 5 日最大降水量	mm
	SDII	日降水强度	mm/d
气温指数	SU25	夏日日数	d
	TMINmean	年平均最低气温	℃
	TNn	最低气温极小值	℃
	TXx	最高气温极大值	℃

2.2.2 Mann-Kendall 趋势检验

Mann-Kendall 趋势检验法是统计检验中分析趋势变化的重要工具，M-K 趋势检验法的优势是不需要样本遵从特定的分布，也不受少数异常值的干扰，计算简便（Mann，1945；Kendall，1975）。目前，Mann-Kendall 趋势检验法已经在水文、气象等领域得到了极为广泛的应用（Zhang et al.，2012，2014）。

Mann-Kendall 趋势检验法其原理主要为，假设存在一个独立同分布的数据系列 $X_t=\left(x_1,x_2,\cdots,x_n\right)$，定义统计量为

$$S=\sum_{i=1}^{n-1}\sum_{j=i+1}^{n}\operatorname{sgn}\left(x_j-x_i\right) \tag{2-10}$$

式中，sgn 为符号函数，$\operatorname{sgn}(y)=1$，$y>0$；$\operatorname{sgn}(y)=-1$，$y<0$；$\operatorname{sgn}(y)=0$，$y=0$。

如果 S 大于 0，则认为数据系列有增加趋势，反之则认为有减少趋势。当 n 大于 10 时，S 近似服从于正态分布。正态分布检验统计量 Z 为

$$Z=\begin{cases}(S-1)/\sqrt{n(n-1)(2n+5)/18} & S>0\\ 0 & S=0\\ (S+1)/\sqrt{n(n-1)(2n+5)/18} & S<0\end{cases} \tag{2-11}$$

式中，Z 为正态分布的统计量。Z 计算结果为正值表示统计变量为上升趋势，Z 计算结果为负值表示统计变量为下降趋势，$|Z| \geqslant 1.96$ 则表示通过 $\alpha = 0.05$ 水平的统计检验，$|Z| \geqslant 1.645$ 则表示通过 $\alpha = 0.1$ 水平的统计检验，$|Z| \geqslant 1.28$ 则表示通过 $\alpha = 0.2$ 水平的统计检验。

为了验证 Mann-Kendall 趋势检验结果，采用 Sen 氏坡度估计（Sen's slope estimator）方法对数据系列的变化速率做进一步定量计算（Sen，1968）。Sen 氏坡度估计方法与最小二乘线性拟合趋势估计方法原理相似，但是 Sen 氏坡度估计方法对数据分布不敏感，并且能够避免奇异值对检验结果的影响，在水文气象领域检测中也获得了广泛的应用（Sun et al.，2017）。方法原理简要描述如下：

对于一组数据 $x_1, x_2, \cdots, x_n$，系列长度为 n，计算公式为

$$Q_i = \frac{x_j - x_k}{j - k} \tag{2-12}$$

式中，$1 \leqslant k < j \leqslant n$，$1 \leqslant i < N$；$N$ 取值依赖于 n，$N = n(n-1)/2$。数据系列的 Sen 氏坡度由式（2-13）确定：

$$\bar{Q} = \begin{cases} Q_{[(n+1)/2]} & n\text{为奇数} \\ \left(Q_{n/2} + Q_{[((n+2)/2)]}\right)\Big/2 & n\text{为偶数} \end{cases} \tag{2-13}$$

2.2.3 平均误差、误差标准和相关系数

在检验模拟结果与观测结果的差异和相关性时，使用平均误差（ME）、均方根误差（RMSE）和相关系数（CC）来衡量。计算公式为

$$\mathrm{ME}_j = \frac{1}{T}\sum_{j=1}^{T}\left(\mathrm{Sim}_{i,j} - \mathrm{Obs}_{i,j}\right) \times 100\% \tag{2-14}$$

$$\mathrm{RMSE}_j = \sqrt{\frac{1}{T}\sum_{j=1}^{T}\left(\mathrm{Sim}_{i,j} - \mathrm{Obs}_{i,j}\right)^2} \tag{2-15}$$

$$\mathrm{CC}_j = \frac{\sum_{i=1}^{T}\left(\mathrm{Obs}_{i,j} - \overline{\mathrm{Obs}}\right)\left(\mathrm{Sim}_{i,j} - \overline{\mathrm{Sim}}\right)}{\sqrt{\sum_{i=1}^{T}\left(\mathrm{Obs}_{i,j} - \overline{\mathrm{Obs}}\right)^2 \sum_{i=1}^{T}\left(\mathrm{Sim}_{i,j} - \overline{\mathrm{Sim}}\right)^2}} \tag{2-16}$$

式中，j 为站点；$\mathrm{Obs}_{i,j}$ 与 $\mathrm{Sim}_{i,j}$ 分别为观测和模拟序列；T 为序列长度。

2.3 珠三角地区气候模式模拟能力检验

2.3.1 珠三角地区月气温和月降雨的模拟与检验

图 2-3 和表 2-3 为月气温和月降雨观测与模拟的对比结果，从对比结果来看，RegCM 模拟结果能够较好地再现珠三角地区的月气温以及月降雨年内分布特征，模拟结果表明

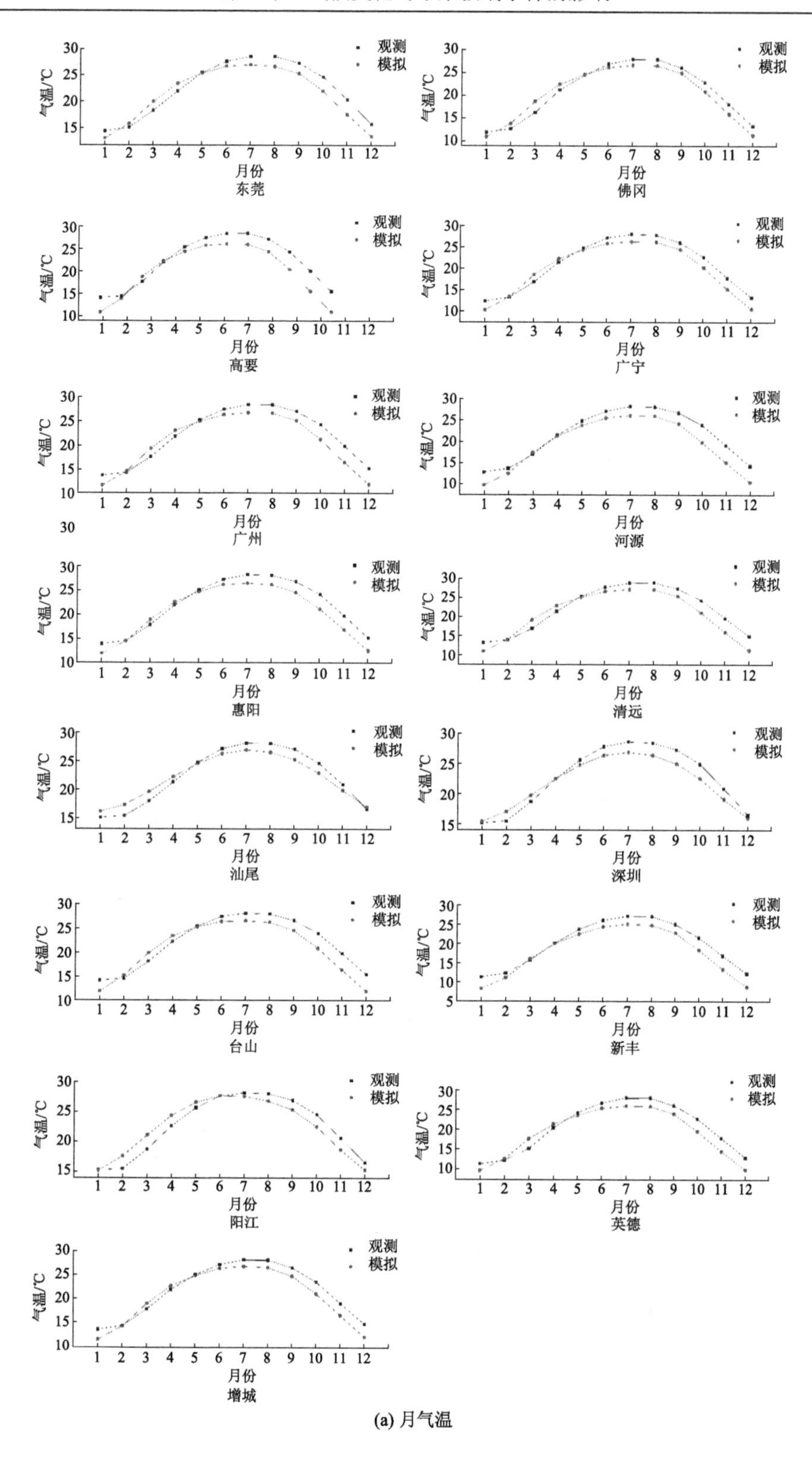

(a) 月气温

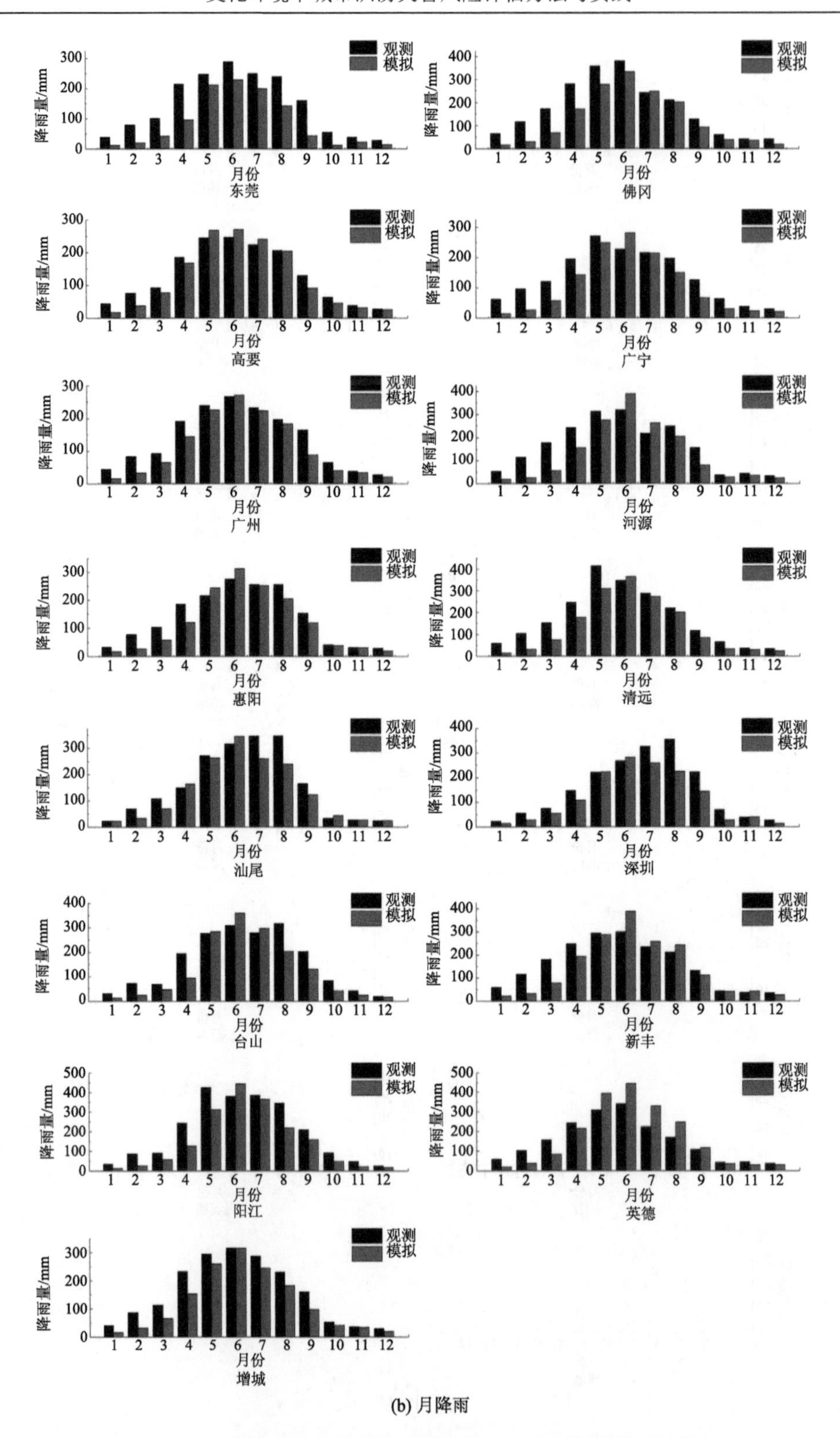

(b) 月降雨

图 2-3　月气温和月降雨站点观测值与 RegCM 模型模拟值对比

表 2-3　月气温和月降雨统计结果

时段	月气温				月降雨			
	ME/℃	RMSE/℃	SCC	TCC	ME/mm	RMSE/mm	SCC	TCC
冬季	−1.35	1.77	0.89**	—	−31.96	33.82	0.38	—
春季	0.89	1.11	0.86**	—	−60.21	64.69	0.56*	—
夏季	−1.06	1.65	0.65**	—	−7.35	41.62	0.50	—
秋季	−2.66	2.73	0.82**	—	−27.02	30.83	0.42	—
年均	−1.24	1.38	0.85**	0.96**	−29.03	33.73	0.53*	0.95**

ME：平均误差；RMSE：均方根误差；SCC：空间相关系数；TCC：时间相关系数。**表明通过 99%的置信检验，*表明通过 95%的置信检验。

区域气候模式对月气温的模拟结果相对于月降雨模拟结果更好。在月气温结果上，模拟结果与实测值相比较为接近，但大部分站点的模拟结果表现出对 6～12 月的模拟偏低，而对 2～5 月模拟结果偏高；与气温相比，降雨则表现出较大的差异，对大部分站点，1～5 月的降雨被低估，6～12 月则具有一定的差异性，在 4～9 月雨季的模拟上，绝大部分站点能够模拟出强降雨的变化特征。

进一步从表 2-3 可以看出，区域气候模式对于气温的模拟在冬季、春季、夏季的均方根误差均不超过 2℃，而秋季模拟结果误差较大。从空间相关系数的统计结果来看，RegCM 的模拟结果较好，且冬季、春季、秋季优于夏季模拟结果。从全年来看，区域气候模式温度平均误差为−1.24℃，均方根误差不超过 2℃，空间与时间相关系数分别为 0.85 和 0.96，均通过 99%的置信检验。

区域气候模式对降雨的模拟能力较气温弱，对珠三角地区各季降水模拟误差在−60.21～−7.35mm 之间，而春季的均方根误差明显高于其他三季。从全年来看，区域气候模式对于降水的模拟平均误差为−29.03mm，均方根误差 33.73mm，空间相关系数 0.53，时间相关系数 0.95，分别通过 95%和 99%的置信检验。

总体上来看，RegCM 模拟结果能够较好再现珠三角地区月气温和月降雨的年内循环和分布特征，且对月气温的模拟结果相对于月降雨更好。月气温模拟结果与实测值比较接近，但 6～12 月模拟结果偏低，2～5 月模拟结果则略微偏高；相对于月气温，月降雨的模拟结果则表现出全年低于观测值，这与其他研究者（Sun et al.，2015）采用不同气候模式所得到的分析结果基本一致。

2.3.2　珠三角地区极端事件的模拟与检验

图 2-4 为极端指标的模拟结果对比，从中可以看出，RegCM 模拟结果低估了绝大部分的降雨指标，尤其是 SDII 和 R25mm；Rx1day 和 Rx5day 较好地反映了珠三角地区降雨特征。对于气温指标，TMINmean 和 TNn 被一定程度地低估了，其余指标基本反映了珠三角地区的观测值特征。图 2-5 为观测值与模拟值极端指标误差的空间分布，从中可以看出，CDD、Rx1day 和 Rx5day 在珠三角地区呈现出南低北高的空间格局，TMINmean 和 TNn 则正好相反，R25mm 和 SDII 在整个珠三角地区被低估，SU25 在绝大部分地区则被高估。

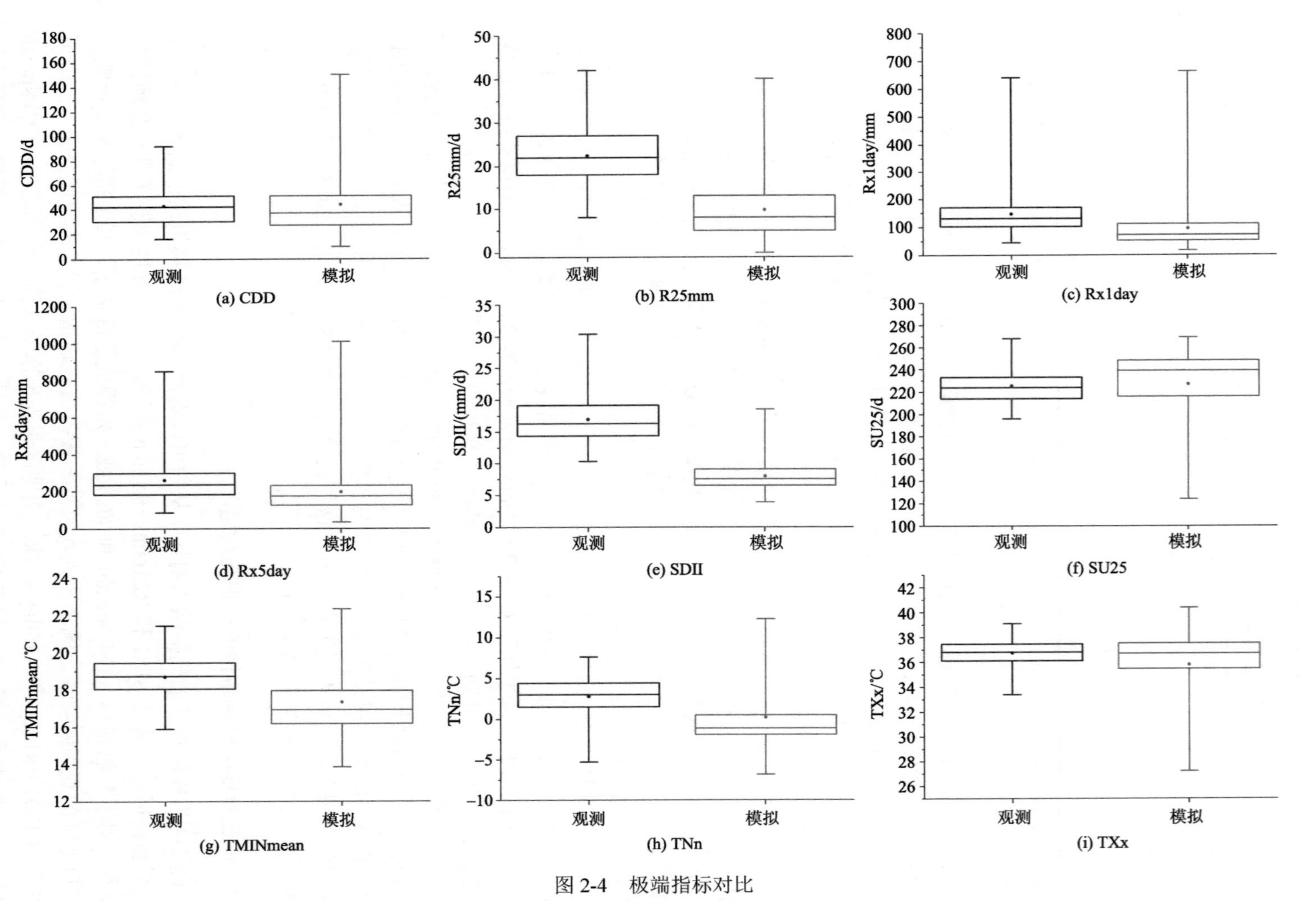

图 2-4　极端指标对比

箱图从上到下分别代表最大值、75 分位数、中位数、25 分位数、最小值，黑点和红点都代表均值

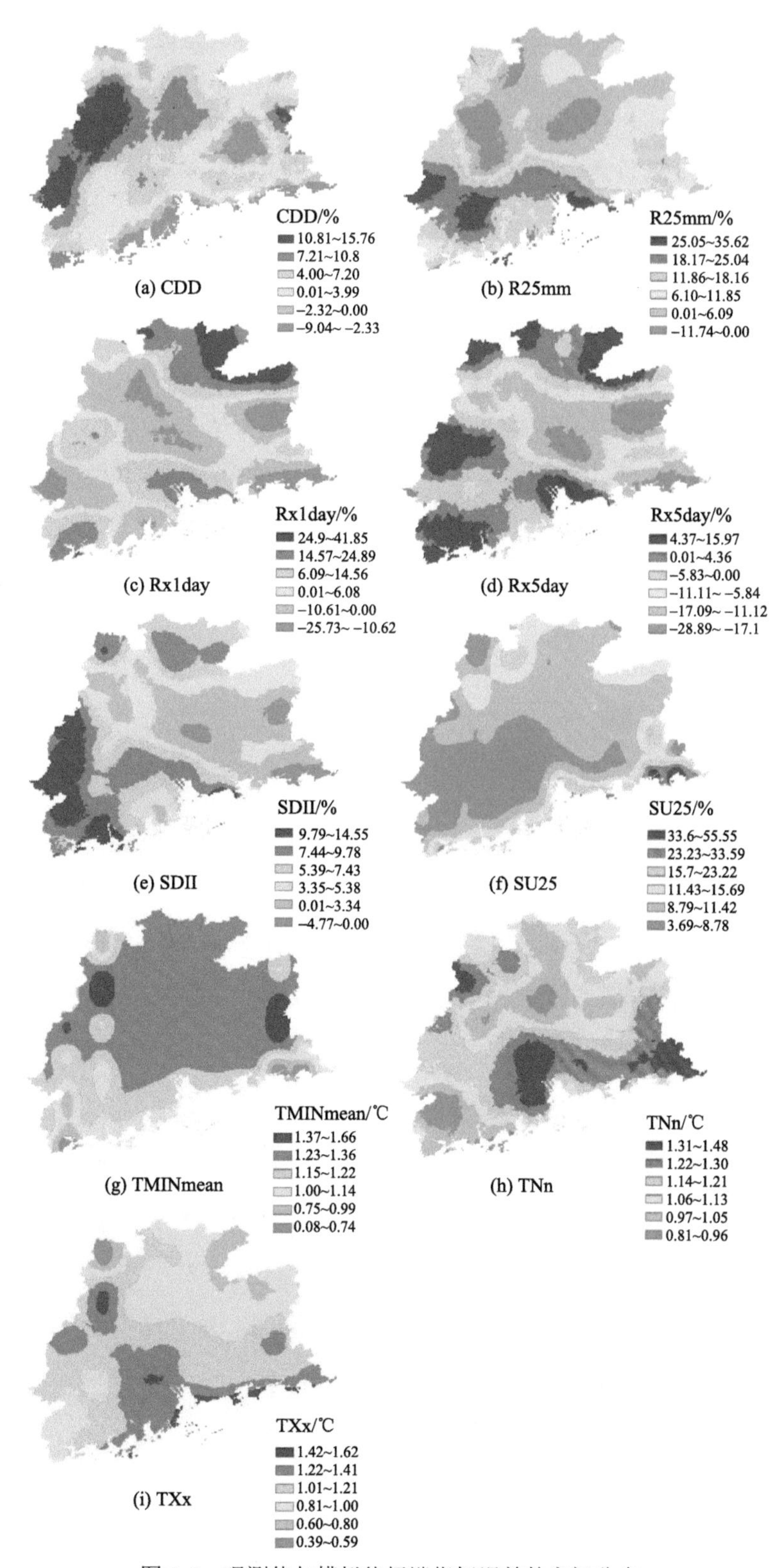

图 2-5　观测值与模拟值极端指标误差的空间分布

综上所述，尽管模式对珠三角地区极端事件的模拟有一定误差，但总体上看，区域气候模式 RegCM4.6 单向嵌套全球气候模式 GFDL-ESM2M 对珠三角地区具有一定的模拟能力，而模拟误差均控制在理想的范围之内，对于气温的模拟优于降雨，模拟结果能较好地再现珠三角地区特点，可以满足气候变化的评估需求。

2.4 RegCM4.6 对珠三角地区未来气候的模拟

2.4.1 珠三角地区月气温与月降雨预估

图 2-6 和图 2-7 分别为 RCP4.5 情景和 RCP8.5 情景下未来时期相对于历史时期月气温与月降雨量变化。从图 2-6 可以看出，珠三角地区未来情景 RCP4.5 相对于历史时期 RF 均表现出增温趋势，年平均增幅超过 1℃，但各季度的增温幅度和增温范围不尽相同。冬季增温幅度为 0.98～1.43℃，从区域北部至南部降低；夏季增温幅度为 0.94～1.23℃，增温更加集中于区域中部区域。相对于月气温变化，RCP4.5 情景下月降雨量变化具有更大的空间异质性，年平均增幅为–2.46%～9.06%，增加区域主要集中于东南部。冬季的月降雨量增幅为–9.21%～27.37%，增加区域主要集中于东南部及西南部；夏季的月降雨量

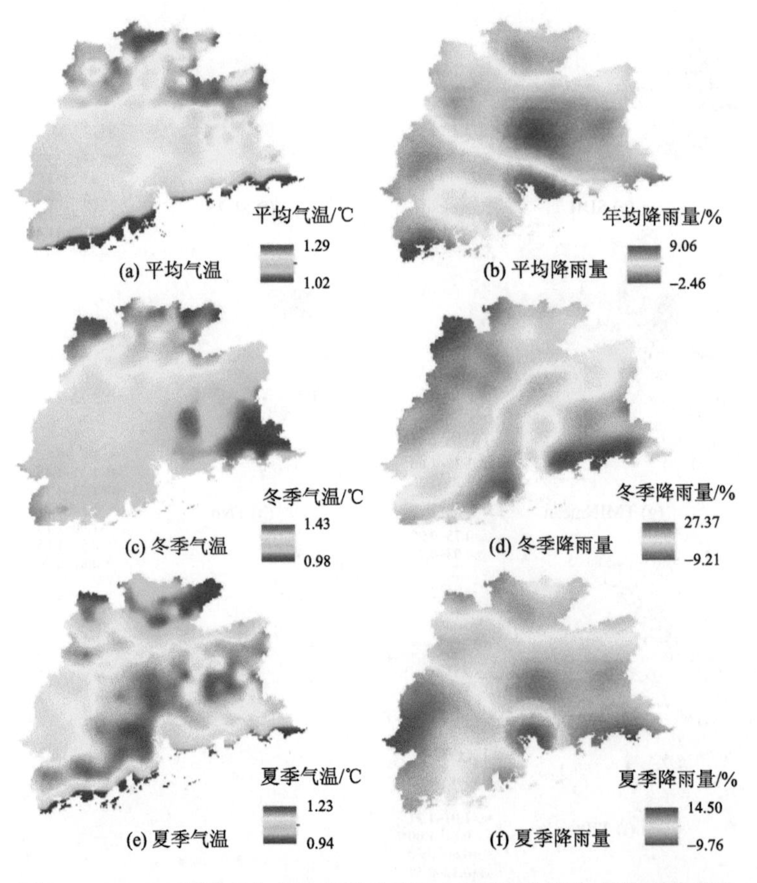

图 2-6 RCP4.5 情景下未来时期相对于历史时期月气温与月降雨量变化

增幅为–9.76%～14.50%，增加区域主要集中于东南部及珠三角河口地区，这也表明珠三角核心城区可能会受到更为严峻的洪涝灾害。

从图 2-7 可以看出，在 RCP8.5 情景下，气温增幅更为显著，全年及冬季增温由西南向东北部增加，增幅为 1.39～2.00℃，而对于夏季时期显示出与 RCP4.5 相似的空间分布，增温最大主要出现在珠三角中部，增幅为 1.09～1.37℃，对于全年来说，整个珠三角地区增幅为 1.25～1.58℃。对于月降雨量来说，RCP8.5 显示出与 RCP4.5 不同的增幅分布，在冬季，降雨量增幅为–14.86%～93.68%，增幅最大区域为珠三角中部，而在夏季时期降雨量增幅范围为–17.14%～19.03%，呈现西部增加、东部减少的空间格局。总体来说，月降雨量全年增幅变化为–10.88%～18.26%，西南部降雨量在未来时期可能增加，而东北部降雨量可能减少。

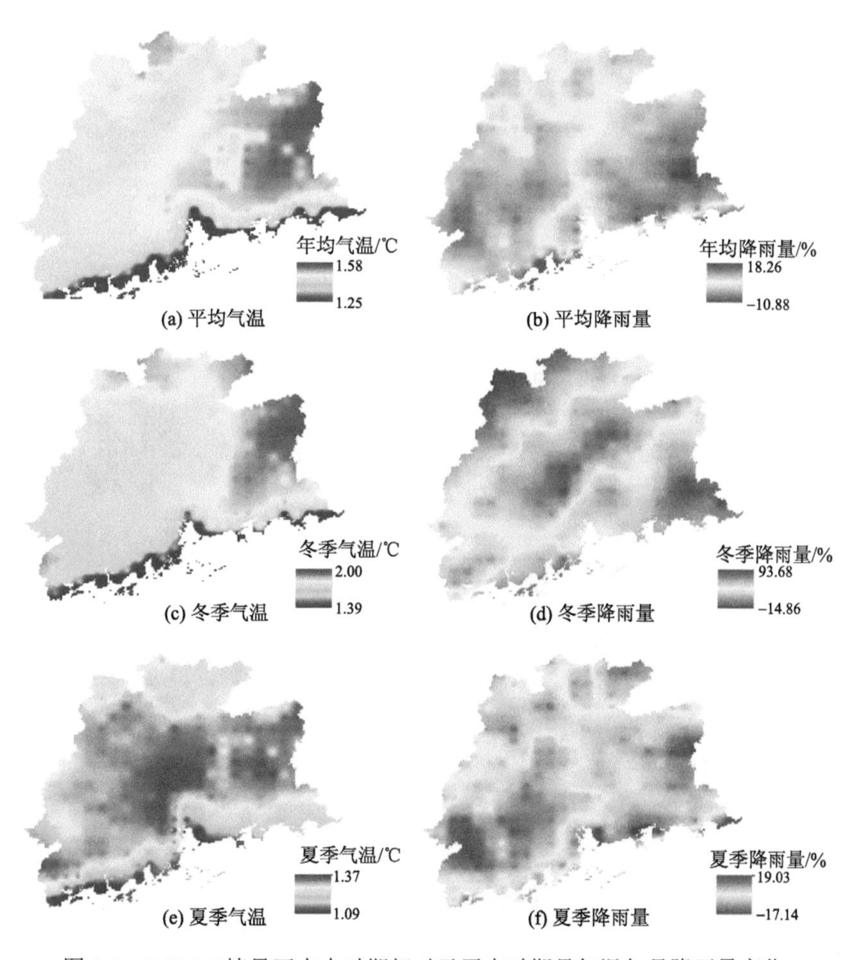

图 2-7　RCP8.5 情景下未来时期相对于历史时期月气温与月降雨量变化

2.4.2　珠三角地区极端事件预估

图 2-8 和图 2-9 分别为 RCP4.5 情景和 RCP8.5 情景下极端指标变化图。从图 2-8 可

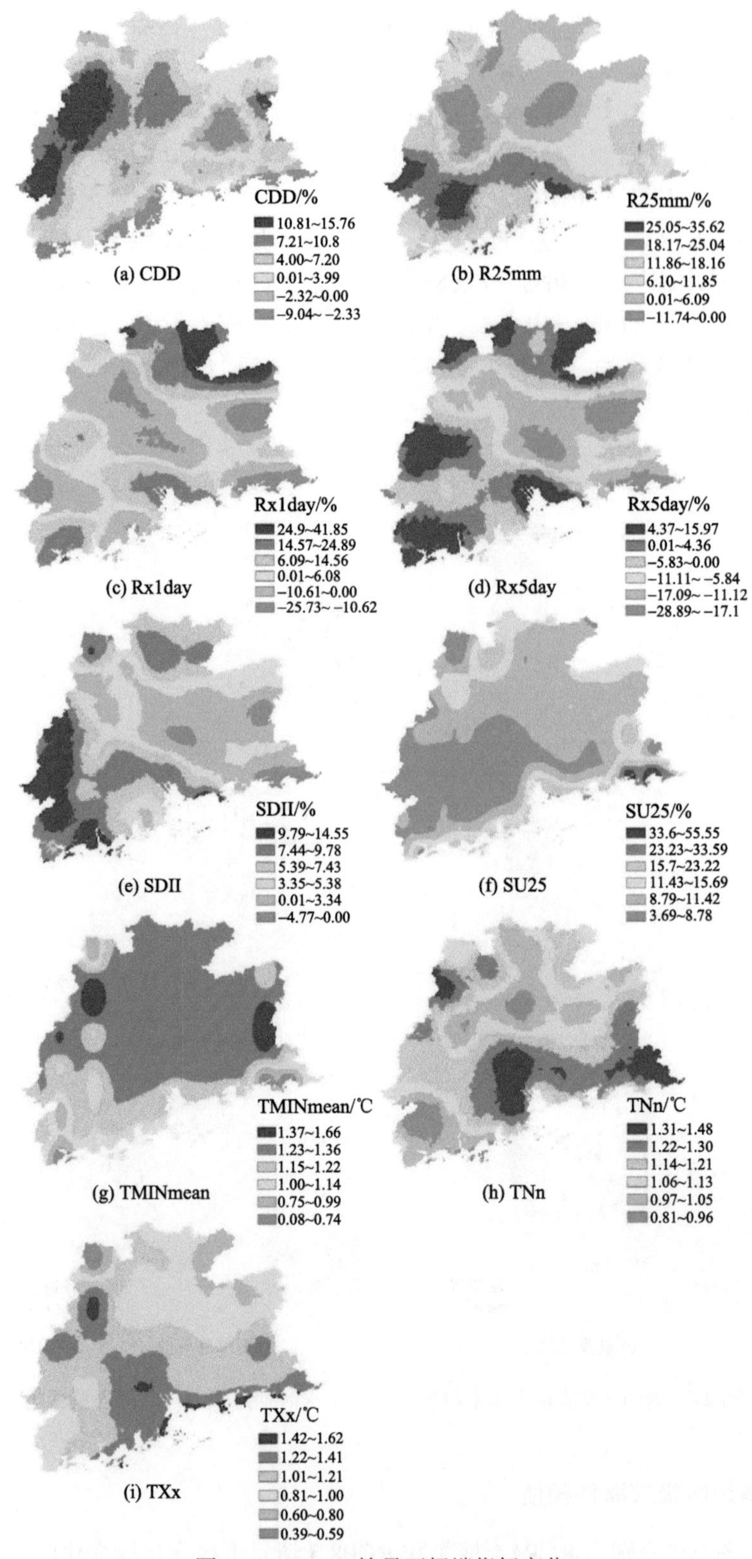

图 2-8　RCP4.5 情景下极端指标变化

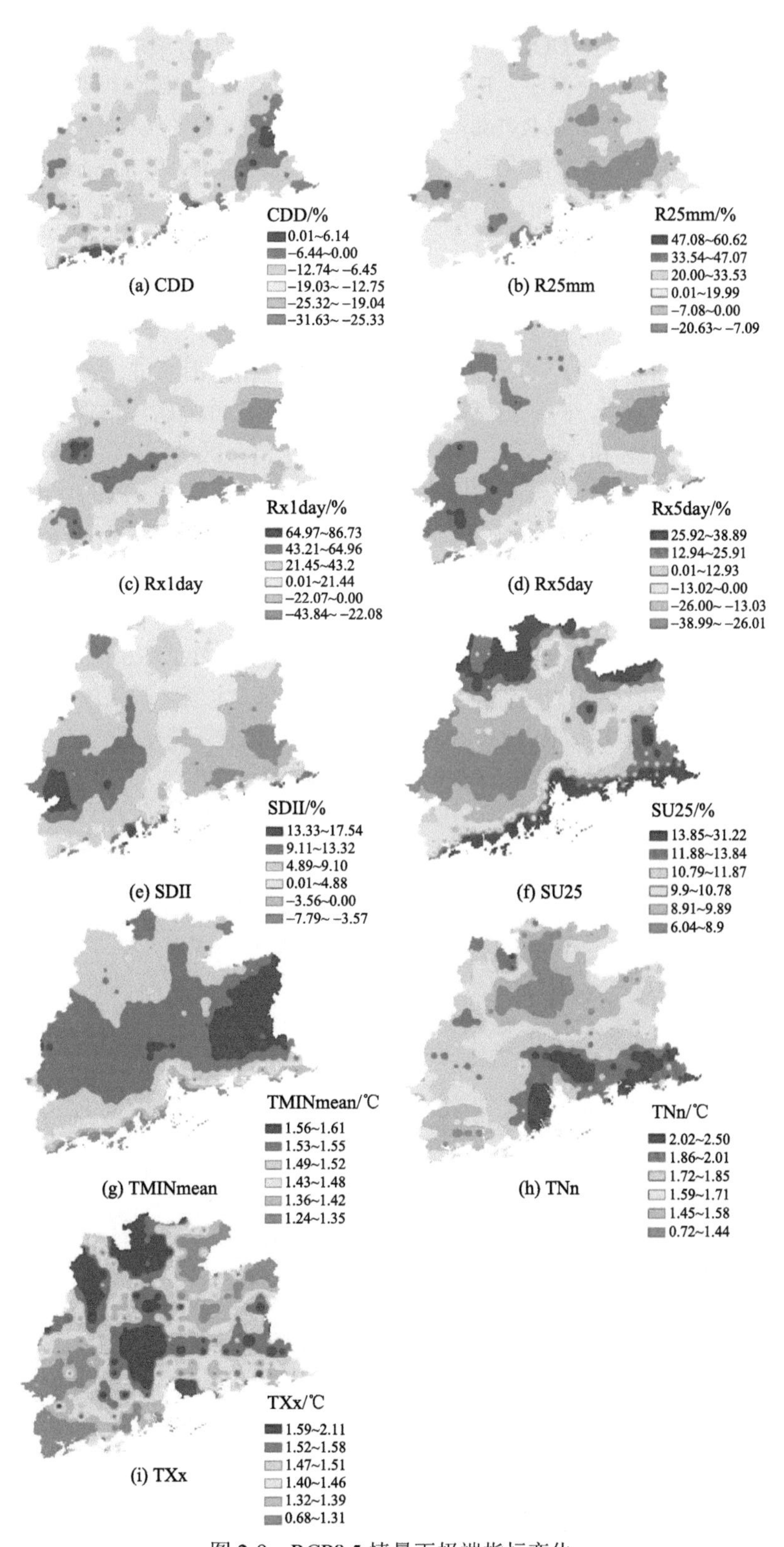

图 2-9　RCP8.5 情景下极端指标变化

以看出，对于极端降雨指标，CDD 在珠三角大部分区域均增加，在西北部增加幅度最大，超过 15%，在东南部则略有减少；R25mm 在南部增加，西北部及中部减少，在东南部及珠江河口地区增幅超过 25%；Rx1day 与 Rx5day 在珠三角地区具有较大的空间变异性，在东北部及珠三角河口地区增幅均超过 10%，中部地区 Rx1day 和 Rx5day 减少则均超过 10%；SDII 则在大部分地区增加。对于气温指标，SU25、TMINmean、TNn 和 TXx 均在珠三角地区呈现增加趋势，其中 SU25 和 TMINmean 增幅从西南向东北部逐步增大，而 TNn 和 TXx 增幅则主要位于珠三角中部及河口地区。

从图 2-9 可以看出，在 RCP8.5 情景下，CDD 在珠三角大部分区域均减少，范围为–31.63%～6.14%；R25mm 除在东部区域略微减少外，在东南部进一步增加，增幅超过 20%；不同于 RCP4.5 情景，Rx1day 和 Rx5day 在珠三角大部分区域增加，整个区域分别增幅为–43.84%～86.73%和–38.99%～38.89%；SDII 在整个区域增幅为–7.79%～17.54%。对于气温指标，整个区域呈现出更为显著的增温趋势，具体来说，SU25 增加 6.04%～31.22%，TMINmean 增加超过 1℃，TNn 和 TXx 在珠三角河口地区增加超过 2℃。

2.4.3　未来时期极端指标变化趋势空间分布

对于极端指标趋势检验，在未来时期 2030～2050 年，CDD、R25、SDII、TMINmean 和 TNn 指标未能检测出明显的统计一致性，故选取具有一定统计显著性的极端气温指标 SU25 和 TXx 与极端降雨指标 Rx1day 和 Rx5day 进行极端指标变化趋势空间分析，图 2-10 和图 2-11 分别为 RCP4.5 情景和 RCP8.5 情景下极端指标趋势。

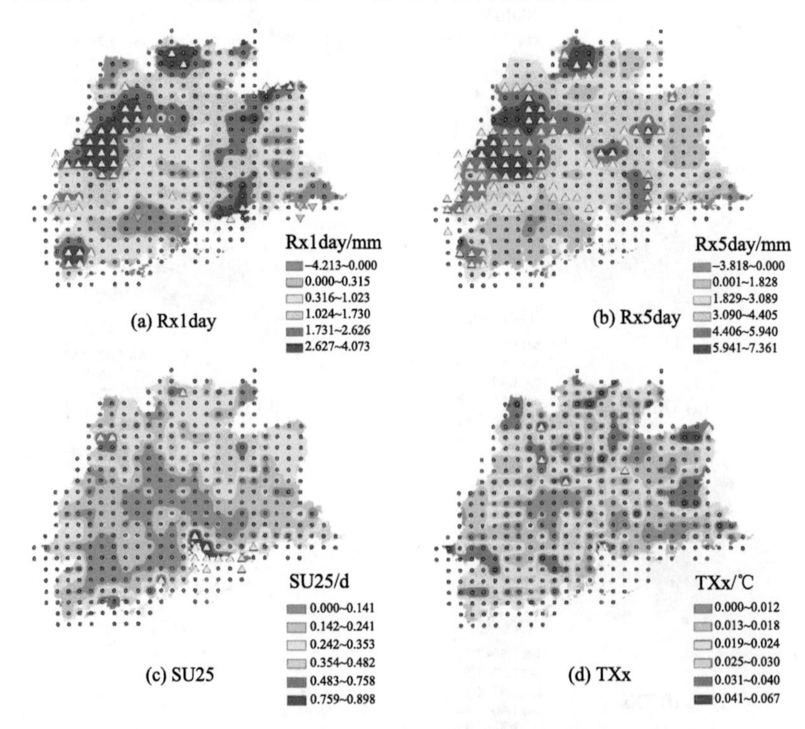

图 2-10　RCP4.5 情景下极端指标趋势

黄色三角形表明在统计水平下显著上升，蓝色三角形表明在统计水平下显著下降，绿点表明未通过统计检验（$\alpha = 0.05$）

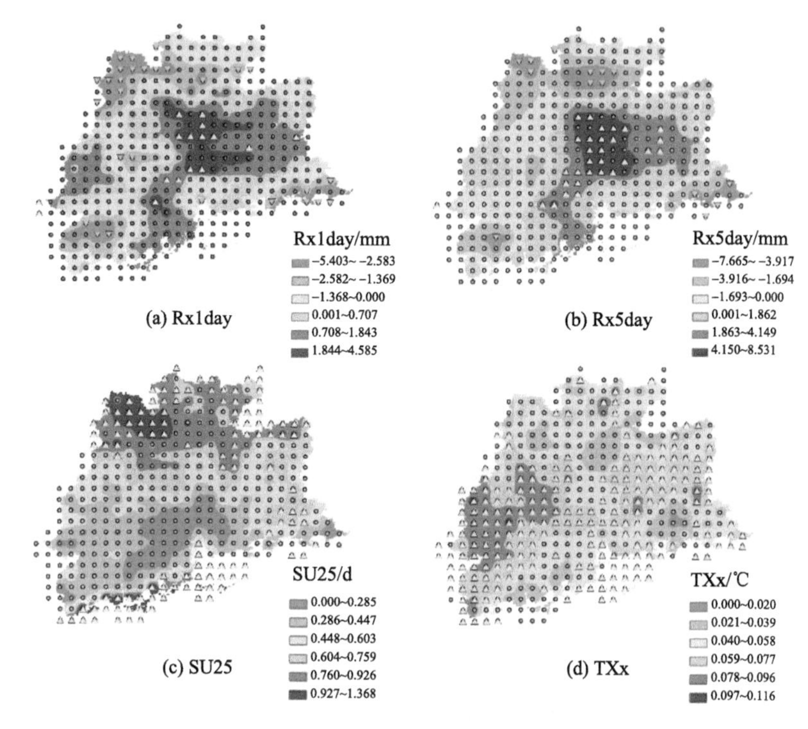

图 2-11 RCP8.5 情景下极端指标趋势

黄色三角形表明在统计水平下显著上升，蓝色三角形表明在统计水平下显著下降，绿点表明未通过统计检验（$\alpha = 0.05$）

对于极端气温指标，图 2-10 和图 2-11 表明整个珠三角地区在 RCP4.5 和 RCP8.5 情景下面临增温趋势，在 RCP8.5 情景下增温趋势更为显著。RCP4.5 情景下，对于指标 SU25，只有珠三角河口地区通过 0.05 置信水平的统计检验，整个区域变化为 0～8.98d/10a ；而对于 TXx，整个区域变化为 0～0.67℃/10a，大部分区域没有通过显著性水平为 0.05 的置信检验。RCP8.5 情景下，对于指标 SU25，珠三角河口以及北部地区通过置信检验，整个区域变化为 0～13.68d/10a；对于 TXx，整个区域大部分地区均通过置信检验，整个区域变化为 0～1.160℃/10a。在 RCP4.5 和 RCP8.5 情景下，SU25 均显示出在珠三角河口以及北部地区呈现显著上升趋势，而对于 TXx，RCP4.5 显著增加地区较为混乱，RCP8.5 情景下则在东部地区显著增加。

对于极端降雨指标，RCP4.5 和 RCP8.5 两种情景下则显示出较大的差异性。在 RCP4.5 情景下，Rx1day 和 Rx5day 均表明在珠三角地区西北部呈显著上升趋势，整个区域变化分别为–42.130～40.730mm/10a 和–38.180～73.610mm/10a。在 RCP8.5 情景下，珠三角地区 Rx1day 和 Rx5day 主要在中部地区增加，在北部地区呈现出显著的减少趋势，整个区域变化分别为–54.030～45.850mm/10a 和–76.650～85.310mm/10a。

气候模式是导致气候变化评估不确定性的重要来源，这主要与人类对气候系统中的各种物理过程的认识不够深入、气候模式建立时实测资料的准确性、气候情景的不确定性以及模式敏感性不同等有关。有时即使是使用相同的气候模式，不同气候情景也会出现相反的预测结果。如本章基于区域气候模式 RegCM4.6 单向嵌套全球气候模式

GFDL-ESM2M 预测未来 2030～2050 年降雨量变化，结果显示在 RCP4.5 情景下，Rx1day 和 Rx5day 在珠三角地区西北部呈显著上升趋势，而在 RCP8.5 情景下，Rx1day 和 Rx5day 在珠三角地区中部呈显著上升趋势，这表明气候情景是导致研究结果存在差异的一个重要因素。珠三角地区处在典型季风区，地形差异较大，下垫面特征也表现出一定的非均匀性，同时受人类活动的影响导致气候模式在珠三角地区存在一定的不确定性。

2.5　小　　结

本章应用高分辨率区域气候模式 RegCM4.6 单向嵌套 GFDL-ESM2M 全球气候模式，对珠三角地区进行历史时期 1980～2000 年和 RCP4.5、RCP8.5 两种未来情景下 2030～2050 各 20 年时间长度、水平分辨率为 20km 的模拟，主要得到以下结论：

（1）区域模式 RegCM4.6 的模拟结果分析表明，区域模式对珠三角地区年、季和月气温的模拟较好，基本再现了其分布特征和季节变化；对月降雨的空间分布模拟较气温差，但较好地再现了降雨的年际间变化。对极端事件的模拟上，区域气候模式对极端降雨指标的模拟结果均偏低，而对极端气温指标的模拟结果较好。总体上看，区域气候模式 RegCM4.6 单向嵌套全球气候模式 GFDL-ESM2M 对珠三角地区具有一定的模拟能力，模拟结果能较好地再现珠三角地区特点。

（2）未来时期（2030～2050 年）珠三角地区呈现继续变暖的趋势，而月降雨则具有较大的空间变异性。总体来看，RCP4.5 情景下年平均增温幅度超过 1℃，而月降雨年平均增幅为–2.46%～10.21%，增加区域主要集中于东南部；RCP8.5 情景下气温增幅更为显著，全年增温由西南向东北部增加，增幅为 1.39～2.00℃，月降雨全年增幅为–10.88%～18.26%，整体来说西南部降雨在未来时期可能增加，而东北部降雨可能减少。

（3）未来时期（2030～2050 年）在 RCP4.5 和 RCP8.5 情景下极端气温指标在整个区域内均上升，而极端降雨指标在整个区域则具有较大的差异性，总体来说 Rx1day 和 Rx5day 在珠三角河口地区将进一步增加。这一结果表明在未来时期珠三角地区将遭受更为严峻的高温事件，而在珠三角河口地区洪涝风险将进一步增大。

（4）采用 M-K 方法对未来时期（2030～2050 年）极端指标进行趋势检验，对于极端气温指标，整个珠三角地区在 RCP4.5 和 RCP8.5 情景下气温增加，在 RCP8.5 情景下气温上升更为显著。对于降雨指标，Rx1day 和 Rx5day 均表明在珠三角地区西北部呈显著上升趋势，在 RCP8.5 情景下，珠三角地区 Rx1day 和 Rx5day 主要在中部地区显著增加。

第 3 章　城市化对极端降雨的影响

3.1　珠三角地区城镇化进程

城镇化发展是一个国家或地区社会经济发展的重要方向，随着科学技术的进步、社会生产力的发展和人民对美好生活需求的提升，区域的产业结构往往会经历从以农业为主的生产结构转向以工业和服务业为主的生产结构这一转变过程，完成从乡村型社会向城市型社会的蜕变。不同研究领域对城镇化的含义有不同的解读，但主要是围绕人口、经济、土地的发展变化开展评估，其中人口城镇化和土地城镇化是区域城镇化进程的重要评价指标，两者共同反映了区域城镇化的发展速度与质量。本章基于土地利用遥感监测数据、广东省及珠三角各地市统计年鉴、人口空间分布公里网格数据等基础数据资料，分析珠三角地区的城镇化进程和发展特点，为后续研究城镇化对降雨和洪涝灾害风险的影响奠定基础。

3.1.1　自然地理概况

1. 地形地貌

珠江三角洲是由珠江水系中的北江、西江和东江三条主干流以及其他大大小小的支流向珠江汇聚时携带的泥沙经多年沉积聚集所形成，位于广东省东南部临海区域，呈倒置三角形，是省内平原面积最大的地区。珠江三角洲的土层厚度达 40～60m，由于基岩浅、来沙量大，且地势平缓，珠江汇入南海前流速较慢泥沙易沉积，因此河口岸线仍有向南海延伸的趋势。珠江三角洲地区的地形呈中部低，外围高的地势，北部、西部和东部多为山地和丘陵地形，南面临海，海岸线绵长，岛屿众多。

2. 气候条件

珠三角地区位于低纬度地区，属于典型的亚热带季风气候，气候温暖湿润，雨量丰富，夏季炎热多雨，冬季温和少雨，南面临海，海岸线绵长，近海区域受海洋气候特征影响较为明显。珠三角地区降雨有频次多、强度大、雨季长等特点，年均降雨量 1500mm 以上，雨热同期，年平均气温 20～23℃。全年降水量丰富但因时程分布不均存在明显的干湿两季，全年约有 75%降雨量集中在 4～10 月，而 11 月至次年 3 月的降水量之和仅占年降水量的 1/4。通过降雨主要成因可将珠三角地区的雨季划分为前汛期和后汛期，前汛期降雨主要是以冷暖气团相互作用造成的锋面雨为主，后汛期主要是由于台风等热带天气系统引发暴雨。

大多情况下认为珠三角地区前汛期于每年 4 月开始，6 月结束。该时期内的降水一方面是中纬度西风带系统南下引起具有梅雨锋结构特征的暴雨锋面系统，另一方面还具有明显的“暖区暴雨”特征，在锋前 200～300 km 的暖区极易发生强降水，因此具有降雨集中、暴雨强度大、持续时间长等特点，极易造成洪涝灾害。

后汛期为 7～10 月，该时期的暴雨主要受台风、热带辐合带等热带天气系统影响。台风是发生在热带海洋上空的强烈低压涡旋，广东是全国受台风影响较大的省份之一，珠海、江门等沿海城市常年受到台风的袭击。台风通常在海上形成，因此会携带大量的水汽，在陆地登陆后其所经地区通常会迎来强烈降雨，容易造成暴雨洪涝灾害。

3. 水系及水资源概况

珠三角流域集雨面积为 2.68 万 km^2，水量丰富，年均产流量 280.7 亿 m^3，多年平均入境水量 3010 亿 m^3，珠江三角洲八大口门的入海水量达到 3260 亿 m^3。珠三角平原内河网密布、水系纵横交错，其中潭江、流溪河、增江等是珠三角地区的主要河流。由于珠三角地区河流水系贯通，加上南面临海且地势低洼，容易受到潮汐的影响，因此水系情况复杂，易受多方因素共同影响。思贤滘以下为珠三角水系，思贤滘长度 3.5km，贯通北江和西江，中低水位时期常是北江水流往西江，而洪水时期则通常是西江水流入北江。1915 年西江和北江特大洪水在思贤滘相遇的最大流量达 69700m^3/s，酿成珠江三角洲巨大水灾。

在进入珠江三角洲网河区后，西江、北江和东江虽然通过横向河道互相联通，但均有各自的主流出海水道。西江的主流出海水道为思贤滘西滘口至珠海市企人石，主流河口段分为西江干流水道、西海水道、磨刀门水道三段，全长 139km。北江的主流出海水道为思贤滘北滘口至番禺区小虎山淹尾，主流河口段分为北江干流水道、顺德水道、沙湾水道三段，全长 105km。东江在石龙以下分为南北两支，分别为东江北干流和东江南支流，其中东江北干流是东江主流河口段，在一般洪水位以下，东江北干流径流量较大，全长 42km。

珠江三角洲水系可通过鸡啼门、虎跳门、磨刀门、蕉门、洪奇沥、崖门、虎门、横门这八大口门注入南海。珠江三角洲河川径流量平均每年 348 亿 m^3，丰富的水资源和密集的水道，为当地带来了灌溉、供水、航运等巨大经济利益。珠江三角洲枯季潮流界延伸至三角洲顶点以上，当各江流量锐减时，咸潮上涌河水变咸，包括广州市在内的大片地区灌溉及供水均受到影响。每年珠江会携带着大量泥沙途经珠江三角洲流入南海，大约有五分之一的泥沙会淤积在河网区，其余泥沙排出口门，造成三角洲河道的不断淤积和三角洲范围的继续扩大。

3.1.2　社会经济概况

1. 行政区划

1994 年，广东省委七届三次全会上第一次提出了“珠三角”这一名词概念，最初综合考虑了广东省各市的地理位置及经济状况拟定广州、佛山、深圳、珠海、东莞、中山、江门以及惠州、肇庆的部分地区作为珠三角组成部分。2008 年，国务院正式发文将惠州与肇庆市纳入珠三角，珠三角扩容至 9 个城市。大珠三角经济区又叫粤港澳大湾区，是在这 9 个城市的基础上纳入了香港和澳门，是国家政策和资源的重要倾斜地区，也是我国建设世界级城市群的先行示范区和参与全球竞争的强大力量，具有重要的发展战略意义。《广东省新型城镇化规划（2014—2020 年）》提出新珠三角城市群规划，将清远、韶关、云浮、汕尾、阳江、河源 6 个城市纳入新珠三角城市群。

本章以狭义上的珠三角城市群为主要研究对象，研究边界和地理位置如图 3-1 所示。

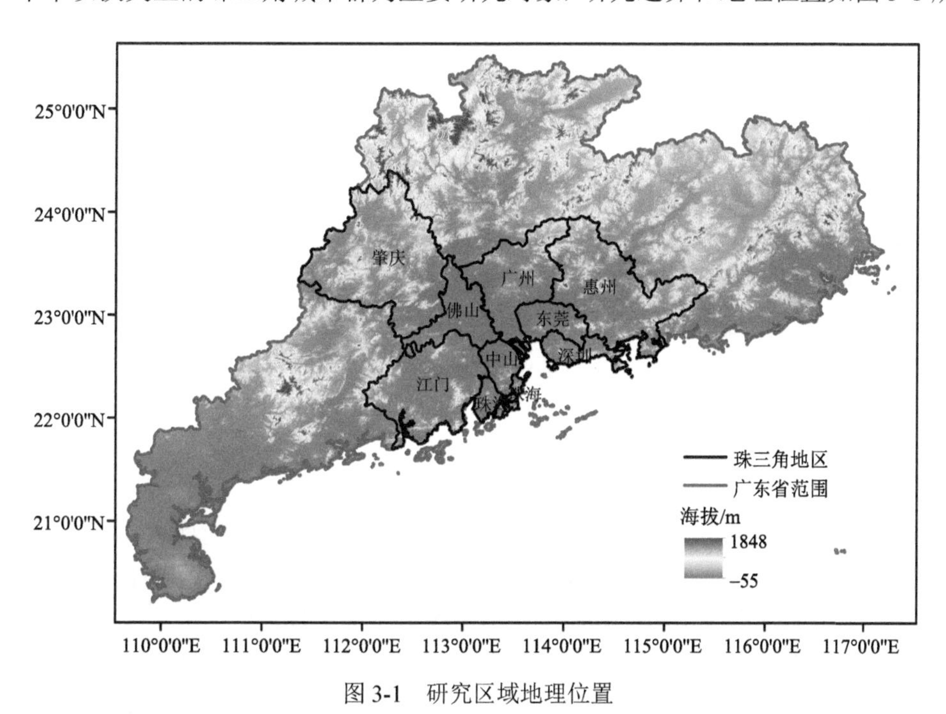

图 3-1　研究区域地理位置

2. 经济发展

改革开放 40 多年来，作为国家改革开放的前沿地，政府不断深化改革，从农业生产中解放了大量的劳动力投入工业生产，同时珠三角各市借助地理位置和港口优势不断引入外资、投资生产，珠三角地区产业结构发生了调整，社会经济和地区人口都迅猛增加。珠三角地区生产总值从 1980 年的 152.6 亿元（许学强和李郇，2009）增加至 2018 年的 80440.7 亿元，区域生产总值占全省的比例从 1980 年的 47.7%增长至 80.5%。从上数据可以发现，在改革开放后珠三角地区不仅生产总值增长了几百倍，其在广东省内的经济核心地位也越来越突出。目前珠三角地区已成为中国城市密度最大、经济要素和人口最集中的地区之一。

珠三角地区的城镇化发展是城镇化过程与区域空间协同变化、相互影响的过程。从城镇发展格局来看，1978 年前，广州是珠三角地区市政体系的唯一核心，广州市生产总值超过珠三角生产总值总量的 50%，广州是珠三角地区城镇经济中心，珠三角地区经济分布呈现以广州为核心向邻近地区单向辐射的态势，且辐射力与距离呈负相关关系。在经历了改革开放 40 多年的迅速发展后，珠三角地区已经形成一个以广州-深圳为核心的大型城市群。珠三角城市群发展可划分为乡村工业化、城市工业化和大都市化三个阶段。

1）20 世纪 80 年代至 90 年代初

改革开放初期阶段，我国大力推进农村生产改革，开始实行家庭联产承包责任制并鼓励农民发展多种经营模式，在提升农民生产积极性的同时也解放了大量剩余劳动力，为开辟乡村工业化道路奠定了基础。同时，珠三角地区凭借国家政策大力扶持以及毗邻香港和澳门的地理优势获得了大量来自港澳台地区的资本，通过“三来一补”政策极大推动了当地劳动密集型制造业的发展。东莞、佛山等乡镇企业凭借劳动力充足和大量的资本输入的优势蓬勃发展，开启了自下而上的农村工业化道路（周春山等，2015）。

2）20 世纪 90 年代末至 21 世纪初

自 20 世纪 90 年代末，国家推动了住房制度、土地有偿使用等政策改革，政府运用土地财政获得了大规模资金，加上 2001 年中国加入 WTO 后不断深化改革开放，凭借自身的地理位置及港口优势不断深入参与全球生产贸易过程以及不断加大国外资本和港澳资本的引入力度，珠三角地区利用大量的廉价劳动力和数额巨大的投资资金迅速发展工业企业，并逐步建设完善城市区域的基础设施建设，城镇规模随着企业、人口、财富的不断聚集而逐步升级，且迅速发展的经济也足以支持城镇开发建设新城新区扩大城市面积，珠三角地区城市建设进程逐渐加速。

3）21 世纪初至今

2000 年后由于行政区划的调整和户口制度的改革城镇人口急速增多，同时又经历了长时间的经济发展和物质积累，深圳、佛山、东莞等城市发展迅速，以往以广州为单核心的经济格局开始发生改变，区域经济开始呈现多极竞争的局面。珠三角的人口和产业格局逐渐从“小集聚、大分散”变成“大集聚、小分散”，目前珠三角城市群已经形成了以广州和深圳为主要经济核心，其他城市协同发展的经济发展格局，且为了进一步提升珠三角城市群的综合竞争力仍在继续深化改革开放、加强港澳合作，形成了具有国际影响力的世界级城市群。

3.1.3　数据来源

1. 中国土地利用遥感监测数据

珠三角地区土地利用遥感监测数据来源于中国科学院地理科学与资源研究所（网址：http://www.resdc.cn/），该土地利用现状遥感监测数据是以多期 Landsat TM/ETM 遥感影像为主要数据源建立而成的多时段用地类型数据库，包含了 1980 年、1990 年、1995 年、2000 年、2005 年、2010 年、2015 年、2018 年、2020 年共 9 期的全国陆地数据，有精度高、序列长、覆盖广等优势，在水文、生态等多个科研领域研究中发挥了重要作用。本章所采用的数据集精度为 1km，土地利用类型共分为建设用地、水域、草地、林地、耕地和未利用土地这 6 种。根据本研究所需要的时间段，采用了 1980～2015 年共 7 期的土地利用遥感监测数据对其进行空间分析和土地利用转移矩阵分析。

2. 中国生产总值空间分布公里网格数据

生产总值是衡量国民经济发展实力和市场规模的重要指标。传统生产总值数据通常以县级或市级行政区为基本单元进行统计，无法满足精细化衡量地区发展状况的要求，因此通过空间化手段将生产总值数据展布到更细致的栅格单元对于开展科学研究和区域规划具有重要意义。中国科学院地理科学与资源研究所基于历史生产总值统计数据，运用多因子权重分配法对统计数据进行空间化处理并构建了中国生产总值空间分布公里网格数据集。数据集采用了1995～2015年共5期的数据，数据精度为1km^2，每个栅格单元代表该栅格范围内的生产总值，单位为万元/km^2。

3. 中国人口空间分布公里网格数据集

人口密度是衡量地区人口空间分布情况的重要指标。传统人口数据通常以县级或市级行政区为基本单元进行统计，再以人口总量除以区域面积得到人口密度，无法满足精细化衡量地区发展状况的要求，因此通过空间化手段将人口空间分布状况展布到更细致的栅格单元对于开展科学研究和区域规划具有重要意义。中国科学院地理科学与资源研究所基于历史人口统计数据，运用多因子权重分配法对统计数据进行空间化处理并构建了中国人口空间分布公里网格数据集。数据精度为1km^2，每个栅格代表该网格范围内的人口数，单位为人/km^2。

4. 统计年鉴

主要参考了广东省统计年鉴和珠三角9个城市的统计年鉴的历史统计资料，从中提取研究时段内各地市的常住人口、地区生产总值等基础数据。

3.1.4　土地城镇化进程

1. 土地城镇化内涵

土地城镇化的内涵主要是区域从以耕地、林地、草地等用地类型为主的农业用地形态向以城镇建设用地为主的城市形态转化的过程。从城镇用地的扩张和占比的增加可以一定程度上反映出区域城镇化发展过程。

2. 研究方法

马尔科夫模型可用于定量描述系统在某一时段内状态的变化转移情况，目前该方法在土地利用变化研究方面得到了广泛应用。土地利用转移矩阵利用T_1～T_2期间某一区域内各类用地相互转化的动态过程，求出一个二维矩阵，不仅可以静态反映出该区域一段时间内不同地类的面积数据，还可以定量反映出各类用地在研究期始末的转化情况。土地利用转移矩阵中每行之和代表该土地利用类型在研究期开始时的面积，每列之和代表该土地利用类型在研究期结束时的面积，其数学形式为

$$A_{ij}=\begin{bmatrix} A_{11} & A_{12} & \cdots & A_{1n} \\ A_{21} & A_{22} & \cdots & A_{2n} \\ \vdots & \vdots & & \vdots \\ A_{n1} & A_{n2} & \cdots & A_{nn} \end{bmatrix} \quad (i,j=1,2,3,\cdots,n) \tag{3-1}$$

式中，A_{ij} 为研究时段内用地类型 i 转换为用地类型 j 的面积；i 表示转移前的用地类型；j 表示转移后的用地类型；n 为土地利用类型的总数。

3. 土地利用转移矩阵分析

1980～2015 年珠三角地区的土地利用类型分布如图 3-2 所示。从图 3-2 中可以发现，林地和耕地是珠三角地区的主要用地类型，其中林地主要分布于珠三角东部地区和西部地区，耕地零散分布于珠三角各市，建设用地主要集中在珠三角中部，以广州市辖区为中心逐渐向外辐射扩张，2000 年后建设用地面积扩张明显且呈区域化集中化态势。

为定量化研究珠三角地区不同土地利用类型之间的转移结果及变化速率，基于 1980～2015 年共 7 期的土地利用遥感监测数据，利用 ArcGIS 软件的栅格处理功能对珠三角地区的土地利用类型数据进行叠加分析进而得到不同时段的土地利用变化转移矩阵（表 3-1 至表 3-7），表格中的行末表示该时段内各土地利用类型的初期面积，列末表示该时段内各土地利用类型的末期面积，对角线数据为没有发生土地利用类型转换的面积。

表 3-1 中的结果可以反映出 1980～2015 年土地利用类型转移趋势情况，整体来看，珠三角地区林地所占的用地面积比例最高，其面积超过了其他土地利用类型之和，其次是耕地，未利用土地占比最低；分时段来看，1980 年各土地利用类型面积所占比例最高的三类依次为：林地（55.74%）、耕地（30.17%）、水域（6.26%），2015 年各土地利用类型面积所占比例最高的三类依次为：林地（54.10%）、耕地（23.40%）、建设用地（13.40%）。由统计分析结果可知，1980～2015 年，耕地、林地、草地、未利用土地的面积均有减少，而建设用地和水域的面积则有所增加。在研究时段内，林地和耕地的占比始终位列一二，但所占面积均有不同程度的减少，林地面积减少了 876km^2，因其面积基数较大，下降幅度并不明显，降幅为 2.95%，建设用地和草地是其主要转化方向。耕地面积减少了 3611km^2，其缩减面积约为林地的 4 倍，且耕地原本占地面积不足 1/3，基数较小，因此

表 3-1　1980～2015 年土地利用类型变化转移矩阵　　单位：km^2

1980 年 \ 2015 年	耕地	林地	草地	水域	建设用地	未利用土地	总计
耕地	12319	180	4	845	2734	2	16084
林地	47	28458	162	37	1009	1	29714
草地	9	165	946	4	112	0	1236
水域	63	18	7	2791	457	0	3336
建设用地	12	11	0	8	2803	0	2834
未利用土地	23	6	0	27	28	17	101
总计	12473	28838	1119	3712	7143	20	53305

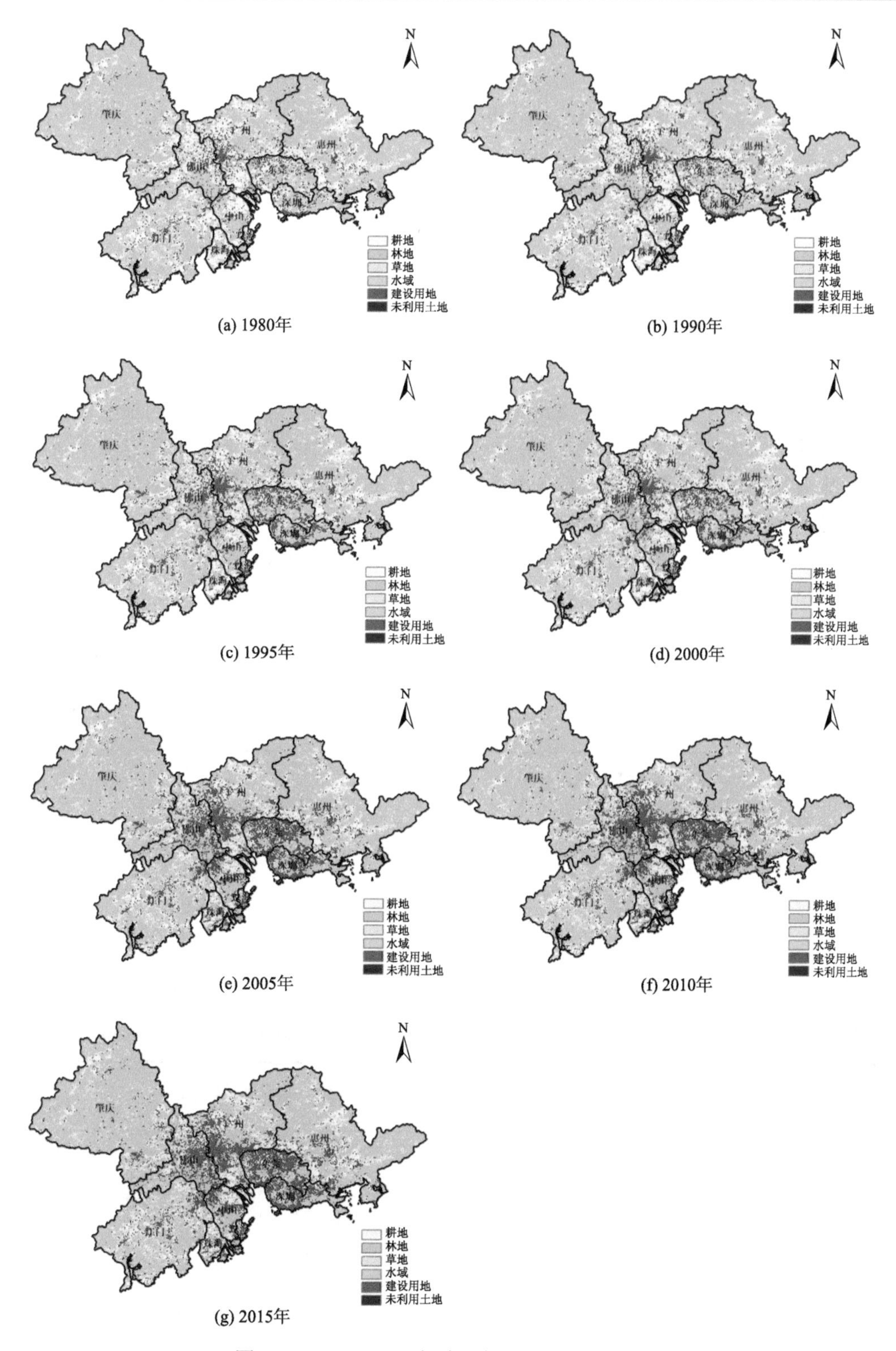

图 3-2　1980～2015 年珠三角地区土地利用类型

下降幅度较大，降幅达到了 22.45%，主要转化为建设用地和水域。草地面积减少了 117km^2，降幅为 9.47%，主要转化为林地和建设用地。未利用土地所占面积虽小，但其变化程度非常大，从 1980 年的 101km^{2}减少至 2015 年的 20km^2，主要转化为耕地、水域和建设用地。

1980～2015 年，建设用地面积呈现大幅增长趋势，从 1980 年的 2834km^2 增长至 7143km^2，增长率高达 152.05%。根据土地利用类型变化转移矩阵的结果可知，该时段内建设用地和耕地、林地的变化呈现负相关关系，耕地和林地的转化是建设用地的主要增长源，其中耕地的贡献率为 63.45%，林地的贡献率为 23.42%。水域面积也呈现增长趋势，增长率为 11.27%，其增长的面积主要来源于耕地。

从以上结果可以看出，1980～2015 年，珠三角地区建设用地扩张明显，与其他用地类型的关系大多为单向转化，建设用地周边的耕地和林地是其转化扩张的主要对象。从建设用地的扩张方向和增长速度，可以一定程度上反映出该地区的城镇化发展情况，城镇化意味着人口的集中和增多，促使建设用地的扩张，导致其他用地类型被侵占。

为进一步探究珠三角地区城镇化发展进程，根据 1980～2015 年共 7 期的土地利用遥感监测数据，将按照相邻对比原则将研究序列分为 6 个时间段，分析各子研究时段内土地利用类型转移情况，结果如表 3-2 至表 3-7 所示。

表 3-2　1980～1990 年土地利用类型变化转移矩阵　　单位：km^2

1980 年 \ 1990 年	耕地	林地	草地	水域	建设用地	未利用土地	总计
耕地	15551	34	3	243	252	1	16084
林地	5	29691	3	4	11	0	29714
草地	5	107	1119	4	1	0	1236
水域	39	5	2	3285	4	1	3336
建设用地	1	1	0	1	2831	0	2834
未利用土地	23	8	0	41	1	28	101
总计	15624	29846	1127	3578	3100	30	53305

表 3-3　1990～1995 年土地利用类型变化转移矩阵　　单位：km^2

1990 年 \ 1995 年	耕地	林地	草地	水域	建设用地	未利用土地	总计
耕地	14203	122	10	602	686	1	15624
林地	69	29407	99	14	253	4	29846
草地	6	22	1059	2	37	1	1127
水域	93	21	3	3381	74	6	3578
建设用地	18	12	0	14	3055	1	3100
未利用土地	0	0	0	1	8	21	30
总计	14389	29584	1171	4014	4113	34	53305

表 3-4　1995～2000 年土地利用类型变化转移矩阵　单位：km^2

1995 年＼2000 年	耕地	林地	草地	水域	建设用地	未利用土地	总计
耕地	14348	4	0	24	13	0	14389
林地	44	29521	3	10	6	0	29584
草地	9	88	1070	4	0	0	1171
水域	10	5	1	3968	30	0	4014
建设用地	0	6	0	2	4105	0	4113
未利用土地	1	3	2	6	1	21	34
总计	14412	29627	1076	4014	4155	21	53305

表 3-5　2000～2005 年土地利用类型变化转移矩阵　单位：km^2

2000 年＼2005 年	耕地	林地	草地	水域	建设用地	未利用土地	总计
耕地	13061	58	0	187	1106	0	14412
林地	0	29159	3	18	446	1	29627
草地	0	27	1007	0	42	0	1076
水域	4	4	0	3688	318	0	4014
建设用地	1	6	0	3	4145	0	4155
未利用土地	0	0	0	0	0	21	21
总计	13066	29254	1010	3896	6057	22	53305

表 3-6　2005～2010 年土地利用类型变化转移矩阵　单位：km^2

2005 年＼2010 年	耕地	林地	草地	水域	建设用地	未利用土地	总计
耕地	12643	39	0	23	361	0	13066
林地	0	29045	0	8	201	0	29254
草地	0	15	993	0	2	0	1010
水域	12	4	0	3766	114	0	3896
建设用地	0	6	0	4	6047	0	6057
未利用土地	0	0	0	0	1	21	22
总计	12655	29109	993	3801	6726	21	53305

表 3-7　2010～2015 年土地利用类型变化转移矩阵　单位：km^2

2010 年＼2015 年	耕地	林地	草地	水域	建设用地	未利用土地	总计
耕地	12470	2	1	2	180	0	12655
林地	3	28835	147	5	120	0	29109
草地	0	1	966	0	26	0	993
水域	0	1	5	3705	90	0	3801
建设用地	0	0	0	0	6726	0	6726
未利用土地	0	0	0	0	1	20	21
总计	12473	28838	1119	3712	7143	20	53305

1980～1990 年，建设用地面积扩大了 266km^2，增长率为 9.39%，其主要贡献来源于耕地；耕地面积缩减了 460km^2，其转出的主要方向为建设用地和水域；林地面积扩大了 132km^2，其主要贡献来源于草地；草地面积缩减了 109km^2，其转出的主要方向为林地；水域面积扩大了 242km^2，其主要贡献来源于耕地；未利用土地面积显著缩减，从 101km^2 减少至 30km^2，其转化的主要方向是耕地和水域。

1990～1995 年，建设用地面积增长迅速，增加了 1013km^2，增长率为 32.68%，主要来源于耕地和林地的转化，其中耕地的贡献率为 67.72%，林地的贡献率为 24.98%；耕地面积缩减了 1235km^2，降幅为 7.9%，其转出的主要方向为水域、林地和建设用地；林地面积缩减了 262km^2，其转出的主要方向为建设用地和草地；草地面积扩大了 44km^2，其主要贡献来源于林地；水域面积扩大了 436km^2，其主要贡献来源于耕地；未利用土地面积无明显变化。

1995～2000 年，该时段内各类用地之间转化较少，因此 6 种用地的面积均无明显变化。

2000～2005 年，建设用地面积再一次迎来迅速增长，增加了 1902km^2，增长率达到了 45.78%，主要来源于耕地、林地和水域的转化，其中耕地的贡献率为 58.15%，林地的贡献率为 23.45%，水域的贡献率为 16.72%；耕地面积缩减了 1346km^2，降幅为 9.34%，其转化的主要方向为建设用地；林地面积缩减了 373km^2，其主要转出方向为建设用地；草地面积缩减了 66km^2，其主要转出方向为建设用地；水域面积缩减了 118km^2，其主要转出方向为建设用地；未利用土地面积基本保持不变。

2005～2010 年，建设用地面积虽仍保持增加趋势，但增长速度放缓，面积增加了 669km^2，增长率为 11.05%，主要来源于耕地、林地和水域的转化，其中耕地的贡献率为 53.96%，林地的贡献率为 30.04%，水域的贡献率为 17.04%；耕地面积减少了 411km^2，降幅为 3.15%，其转化的主要方向为建设用地；林地面积减少了 144km^2，转化的主要方向为建设用地；草地面积略有减少，但基本保持不变；水域面积减少了 95km^2，转化的主要方向为建设用地；未利用土地面积基本保持不变。

2010～2015 年，建设用地面积的增长速度继续放缓，面积增加了 417km^2，增长率为 6.20%，主要来源于耕地、林地和水域的转化，其中耕地的贡献率为 43.17%，林地的贡献率为 28.78%，水域的贡献率为 21.58%；耕地面积缩减了 182km^2，降幅为 1.44%，其主要转出方向为建设用地；林地面积缩减了 271km^2，其主要转出方向为草地和建设用地；草地面积扩大了 126km^2，其主要贡献来源于林地；水域面积缩减了 89km^2，转化的主要方向为建设用地；未利用土地面积基本保持不变。

从以上结果可以看出，在研究时段内建设用地一直保持着增长的趋势，其间有两个快速增长时期，分别是 2000～2005 年和 1990～1995 年，面积增长率分别为 45.78%和 32.68%。在 2005 年之后，建设用地面积虽仍保持增长趋势，但增长速度在逐渐放缓。在各分时段内，建设用地面积增加的主要来源都是耕地，林地次之。在 2000 年后，水域也成为建设用地面积增长的主要来源之一。这是由于珠三角地区在前期城市化发展进程中，为了吸引国外、港澳资本向内地投资，政府在提供各种税收优惠政策的同时还提供了大量廉价土地，虽然很大程度地带动了当地经济的发展，但也带来了耕地、林地面积锐减、建设用地面积猛增、土地利用效率低等问题。由此可以推测，2000～2005 年间珠三角地区城市发展迅猛，大量的人口涌入和迅速发展的经济可能是城市迅猛扩张的重要原因；在珠三角城镇化发展前期，建设用地通过大量占用转化周边的耕地和林地得以迅速扩张，在 2010 年后城市发展规划更加成熟理性，建设用地扩张速度逐渐放缓，耕地占用转化率得到控制。

3.1.5　人口城镇化进程

珠三角地区作为我国最早开放的沿海地区，自改革开放以来经济发展迅速，人口数量及空间格局也发生了很大的改变，总人口数量从 1982 年的 1772 万人增长到 2010 年的 5616.3 万人，人口增长率超过 2 倍，远超全国人口平均增长率（游珍等，2013）。珠三角地区主要年份年末常住人口数及走势图如表 3-8 和图 3-3 所示，从结果可以看出珠三角九个城市的常住人口数量在研究时段内均有增加，1990～2000 年是人口的迅速增长期，其中深圳和东莞的人口增长最为迅猛。

表 3-8　珠三角地区主要年份年末常住人口　　单位：万人

城市	1990 年	1995 年	2000 年	2005 年	2010 年	2015 年
广州	594.3	722.7	994.8	949.7	1271.0	1350.1
深圳	68.7	345.1	701.2	827.8	1037.2	1137.9
东莞	131.9	266.5	644.8	656.1	822.5	825.4
佛山	279.3	343.6	534.1	580.0	719.9	734.1
中山	114.9	159.9	236.5	243.5	312.3	321.0
珠海	50.2	105.4	123.7	141.6	156.2	163.4
江门	352.8	356.1	395.7	410.3	445.1	452.0
惠州	226.2	251.1	321.8	370.7	460.1	475.6
肇庆	320.1	324.4	337.7	367.6	392.2	406.0

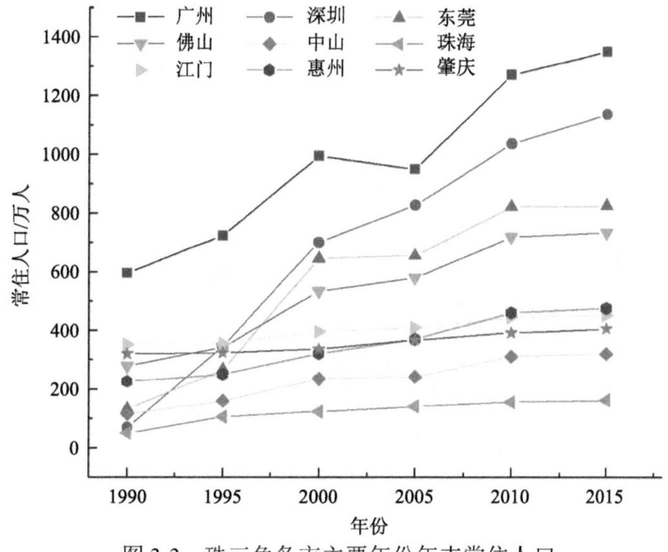

图 3-3　珠三角各市主要年份年末常住人口

从人口密度分布变化结果（图 3-4）也可以看出，在 1990 年，广州是珠三角地区唯一的人口聚集中心，且广州市内的人口空间分布也存在明显差异，广州市辖区人口密度极高，但广州增城区、从化区人口集中度较低。2000 年后，珠三角地区的人口集聚中心位置发生了改变，深圳和东莞成为了新的人口密集区。总体来看，1990～2015 年，珠三角中部地区出现了大规模的人口增量，人口空间聚集效应明显，但东、西部地区经过 25 年的变化，人口增量相对有限。这是由于 20 世纪 90 年代初期，随着改革开放愈发深入，大量农村剩余劳动力涌入珠三角地区使得人口数量迅速增加，城市规模等级升高。由于当时资本投资的主力军是香港，因此人口聚集程度和迁移方向与香港的距离有密切的相关关系，最终以珠江口为核心形成人口聚集结构。

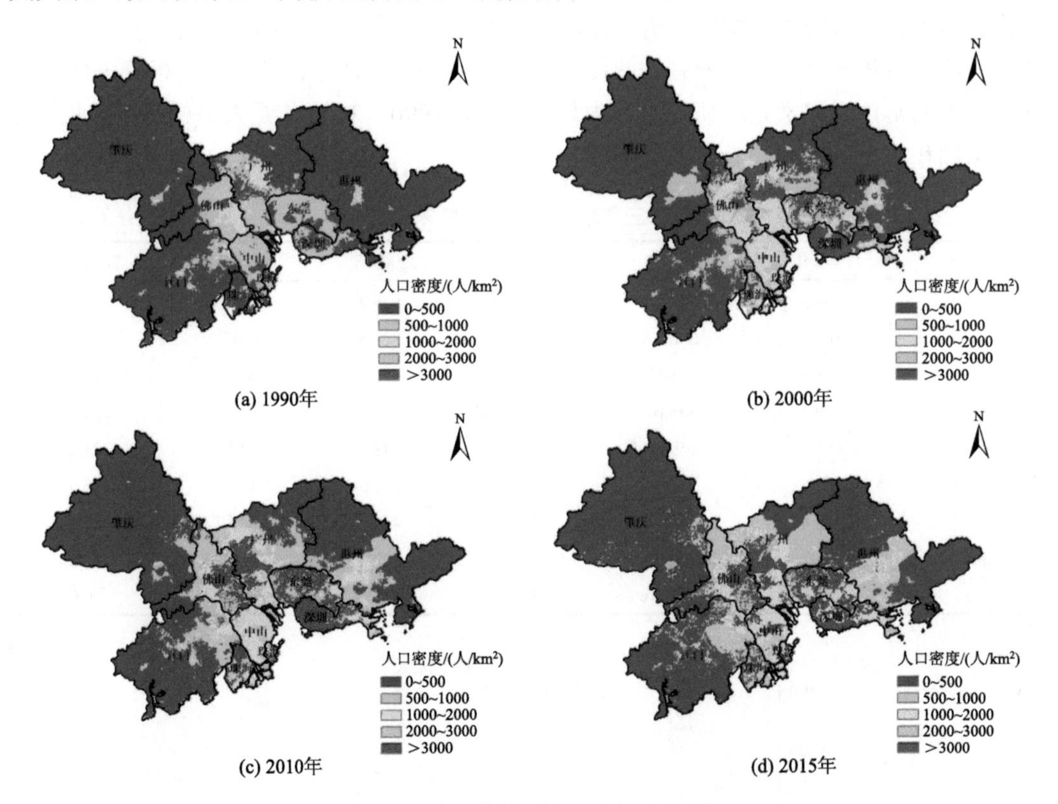

(a) 1990年　(b) 2000年　(c) 2010年　(d) 2015年

图 3-4　珠三角地区人口空间分布图

定量化衡量一个国家或地区的社会经济发展程度通常选用城镇化率为指标进行评估，可以体现区域内常住人口从农村向城市转移的过程，从一定程度上反映出区域产业结构、生产生活方式的转变。城镇化率通常用城镇常住人口占全部人口的百分比来计算，珠三角各个城市主要年份的城镇化率如表 3-9 所示。从表中可以看出，截至 2015 年，珠三角地区的城镇化发展仍存在较大的区域差异，城镇化水平市际差异较大，深圳、广州、东莞、佛山、珠海、中山的城镇化率超过 85%，其他地区城镇化率均在 70%以下，部分地区未超过 50%。

表 3-9　珠三角各市主要年份城镇化率　　单位：%

城市	2000 年	2005 年	2008 年	2010 年	2012 年	2015 年
广州	83.7	81.5	82.2	83.8	85.0	85.4
深圳	92.5	100	100	100	100	100
东莞	60.0	73.0	86.4	88.5	88.7	88.8
佛山	75.1	78.4	91.8	94.1	94.9	94.9
中山	60.7	74.3	86.1	87.8	87.9	88.1
珠海	85.5	87.9	85.1	87.7	87.8	87.9
江门	47.1	56.8	49.5	62.3	63.2	64.2
惠州	51.7	55.0	61.3	61.8	63.9	67.0
肇庆	32.5	39.0	41.0	42.4	42.6	44.0

生产总值是衡量地区经济发展、区域规划和资源环境状况的重要指标，从图 3-5 中可以看出，2000 年珠三角地区的经济中心是广州和深圳，这是由 19 世纪末的外资导向型发展模式决定的，随着地区资本的积累、生产模式的成熟，珠三角经济发展的动力机制发生了转变，东莞、佛山、中山、珠海的经济相继崛起，广-深双经济中心模式逐渐向区域化、多中心化模式转变。

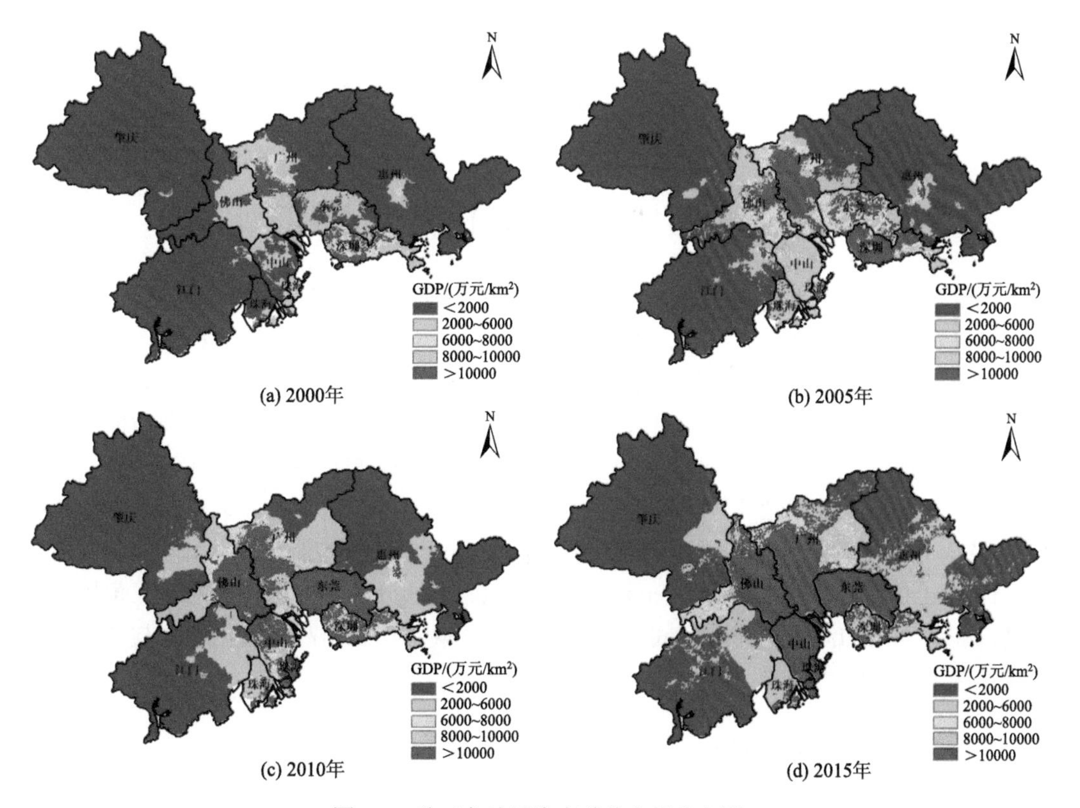

(a) 2000年　(b) 2005年　(c) 2010年　(d) 2015年

图 3-5　珠三角地区生产总值空间分布图

综合土地城镇化和人口城镇化的发展结果可以发现，从城镇用地、人口密度、城镇化率、生产总值空间分布等多方面对珠三角地区城镇化发展进行评估，均表明组成珠三角城市群的 9 个地市的城镇化发展程度有明显差异，且城镇化发展程度较高的地区以珠江口为中心形成了圈层聚集，组成了高度城镇化城市群（图 3-6）。高度城镇化城市群既是吸纳流动人口和集聚新增人口的主要区域，又是带动经济社会发展的巨大引擎，但同时也意味着更强烈的人类活动可能对区域气候造成影响，并且一旦发生自然灾害，区域内高度集中的人口和经济财产极易受到影响从而导致巨大的损失。

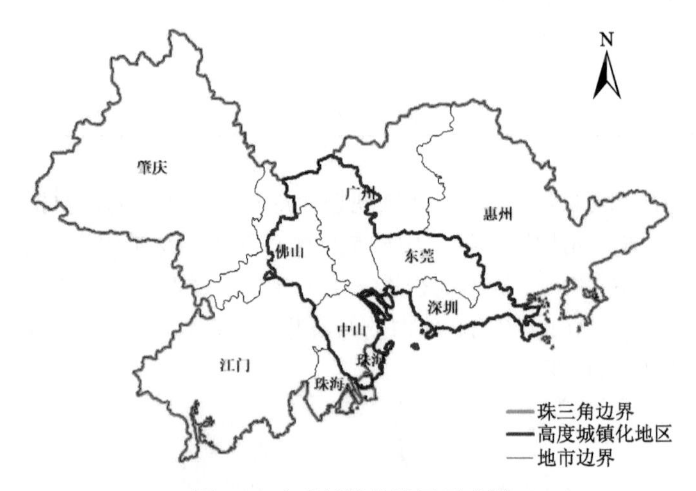

图 3-6 高度城镇化地区示意图

3.2 珠三角地区降雨结构时空演变特征

在气候变化和人类活动的双重影响下，区域乃至全球水汽循环发生了改变，降雨是水循环过程的主要驱动因素之一，降雨特征的改变通常体现在降雨结构和降雨总量变化两个方面。其中降雨结构可从降雨历时和降雨等级两个角度进行分析，目前对于珠三角地区降雨结构的演变规律研究相对较少，深入了解降雨结构的变化特征有利于探究区域水循环变异规律。3.1 节基于土地利用类型、人口密度、生产总值空间分布等数据，将珠三角地区划分为高度城镇化地区和非高度城镇化地区。在此基础上，本节基于降雨发生率和降雨贡献率两个指标，从降雨历时和降雨等级的角度分析降雨结构，采用 Mann-Kendall 趋势检验、Mann-Kendall 突变检验、空间分析等方法，探究珠三角地区降雨结构在时间上的演变规律和空间上的分布特征，揭示珠三角高城镇化地区与非高度城镇化地区的降雨结构差异。

3.2.1 研究区域及数据来源

1. 研究区域

珠三角地区是由珠江水系及其支流带来的泥沙在珠江口河口湾内堆积而成的复合型

三角洲，中部、南部地势较为平坦，西部、北部和东部则是丘陵山地环绕。为了减少地形对降雨的影响，同时也为了全方位地比较高城镇化地区与非高度城镇化地区的降雨特征差异，本章节所选取的研究区域如图 3-7 所示，海拔多为 200m 以下，地势平坦，其范围内的城市包括广州、深圳、东莞、佛山、珠海、中山、江门、惠州以及肇庆和清远的部分地区，面积约为 4.44 万 km^2。

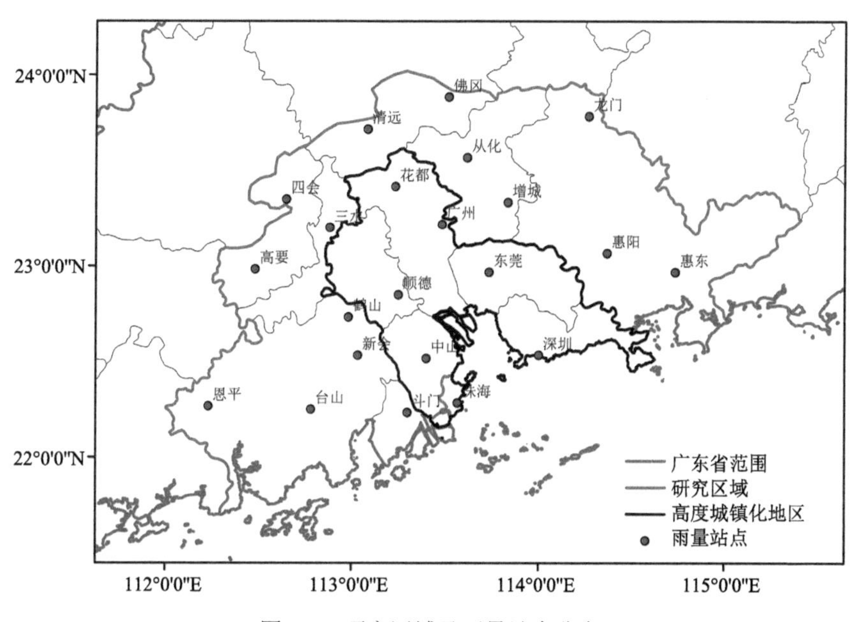

图 3-7　研究区域及雨量站点分布

2. 数据来源

为更好地分析珠三角地区降雨结构的变化特征，并考虑到资料序列的长度及可用性，选择珠三角地区范围内数据完整性较高的 22 个雨量站小时降雨数据（数据来源于国家气象局），雨量站点分布如图 3-7 所示。根据各站点的资料序列长度，选取 1973～2012 年为研究时段，经时段筛选后所有站点资料的完整性和有效性均满足气象水文研究中对于数据质量的控制要求，其数据缺失时数均在 1%以内，并采用一定的方法对缺失数据进行补充。具体方法为：在汛期（4～10 月）的缺失数据采用前后 2 个数据进行插值获取，在非汛期（11 月至次年 3 月）的缺失数据记为 0。

根据土地利用类型、人口密度、生产总值空间分布、城镇化率等因素，将珠三角地区划分为高度城镇化地区和非高度城镇化地区，根据非高度城镇化地区与高度城镇化地区的相对位置对非高度城镇化地区做进一步的细分，将其划分为北部地区、西部地区和东部地区三个子研究区，具体分区如图 3-8 所示。其中高度城镇化地区的面积约为 1.17 万 km^2，代表站点为广州、深圳、东莞、顺德、花都、中山和珠海；北部地区的面积约为 0.72 万 km^2，代表站点为佛冈、清远、四会、三水和从化；西部地区的面积约为 1.23 万 km^2，代表站点为高要、鹤山、新会、斗门、台山和恩平；东部地区的面积约为 1.30

万 km²，代表站点为龙门、增城、惠阳和惠东。

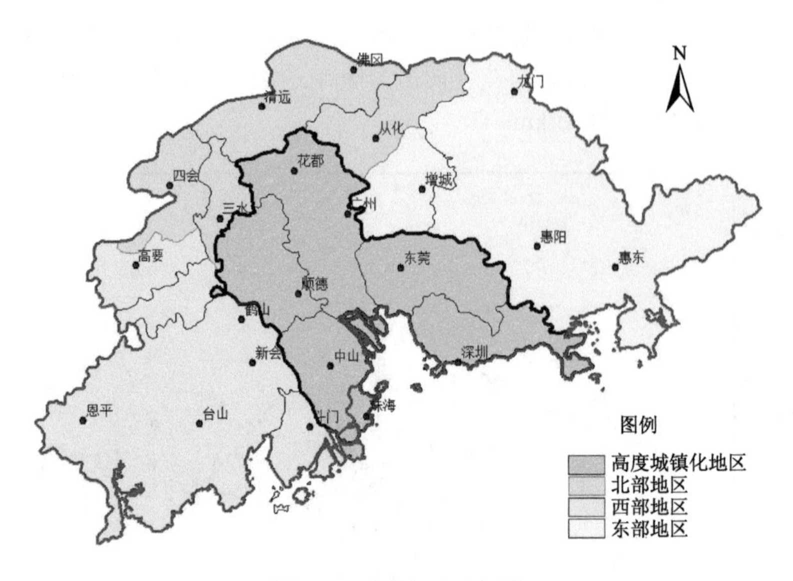

图 3-8　子研究区示意图

3.2.2　研究方法

1. 指标定义

利用小时尺度的降雨数据划分降雨场次，从场次降雨的降雨历时和降雨等级两个方面分析珠三角地区的降雨结构，以及城镇化进程中高度城镇化地区与非高度城镇化地区降雨结构的变化差异。通常认为小时降雨量≥0.1mm 时有降雨发生，当降雨时间间隔超过 2h，则认定为是两次降雨过程。根据该定义，利用 MatLab 软件编写程序，从各雨量站小时降雨数据中提取并整理出所有降雨过程，降雨历时是指一次降雨过程从开始到结束的小时数，在此降雨过程内的雨量之和定义为该场次的总雨量。

为从历时和等级两个角度探究降雨结构的变化，本节将降雨历时划分为 1～3h、4～6h、7～12h、12h 以上；参考中国气象局对日降雨量等级的划分并结合珠三角地区的降雨特征，将一次降雨过程的降雨等级划分为小雨（0.1～10.0mm）、中雨（10.1～25.0mm）、大雨（25.1～50.0mm）、暴雨（50mm 以上）。为了定量化分析降雨历时和降雨等级的分布及变化，定义降雨发生率为各降雨指标在某一分类中发生的次数占总次数的比值，降雨贡献率则为某一分类的降雨量占总降雨量的比值。

2. Mann-Kendall 检验法

Mann-Kendall 检验法是一种在水文、气象等研究领域被广泛使用于非正态分布数据趋势检验的非参数秩序检验方法。该方法具有计算简单、无须样本服从概率分布且结果不易受少数异常值影响等优点。

3. 克里金插值法

克里金插值又被称为空间自协方差最佳插值法，是 ArcGIS 空间分析中一种较为常用的插值计算方法。当区域化变量存在空间相关性时，可以利用克里金插值法对其进行外推分析或内插分析，广泛应用于气象、水文、地质等领域。

3.2.3 降雨历时变化特征

1. 降雨发生率和贡献率分布

根据场次降雨的定义，利用 Python 软件划分降雨场次，并根据指标要求对数据进行统计分析。降雨历时是一次降雨过程从开始到结束的小时数，将降雨历时分为 1～3h、4～6h、7～12h、12h 以上；发生率是指各降雨指标在某一分类中发生的次数占总次数的比值，贡献率则是某一分类的降雨量占总降雨量的比值。珠三角地区不同历时降雨事件发生率及贡献率的统计结果如图 3-9 所示。从图中可以看出，珠三角地区各历时降雨发生率随历时的增大而呈幂指数形式递减，而各历时降雨贡献率随历时的增大呈线性增加的趋势。统计结果表明，历时为 3h 以内的降雨发生次数最多但总雨量最少，其发生率达 64%，但贡献率仅为 20%；历时为 12h 以上的降雨发生次数最少但总雨量最大，其发生率仅为 6%，但贡献率达到了 33%。若将 6h 作为短历时降雨与长历时降雨的分界线，可以发现珠三角地区降雨事件中虽然长历时降雨发生率比重仅占 18%，但其贡献率却高达 59%。由此说明，珠三角地区的降雨事件主要以 6h 以内的短历时降雨为主，但降雨量的贡献主体是 6h 以上的长历时降雨。

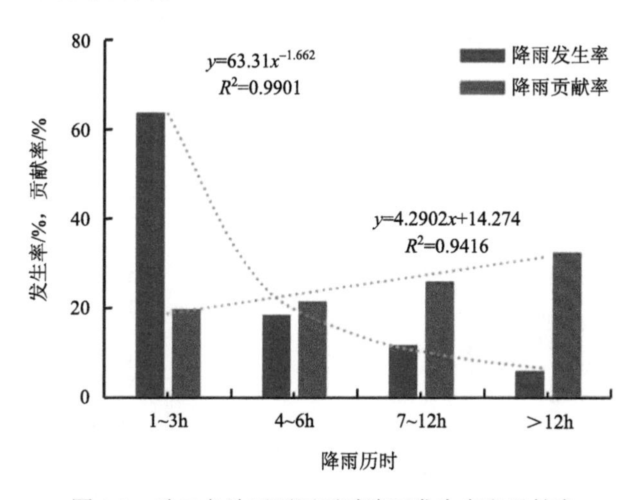

图 3-9　珠三角地区不同历时降雨发生率和贡献率

为进一步分析不同历时降雨发生率和贡献率的空间分布，探究不同空间区位的降雨结构差异，基于雨量站点资料，采用克里金插值法绘制珠三角地区各历时降雨发生率和贡献率的空间分布图（图 3-10）。

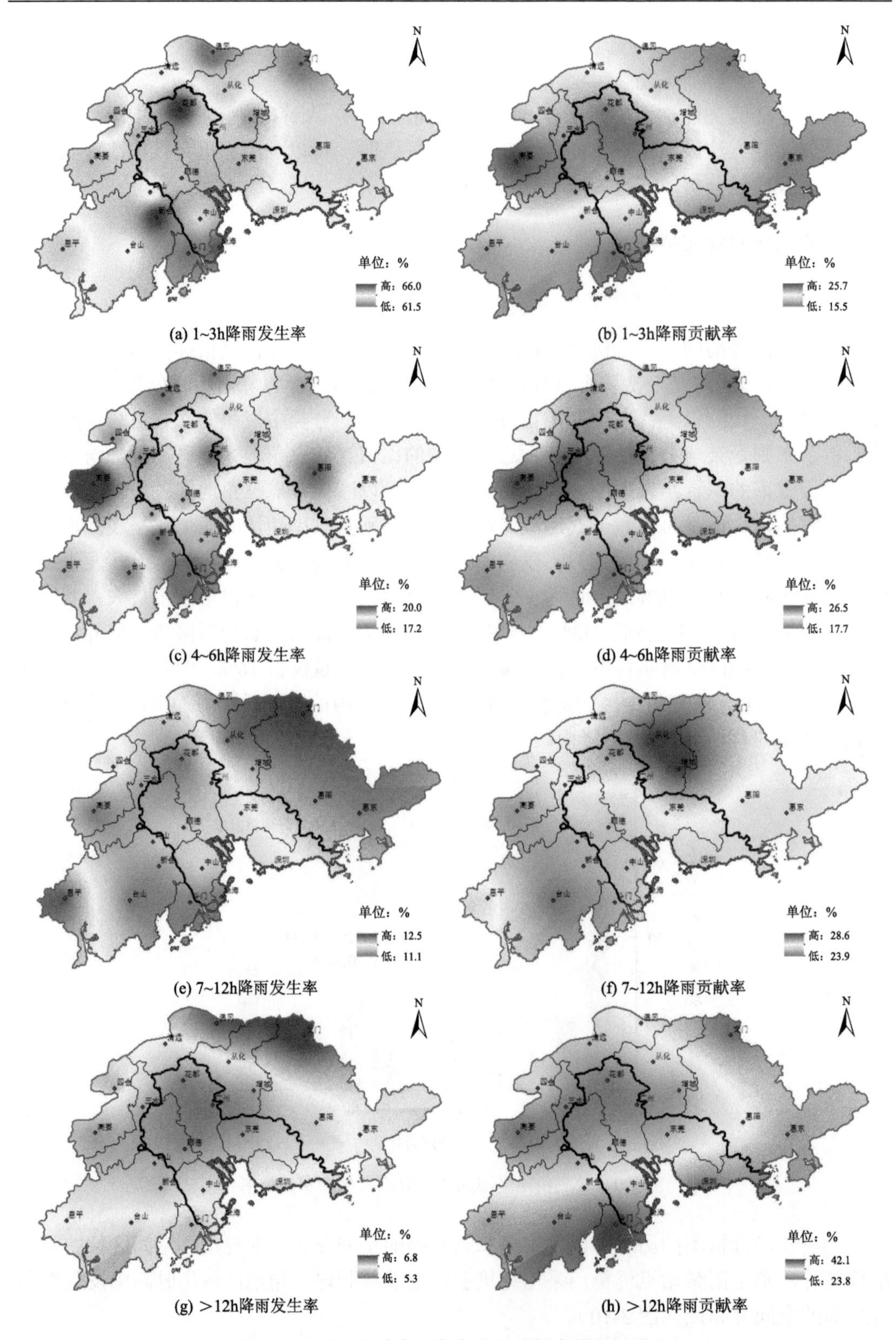

(a) 1~3h降雨发生率　(b) 1~3h降雨贡献率

(c) 4~6h降雨发生率　(d) 4~6h降雨贡献率

(e) 7~12h降雨发生率　(f) 7~12h降雨贡献率

(g) ＞12h降雨发生率　(h) ＞12h降雨贡献率

图 3-10　不同历时降雨发生率和贡献率的空间分布

从降雨发生率的空间分布结果来看，1～3h 的降雨事件发生率大致呈中部高、东西部低的分布，4～6h 的降雨事件发生率呈西北部高、南部低的分布，7～12h 的降雨事件发生率呈东西部高、中部低的分布，12h 以上的降雨事件发生率呈中部低、东北高的分布。从区域分布来看，珠三角高度城镇化地区 1～3h 短历时降雨事件发生率相对较高，6h 以上的长历时降雨发生率相对较低；东部地区 6h 以上的长历时降雨发生率相对较高。

从降雨贡献率的空间分布结果来看，1～3h 的降雨贡献率大致呈中西部高、东南部低的分布，4～6h 的降雨贡献率呈中西部高、南部低的分布，7～12h 的降雨贡献率呈东北部高、西南部低的分布，12h 以上的降雨贡献率呈中西部低、南部高的分布。珠三角地区降雨贡献率的空间分布结果与海陆位置存在一定的相关关系，1～3h 和 4～6h 的降雨贡献率空间分布相似，沿海地区贡献率相对较低，从东南沿海向西北内陆逐渐增加，在中、西部内陆地区为短历时降雨贡献率高值区域。降雨历时大于 12h 的降雨贡献率空间分布特征与之相反，从东南向西北逐渐减少，沿海地区为高值区域。基于降雨贡献率空间分布图还可以发现，中、西部内陆地区各历时的降雨贡献率较为均匀，约 25%，而沿海地区各历时的降雨贡献率则明显呈现随降雨历时增加而增大的趋势，降雨贡献率范围在 15%～42%，说明沿海地区与内陆地区相比雨量会更加集中在长历时降雨事件中。

2. 降雨发生率和贡献率变化

为探究珠三角地区不同历时降雨发生率和贡献率的演变趋势以及城镇化对其产生的影响，基于 40 年的历史降雨数据，采用 Mann-Kendall 检验方法进行统计分析，结果如表 3-10 所示。从结果可以看出，珠三角地区各历时的降水发生率和贡献率并未发生显著变化。从各子研究区的统计结果来看，除东部地区 1～3h 降雨发生率有显著降低趋势外，其他地区的指标均未发生明显变化。也就是说，从降雨历时的角度看，珠三角地区的降雨结构并未发生显著变化。

表 3-10　不同历时降雨发生率和贡献率趋势检验结果

M-K 值	降雨发生率				降雨贡献率			
	1～3h	4～6h	7～12h	>12h	1～3h	4～6h	7～12h	>12h
珠三角地区	−0.13	0.48	−0.11	0.64	1.06	0.87	−0.13	−0.78
高度城镇化地区	−0.80	0.64	0.24	0.06	0.80	0.99	−0.27	−0.59
北部地区	0.15	−0.8	−0.78	0.92	−0.01	−0.04	0.62	−0.34
西部地区	−0.22	0.99	0.01	0	0.55	1.08	0.22	−0.04
东部地区	−1.48*	1.11	0.36	1.11	0.20	0.52	0.08	−0.85

*为置信度 90%。

3.2.4 降雨等级变化

1. 降雨发生率和贡献率分布

雨量是指在一定时间段内降落到水平地面上的雨水深度，根据不同的时段度量可分为年降雨、日降雨量、场次降雨量、小时降雨量等。降雨强度是指单位时间内的降雨量，降雨等级是对降雨强度的划分，中国气象局采用日（24h）为度量将降雨量划分了 6 个等级：小雨、中雨、大雨、暴雨、大暴雨、特大暴雨，其中，日降雨量小于 10mm 为小雨，10.1～25.0mm 为中雨，25.1～50.0mm 为大雨，50.1～100mm 为暴雨，100～250mm 为大暴雨，250mm 以上为特大暴雨。本节采用的时间度量为场次，场次降雨量为一次降雨开始至结束期间的降雨总量，参考中国气象局对日降雨量等级的划分并结合珠三角地区的降雨特征，划分场次降雨等级，将一次降雨过程的降雨等级划分为：小雨（0.1～10.0mm）、中雨（10.1～25.0mm）、大雨（25.1～50.0mm）、暴雨（50mm 以上）。

珠三角地区不同等级降雨事件发生率及贡献率的统计结果如图 3-11 所示。从图中可以看出，随着降雨等级的增加降雨发生率呈幂指数下降趋势，而降雨贡献率随降雨等级的增加呈递增的趋势。统计结果表明，小雨的发生次数最多但总雨量最少，其发生率以 79%的比重占据绝对优势，但贡献率仅为 18%；暴雨的发生次数最少但总雨量最大，其发生率仅为 3%，但贡献率达到了 35%；中雨和大雨的发生率分别为 12%和 6%，发生率相差不小但贡献率相近，分别占 23%和 24%。由此可见，珠三角地区的降雨事件主要以弱降雨为主，但降雨量的主要贡献则取决于发生次数较少的强降雨事件。

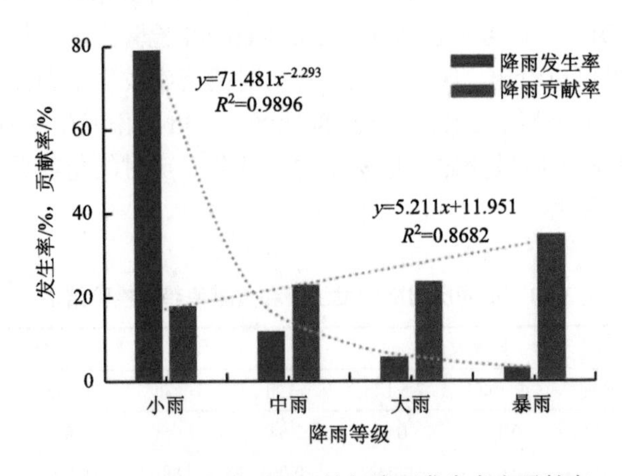

图 3-11　珠三角地区不同等级降雨发生率和贡献率

为进一步分析不同等级降雨发生率和贡献率的空间分布，探究不同空间区位的降雨结构差异，利用 ArcGIS 的空间插值功能绘制珠三角地区各降雨等级发生率和贡献率的空间分布图（图 3-12）。

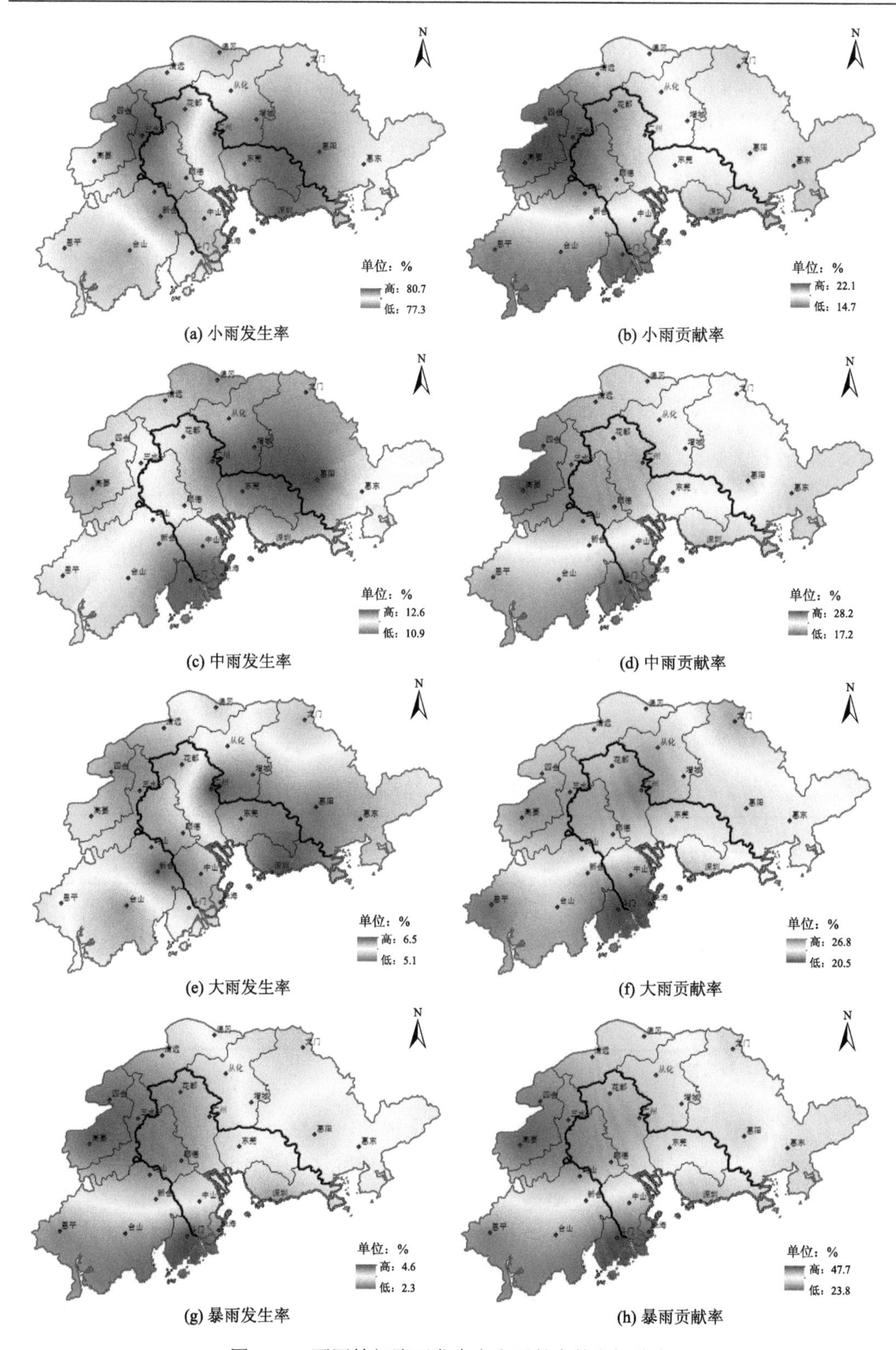

(a) 小雨发生率　(b) 小雨贡献率

(c) 中雨发生率　(d) 中雨贡献率

(e) 大雨发生率　(f) 大雨贡献率

(g) 暴雨发生率　(h) 暴雨贡献率

图 3-12　不同等级降雨发生率和贡献率的空间分布

从降雨发生率的空间分布结果来看，小雨发生率大致呈中部高、东西部低的分布，中雨发生率呈东北部高、南部低的分布，大雨发生率呈西南部和东部高、中部低的分布，暴雨发生率呈中西部低、南部高的分布；从降雨贡献率的空间分布结果来看，小雨贡献率大致呈西北部高、南部低的分布，中雨贡献率呈西北部高、南部低的分布，大雨贡献率呈南部高、北部低的分布，暴雨贡献率呈南部高、西北部低的分布。珠三角地区降雨贡献率的空间分布结果与海陆位置存在明显相关关系，小雨和中雨的降雨贡献率空间分布相似，沿海地区贡献率相对较低，从东南沿海向西北内陆逐渐增加，在中、西部内陆地区为中、小雨降雨贡献率高值区域。大雨和暴雨的降雨贡献率空间分布特征与之相反，从东南向西北逐渐减少，沿海地区尤其是珠海、江门一带为高值区域。总体而言各等级降雨发生率的空间分布较为均匀，相差幅度不超过 4%。但降雨贡献率空间分布则出现明显的地区差异，其中暴雨的空间差异性最强，最高值与最低值相差了 24%。

2. 降雨发生率和贡献率变化

为探究珠三角地区不同等级降雨发生率和贡献率的演变趋势以及城镇化对其产生的影响，利用 Mann-Kendall 趋势检验方法进行统计分析，统计结果如表 3-11 所示。从表中可以看出，珠三角地区不同等级降雨发生率和贡献率的变化趋势并不一致，从降雨发生率看，珠三角地区小雨发生率呈显著降低趋势，中雨、大雨发生率呈显著增加的趋势，暴雨有增多趋势但并未通过显著性检验；从降雨贡献率看，仅小雨的贡献率呈显著下降趋势，中雨、大雨、暴雨的贡献率并无明显变化。也就是说，从降雨等级的角度看，珠三角地区的降雨结构发生了显著变化。

表 3-11　不同等级降雨发生率和贡献率趋势检验结果

M-K 值	降雨发生率				降雨贡献率			
	小雨	中雨	大雨	暴雨	小雨	中雨	大雨	暴雨
珠三角地区	−2.23**	2.27**	1.83**	1.08	−1.32*	−0.25	0.15	0.38
高度城镇化地区	−2.60***	1.41*	2.06**	1.43*	−1.78**	−1.15	0.57	0.71
北部地区	−1.43*	1.78**	0.90	0.92	−1.74**	−0.69	0.34	1.34*
西部地区	−2.06**	2.30**	0.36	0.80	−1.01	0.36	−0.70	0.03
东部地区	−0.97	0.80	1.18	0.03	−0.01	0.50	0.34	−0.30

*为置信度 90%；**为置信度 95%；***为置信度 99%。

为探究不同城镇化程度地区的降雨结构变化规律，分别对 4 个子研究区的降雨发生率和贡献率做了趋势分析检验，根据表 3-11 中各子研究区的统计结果可以发现，高度城镇化地区中雨、大雨、暴雨发生率均显著增加，但贡献率无明显变化；小雨发生率和贡献率则显著降低。北部地区中雨发生率显著增加，小雨发生率和贡献率显著降低。西部地区中雨发生率显著增加，小雨发生率显著降低。东部地区各降雨结构指标均无明显变化。也就是说，从降雨等级的角度看，除东部地区以外，其他 3 个子研究区的降雨结构均发生了明显变化。

根据表 3-11 的趋势检验结果发现，珠三角地区及其子研究区的小雨发生率和贡献率大多呈显著下降趋势，尤其是高度城镇化地区，其小雨发生率减少通过了置信度为 99%的显著性检验。为进一步探究小雨发生率降低的原因，将小雨等级再细化分为 0.1～5.0mm 和 5.1～10.0mm 两个等级，并对其做 Mann-Kendall 趋势检验，检验结果（表 3-12）发现，5mm 以下的弱降雨事件发生率显著减少是小雨发生率减少的主要原因。从表 3-12 可以看出，珠三角地区 5mm 以下的降雨事件发生率显著减少，5.1～10.0mm 的降雨事件发生率则无明显变化。对 4 个子研究区的发生率进行趋势分析发现，北部地区 5mm 以下的降雨事件发生率无显著变化，5.1～10.0mm 的降雨事件发生率有显著增加趋势；除北部地区外，其他 3 个地区 5mm 以下的降雨事件发生率均显著减少，高度城镇化地区通过了 99%的置信度检验，而 5.1～10.0mm 的降雨事件发生率却明显增加。

表 3-12　不同等级小雨降雨发生率趋势检验结果

M-K 值	珠三角地区	高度城镇化地区	北部地区	西部地区	东部地区
0.1～5.0mm	−2.16**	−2.76***	−0.27	−2.25**	−1.57*
5.1～10.0mm	0.59	1.55*	−2.51***	1.57*	1.41*

*为置信度 90%；**为置信度 95%；***为置信度 99%。

为探究珠三角地区小雨发生率的突变时间，分别对 10mm 以下和 5mm 以下降雨事件的发生率进行 Mann-Kendall 突变检验分析。结果（图 3-13）显示，珠三角地区小雨发生率和 0.1～5.0mm 降雨发生率趋势变化图基本一致，均在 20 世纪 90 年代后期存在突变点，在 2006 年之后呈显著下降趋势，通过了 95%的置信度检验。

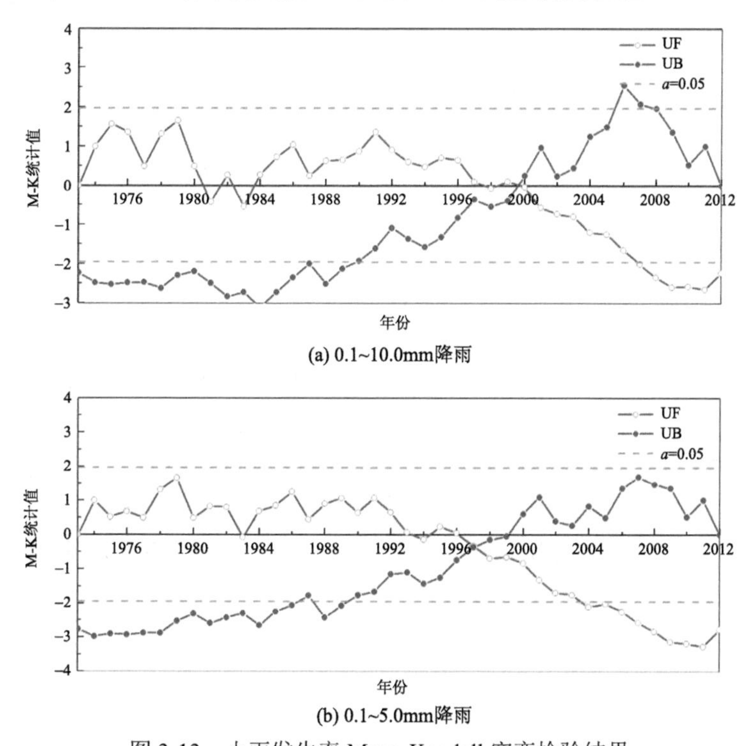

(a) 0.1~10.0mm降雨

(b) 0.1~5.0mm降雨

图 3-13　小雨发生率 Mann-Kendall 突变检验结果

由研究分析可知，珠三角地区快速城镇化时间是90年代中后期，与小雨发生率发生突变的时间相吻合，说明两者可能存在一定的相关关系。国内外学者针对城镇化发展对小雨产生的影响做了一些研究，研究表明城镇化对小雨发生率造成影响的原因可能有以下两个方面：①城市因下垫面热力属性变化、人工热源增加、大气污染等原因导致城市高温化，也就是城市热岛效应。根据Clausius-Clapeyron方程可知，在平均相对湿度不变的情况下，空气的持水能力与其温度呈指数正比关系，温度每升高1℃，其持水能力会增加6%～7%。城市热岛效应会导致低空气温升高，大气持水能力增强，降水强度增加，降水频次减少；②由于人口和化石燃料燃烧增加，产生了大量的氮氧化物、二氧化碳和粉尘等排放物，气溶胶浓度也随之升高。气溶胶颗粒物因其自身的物理特性具有成核、黏合和吸着三种重要的作用，其中成核作用会影响雨滴的形成，空气中的气溶胶颗粒会被过饱和蒸汽吸附于表面形成液滴，当液滴达到一定质量时会聚集下落形成降雨。有研究表明气溶胶增多会抑制降水，主要是因为气溶胶含量增多会导致云滴半径减小、生命期延长，从而不易形成降水。

3.3　珠三角地区极端降雨时空演变特征

前文研究表明，在气候变化和人类活动的影响下，珠三角地区的降雨结构发生了改变，而极端降雨事件频发既是响应气候变化和城镇化发展的突出表现，也会对人民群众的生命财产安全带来巨大威胁。因此深刻认识珠三角地区极端降雨事件的时空演变特征具有重要的科学价值和现实意义。目前对珠三角城市群与极端降水变化关系的研究并不常见，并且由于资料的限制，大多数研究基于日尺度降雨数据开展分析探讨，时间精度较低，无法探究短历时强降雨变化规律。而众多研究结果以及历史记录资料表明，短历时强降雨是近年来造成城市洪涝的主要原因之一，且气候变化和强人类活动对短历时降雨事件影响较大。在改革开放后，珠三角地区社会经济发展迅猛，大量外来人口涌入，城镇面积迅速扩张，现已成为中国人口最集中、经济最发达的地区之一。由于快速城镇化进程珠三角各市的城镇规模不断提升，城市边界不断外延，加上交通的发展城市之间的交流更为方便快捷，现在珠三角中部地区已经形成了以广州-深圳为核心的高度城镇化城市群，不仅是人口的主要聚集地和流动人口的主要涌入方向，也是带动珠三角地区经济社会发展的强大动力引擎。因此，高度城镇化地区的洪涝灾害风险对于极端降雨事件的响应会更加敏感，暴雨事件对高度城镇化地区社会经济发展的影响将更加突出，需引起重视。本章基于珠三角地区1973～2012年22个雨量站的小时降雨数据，采用年极端降雨量、极端降雨频次、暴雨雨型等指标，利用空间分析、趋势检验等方法对比分析高度城镇化地区与周边地区极端降雨时空差异，对揭示高度城镇化城市群的极端降雨变化特征及其影响机制具有重要科研意义。

3.3.1 指标定义

1. 极端降雨

极端降雨的定义方法主要可以分为参数化方法和非参数化方法两大类。非参数化法中最常用的两种方法为百分位阈值法和固定阈值法。百分位阈值法是将数据序列按大小进行排序，选取某一百分位上的数值作为阈值。本章采用的阈值百分位为95%，极端降雨阈值的具体确定方法为：将各个站点研究时段内的小时降雨量进行升序排列，小时降雨量小于 0.1mm 的数据不予排列，序列中处于第 95%位置的降雨量即为该站点的极端降雨阈值。固定阈值法一般基于过往经验或是相关标准以一个固定数值作为临界阈值。两种阈值确定方法各有优缺点，百分位阈值法的优点是能考虑到不同区域的差异性，更好地反映每个区域的极端降雨变化情况，但也因为每个区域的阈值不同，所以无法与其他区域的极端降雨量进行数值对比；固定阈值法的优点是既能比较区域间的降雨差异，也能体现本区域的极端降雨变化情况，但该方法的局限性在于当区域间降水情况差异较大时不能很好地评估各个区域的极端降水变化。由于百分位阈值法能更好地体现各区域的变化差异，因此，本章选用百分位阈值法确定极端降雨阈值。年极端降雨量是指一年中小时降雨量超过极端降雨阈值的总雨量，年极端降雨频次则是指一年中小时降雨量超过该阈值的总小时数。

2. 暴雨雨型

为了解珠三角地区暴雨雨型的变化规律，首先需要对暴雨进行定义。通常小时降雨量≥0.1mm 时认为有降雨发生，当降雨间隔≥2h 时，认为是两次降雨过程。采用中国气象局对暴雨的定义，即在一次降雨过程中，每小时降雨量≥16mm、或连续 12h 降雨量≥30mm、24h 降雨量≥50mm 可认定为暴雨。前苏联学者包高马佐娃基于大量实测降雨资料将每场降雨时长分为 6 段，依据雨峰位置和各时段雨量变化特征归纳出 7 种雨型模式（图 3-14），其中，Ⅰ～Ⅲ属于单峰型雨，有且仅有一个雨峰，雨峰位置分别处于前部、后部和中部；Ⅳ为均匀型雨，无明显雨峰，降雨过程中雨量时程分布较为均匀；Ⅴ～Ⅶ属于双峰型雨，雨峰位置分别位于降雨过程的前后部、前中部和中后部。

利用模糊识别法将实际降雨过程与 7 种雨型时程分配过程比较，计算该场降雨和各雨型的相似度，选择相似度最大的雨型作为该场次降雨的雨型。相似度计算公式为

$$\sigma_k = 1 - \sqrt{\frac{1}{m} \times \sum_{i=1}^{m} (P_{ki} - x_i)^2} \qquad (k = 1, 2, 3, \cdots, 7) \tag{3-2}$$

式中，σ_k 为该场次降雨与第 k 种雨型的相似度；m 为场次降雨被划分的时段；P_{ki} 为模式雨型中第 k 种雨型第 i 时段雨量占总雨量的比例；x_i 为实际降雨第 i 时段雨量占总雨量的比例。

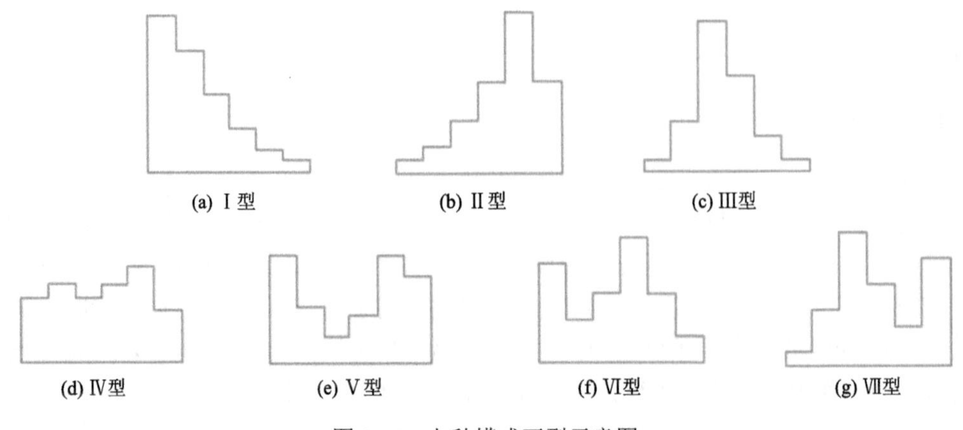

图 3-14　七种模式雨型示意图

3.3.2　年极端降雨变化特征

根据珠三角地区 22 个雨量站点小时降雨资料确定各站点 95%条件下的极端降雨阈值，利用 ArcGIS 的插值分析功能，采用克里金插值法得到研究区域极端降雨阈值分布，结果如图 3-15 所示。从图 3-15 可以看出，极端降雨阈值的分布特征呈现从南向北逐渐减少的趋势，西南沿海地区为高值区域，西北内陆地区为低值区域，阈值范围为 8.1～12.9mm，均值为 10.0mm。

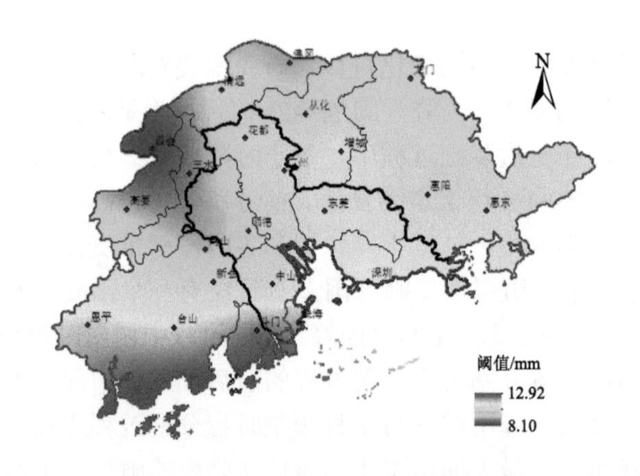

图 3-15　珠三角地区极端降雨阈值分布

为探究年极端降雨的时空变化规律，将研究序列分为 1973～1979 年、1980～1989 年、1990～1999 年、2000～2012 年 4 个时间段，分析不同年代的年极端降雨量变化情况，得到各年代的年极端降雨量空间分布（图 3-16）。从图 3-16 可以看出，前 3 个年代的年极端降雨量具有相似的空间分布特征，珠三角南部和北部均为年极端降雨量高值区域，中部为低值区域，基本呈现南北多、中部少的横向分布，这与珠三角地区的海陆位置及地形地貌有关。2000 年之后，珠三角中部的高度城镇化地区的年极端降雨量明显增加，空间分布变成东西少、中部多的纵向分布，这很可能与珠三角中部的高度城镇化地区在

20 世纪 90 年代后期的快速城镇化存在密切联系。

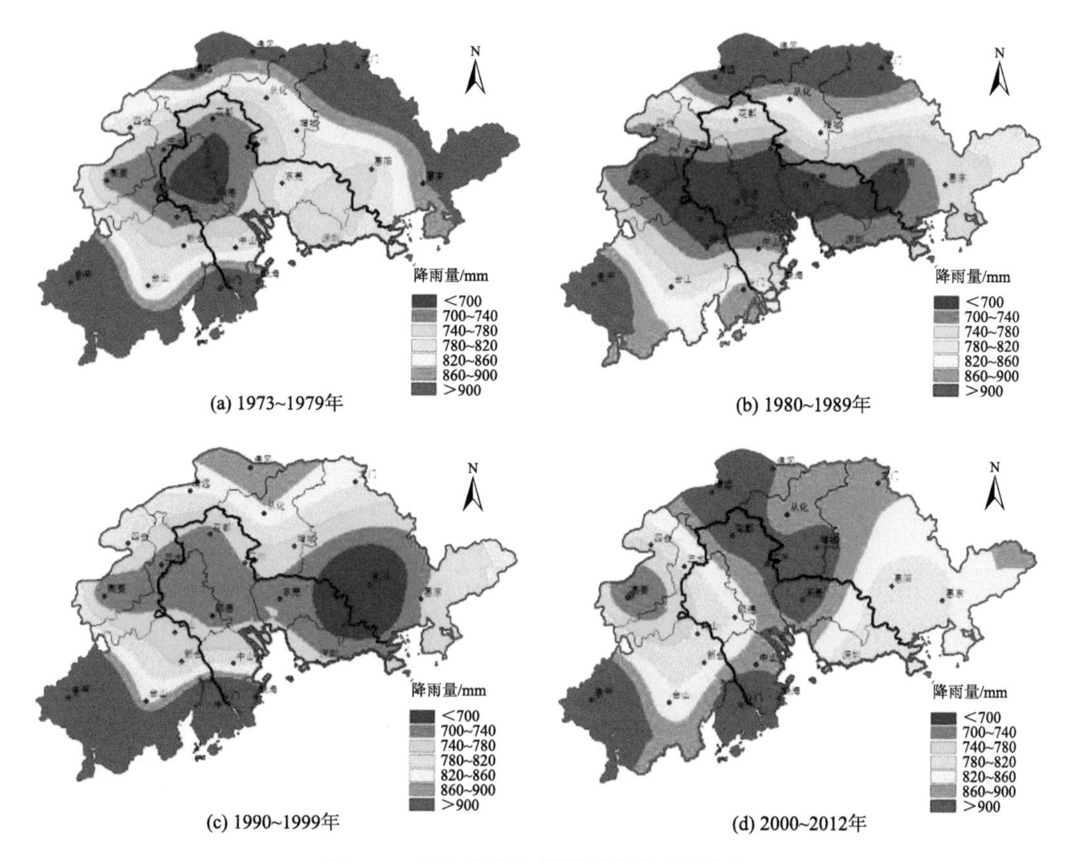

(a) 1973~1979年　(b) 1980~1989年　(c) 1990~1999年　(d) 2000~2012年

图 3-16　各年代的年极端降雨量空间分布

为进一步探讨高度城镇化背景下珠三角地区极端降雨事件的时间变化特征，采用线性回归法、滑动平均法和 Mann-Kendall 趋势检验法分析四个子研究区年极端降雨指标的时间变化规律。珠三角各子研究区年极端降雨指标的 Mann-Kendall 趋势检验结果如表 3-13 所示，从中可以看出，北、西、东三个地区的极端降雨指标均无明显变化，而高度城镇化地区的极端降雨指标呈显著增加趋势，年极端降雨量和年极端降雨频次分别通过了 95%和 90%的显著性检验。根据线性回归结果可知（图 3-17），高度城镇化地区年极端降雨量和年极端降雨频次分别上升了 44.3mm/10a 和 1.6 次/10a。从滑动平均法的结果（图 3-17）看出，4 个子研究区的极端降雨指标在 19 世纪 80 年代后均存在下降趋势，且在 1990 年前后处于低谷期，随后各子研究区的极端降雨指标开始出现不同程度上升趋势，其中高度城镇化地区上升最为明显。从各片区年降雨量的 Mann-Kendall 趋势检验结果可知（表 3-13），高度城镇化地区的年降雨量并无明显变化，在年降雨量不变的情况下年极端降雨量显著增加，说明高度城镇化地区与珠三角其他地区相比降雨量变得更加集中，极端降雨事件增多，降雨强度增大，发生洪涝事件的风险增加，同时由于高度城镇化地区人口、经济相对集中，更容易造成安全威胁和财产损失。

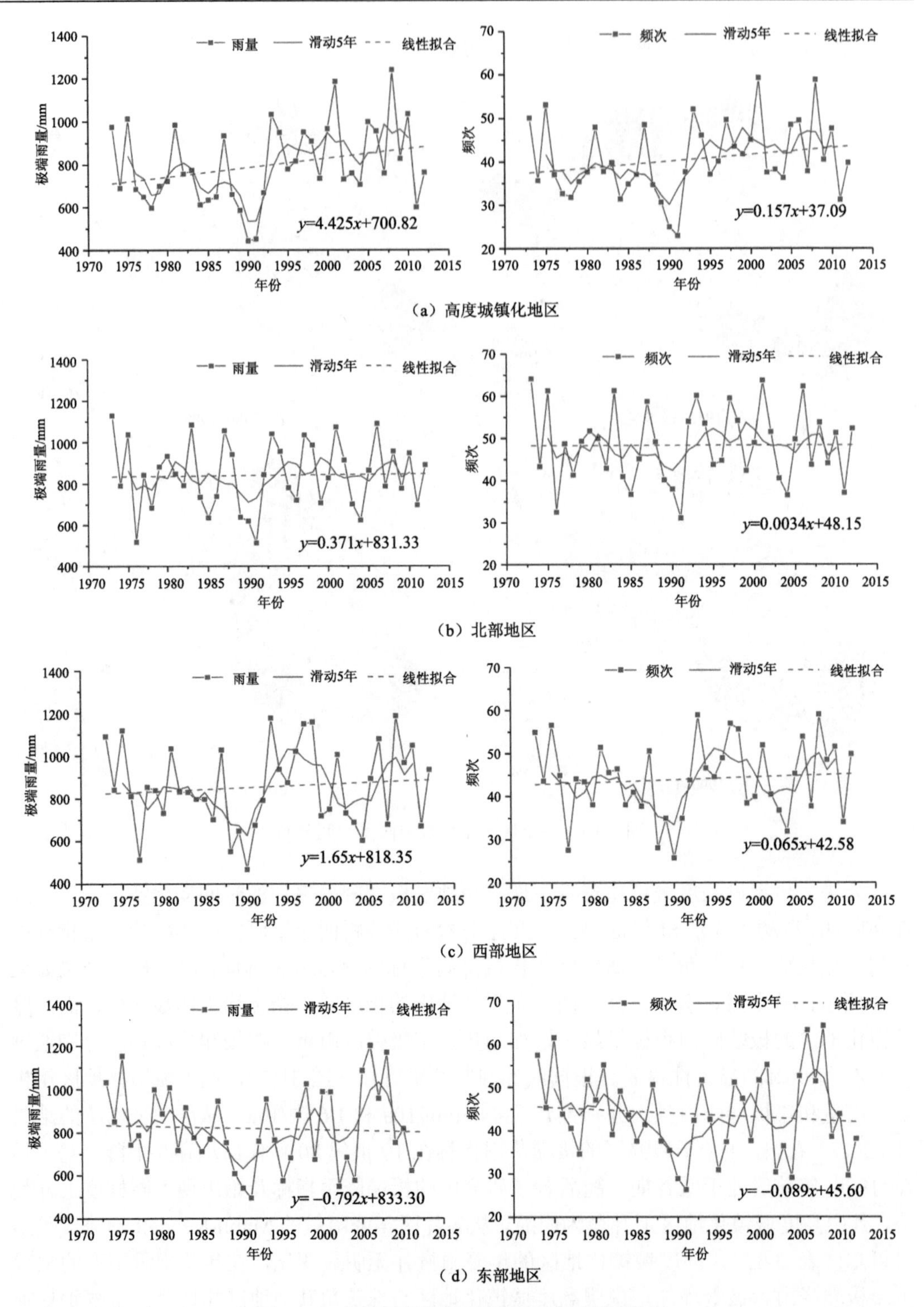

图 3-17　各地区极端降雨指标的时间变化特征

表 3-13 各地区极端降雨指标 Mann-Kendall 趋势检验结果

地区	年降雨量	95%年极端降雨量	95%年极端降雨频次
高度城镇化地区	0.38	1.88**	1.47*
北部地区	–0.59	0	0.06
西部地区	–0.59	0.03	0.37
东部地区	–0.92	–0.66	–0.83
珠三角地区	–0.34	0.92	0.58

*为置信度 90%；**为置信度 95%。

对珠三角 4 个子研究区的年极端降雨量进行 Mann-Kendall 突变检验分析，结果如图 3-18 所示。从中可以看出，高度城镇化地区的年极端降雨量在 1996 年发生突变，之后一直呈现上升趋势，且在 2008 年后上升趋势显著；北部地区在研究时段内趋势较为平稳，无明显变化；西部地区和东部地区在 80 年代末至 90 年代初下降趋势显著，在 2000 年之后并无明显变化。结合空间分析、线性回归结果可以发现，在 1990 年之前，珠三角地区年极端降雨呈现南北多、中间少的空间分布，在 90 年代中期珠三角中部也就是高度城镇化地区极端降雨量开始显著增加，到 2000 年之后珠三角地区极端降雨变成中部高、东西少的空间分布。

珠三角中部地区年极端降雨量发生突变的时间与城镇用地快速增长时间相吻合，对 1980～2015 年的土地利用遥感监测数据（来源于中国科学院资源环境科学数据中心）进行统计分析，结果如表 3-14 所示。从表 3-14 可看出，20 世纪 90 年代初高度城镇化地区的城镇用地从 14.6%增长至 21.7%，截至 2015 年高度城镇化地区的城镇用地比例约为其他地区的 5 倍，结合前面的分析结果进一步验证了快速的城镇化发展速率是造成高度城镇化地区极端降雨事件增多的重要原因。

3.3.3 汛期极端降雨变化特征

珠三角地区属亚热带季风气候，夏季盛行西南季风，雨季较长，汛期从 4 月开始到 10 月结束，其中 4～6 月为前汛期，7～10 月为后汛期。前汛期的降雨主要发生在副热带高压北侧的西风带中，多数情况下降雨过程与华南低空西南急流以及冷空气和暖空气相遇密切相关；后汛期的降雨主要受热带天气系统影响，比如台风、热带辐合带等。前、后汛期降雨量分别占年降雨量 44.8%和 41.2%，在 95%阈值条件下，前、后汛期极端降雨量与该时期的降雨量比值分别为 50.0%和 46.6%，说明前汛期的极端降雨比后汛期更加集中。

前、后汛期四个时间段的极端降雨量分布如图 3-19 和图 3-20 所示，结果表明在 2000 年之后，高度城镇化地区前、后汛期的极端降雨量均呈增加趋势，且前汛期的极端降雨量增加更为显著，高度城镇化内陆地区的极端降雨增量达到 200mm 以上。与图 3-16 对比发现，前汛期年极端降雨量时空分布变化与年极端降雨量分布变化有较高的一致性。后汛期极端降雨量分布在各个年代，均呈从西南向东北递减的趋势，说明后汛期极端降雨与海陆位置存在密切联系。

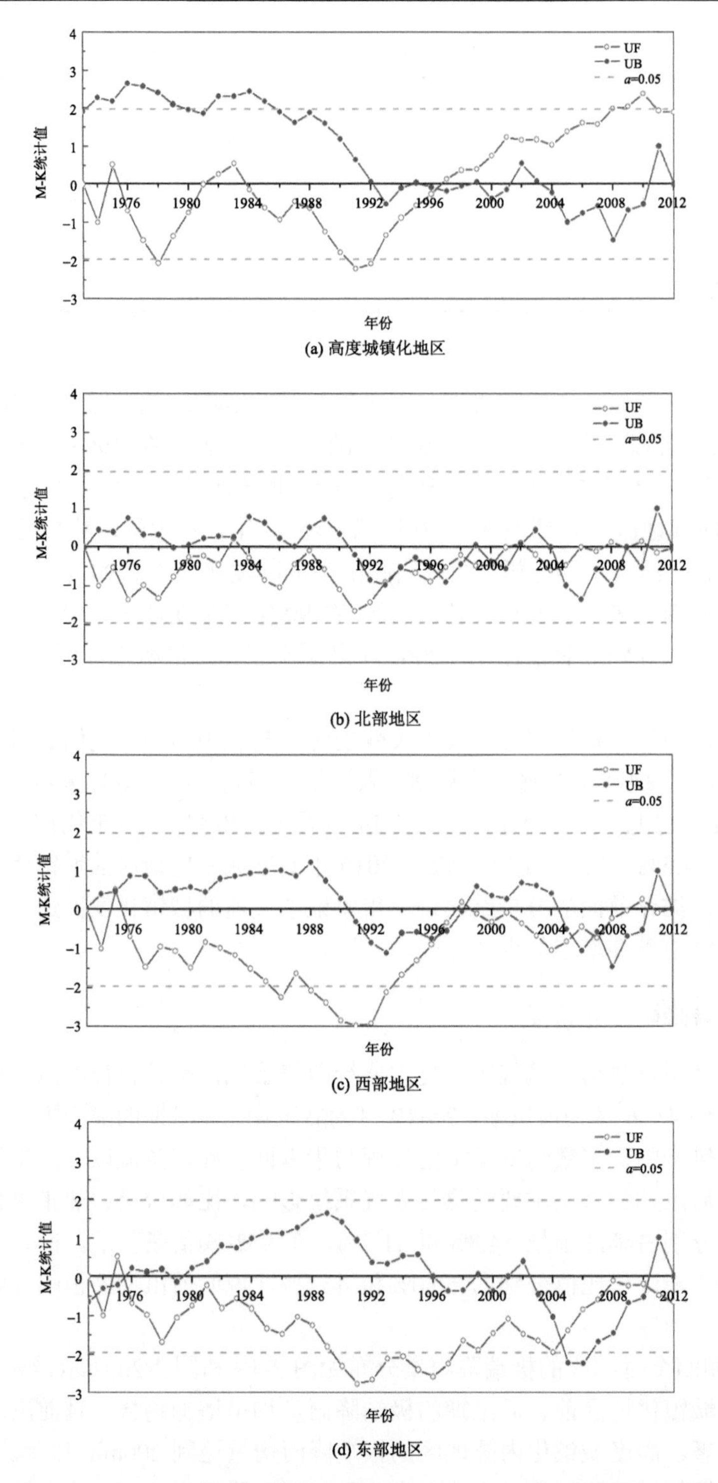

(a) 高度城镇化地区

(b) 北部地区

(c) 西部地区

(d) 东部地区

图 3-18　高度城镇化地区年极端降雨量 Mann-Kendall 突变检验结果

表 3-14　珠三角地区城镇用地比例变化　　单位：%

年份	高度城镇化地区	北部地区	西部地区	东部地区
1980	12.8	3.9	4.4	3.8
1990	14.6	4.1	4.6	3.9
1995	21.7	4.5	5.6	4.1
2000	22.0	4.5	5.7	4.1
2005	34.1	6.5	7.1	5.8
2010	38.0	7.0	7.6	6.7
2015	39.6	7.8	8.5	7.2

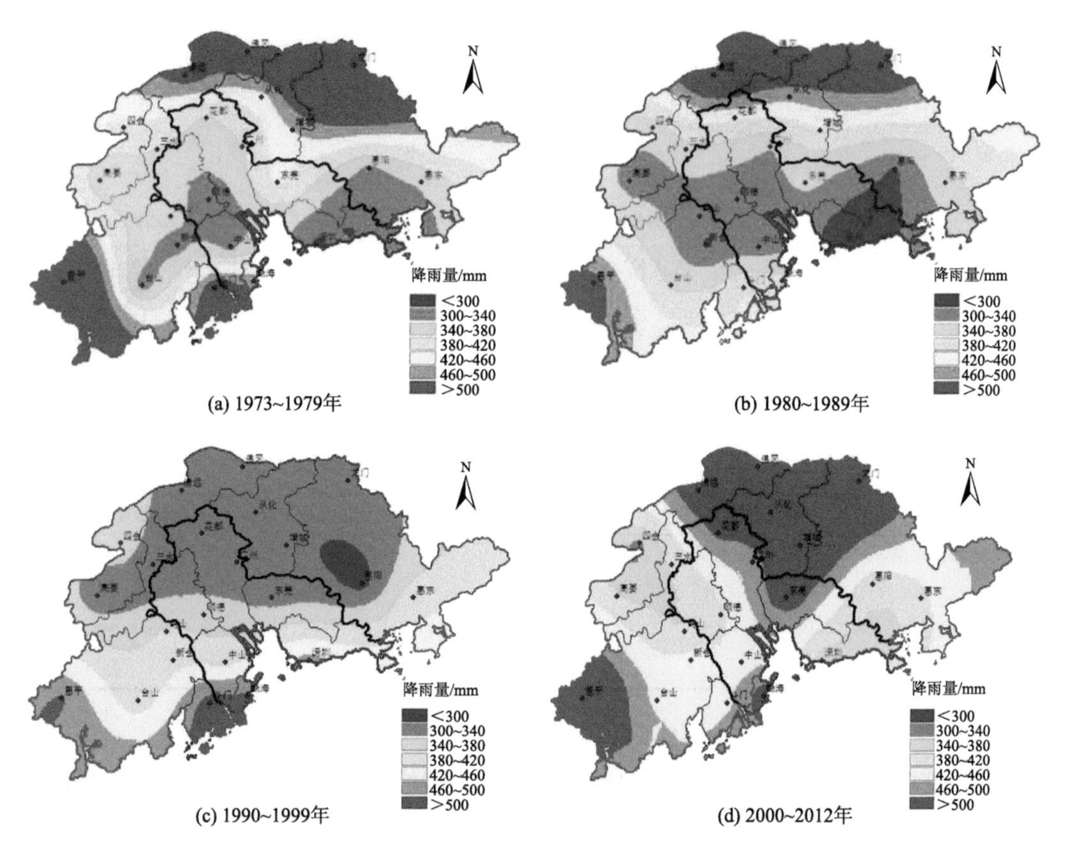

图 3-19　各年代前汛期年极端降雨量分布

从 Mann-Kendall 趋势检验结果（表 3-15）可以看出，在前汛期，高度城镇化地区的极端降雨指标呈显著上升趋势，极端降雨量和极端降雨频次分别通过了置信度为 95%和 90%的显著性检验，其他地区的变化趋势均未通过显著性检验。在后汛期，东部地区的极端降雨指标呈显著下降趋势，通过了置信度为 90%的显著性检验，其他地区的变化趋势均未通过显著性检验。

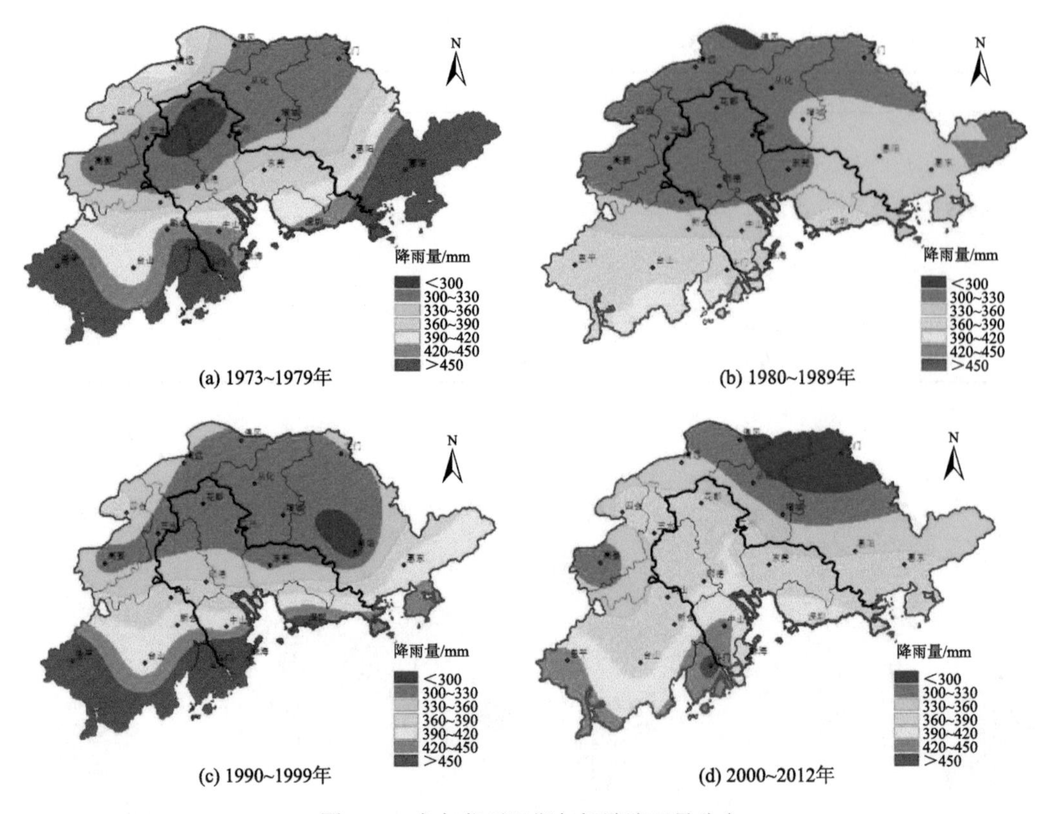

(a) 1973~1979年　(b) 1980~1989年　(c) 1990~1999年　(d) 2000~2012年

图 3-20　各年代后汛期年极端降雨量分布

表 3-15　各地区极端降雨指标 Mann-Kendall 趋势检验结果

地区	前汛期极端降雨量	前汛期极端降雨频次	后汛期极端降雨量	后汛期极端降雨频次
高度城镇化地区	1.69**	1.43*	0.59	0.21
北部地区	−0.10	−0.23	−0.10	−0.19
西部地区	0.52	1.13	0.15	−0.27
东部地区	−0.27	−0.20	−1.29*	−1.46*

*为置信度 90%；**为置信度 95%。

从高度城镇化地区极端降雨量 Mann-Kendall 突变检验结果（图 3-21）来看，前汛期的极端降雨量在 20 世纪 90 年代后期由上下波动变化转为上升趋势，后汛期的极端降雨在 1992 年存在突变点，在 1996 年之后也呈现上升趋势但并不显著。与图 3-16 进行对比发现，年极端降雨量与前汛期极端降雨量在时间变化特征上存在较好的一致性。综合空间分析、Mann-Kendall 检验、线性回归等分析方法得出的结果可知，高度城镇化地区极端降雨量在 90 年代后期发生突变，开始呈上升趋势，其变化的主要贡献来源于前汛期极端降雨量增加。

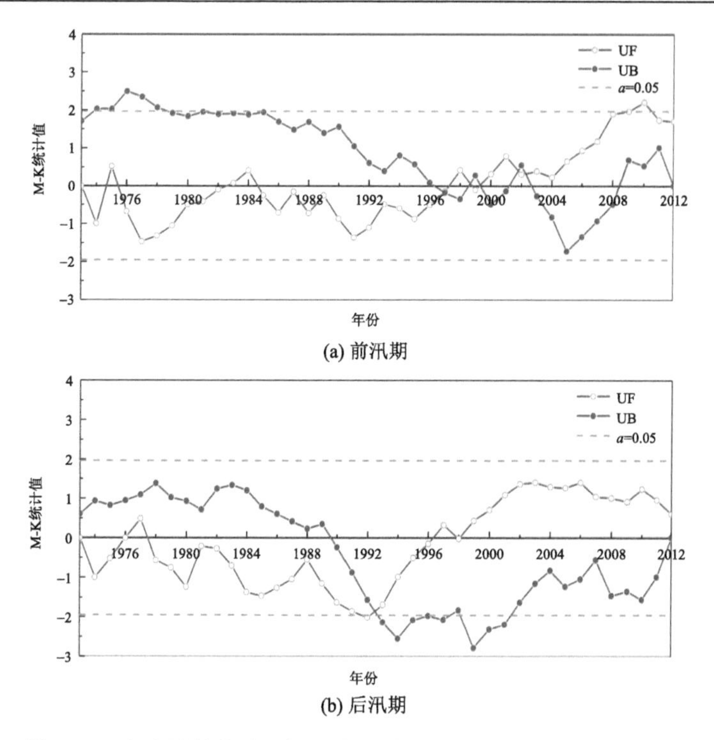

图 3-21　高度城镇化地区极端降雨量 Mann-Kendall 突变检验结果

3.3.4　暴雨雨型及变化特征

1. 暴雨雨型分布

根据中国气象局对暴雨的定义，从雨量站的小时降雨数据中分析并提取暴雨场次，统计结果发现，珠三角地区平均每年约发生 16 场暴雨，其中江门市恩平站年均暴雨场次最多，约为每年 21 场；肇庆市高要站最少，约为每年 13 场。

采用模糊识别法对珠三角地区各站点的暴雨场次过程进行识别，得到 7 种暴雨雨型发生的场次比例（表 3-16）。从表中可以看出单峰型暴雨是主要的暴雨雨型，单峰型暴雨场次比重之和占 74.1%，且三种单峰型暴雨所占比例均高于其他类型，其中雨峰在前的Ⅰ型暴雨所占比例最大，占 33.7%；双峰型暴雨相对较少，三种双峰型暴雨场次比重之和占 17.8%；均匀型暴雨所占比例最小，仅占 8.1%。

表 3-16　珠三角暴雨雨型场次比重

雨型	Ⅰ型	Ⅱ型	Ⅲ型	Ⅳ型	Ⅴ型	Ⅵ型	Ⅶ型
比例/%	33.7	13.0	27.4	8.1	3.9	11.1	2.8

2. 暴雨雨型变化

对珠三角地区及 4 个子研究区的暴雨雨型进行 Mann-Kendall 趋势检验，结果见表

3-17。从表中可看出，高度城镇化地区Ⅰ型暴雨呈显著增加趋势，其他雨型均无明显变化。Ⅰ型暴雨的特征是雨量集中、雨峰靠前，致使高度城镇化地区发生暴雨内涝事件的可能性增加。珠三角西部、东部地区的Ⅴ型降雨呈显著上升趋势，但该雨型占比较低、暴雨场次较少，无须过多关注。

表 3-17　各地区暴雨雨型场次 Mann-Kendall 趋势检验结果

地区	Ⅰ型	Ⅱ型	Ⅲ型	Ⅳ型	Ⅴ型	Ⅵ型	Ⅶ型
高度城镇化地区	1.56*	0.44	0.10	0.08	1.01	0.61	−0.43
北部地区	0.35	−0.89	0.78	0.56	−0.54	−1.27	0.41
西部地区	−0.65	−0.75	−0.21	−0.94	2.42***	0.76	−1.70**
东部地区	−1.03	0.91	−1.13	−1.39*	1.81**	−0.61	−0.76
珠三角地区	0.24	−0.42	−0.05	−0.43	2.57***	0.07	−0.91

*为置信度 90%；**为置信度 95%；***为置信度 99%。

3.4　城市下垫面变化对夏季降雨影响

城市化发展过程改变了城市地区气象要素的现状，对城市地区的气温、湿度、风速、降水等均会产生一定影响从而带来一系列问题，如“城市热岛”“城市雨岛”“城市干岛”等现象。关于城市化对降雨的影响研究，在城市气候学中具有较大的争议性，目前国内外许多学者都对城市化对降雨的影响这一课题进行过研究，研究结果表明城市化进程使城市地区和城市下风区降水增多。据报道，珠三角地区的快速城市化进程使得城市极端降水有进一步增加的趋势，如 2010 年 5 月 7 日至 2010 年 5 月 15 日一周时间广州市累计降雨达到 440mm，超过了广州百年降雨记录。目前城市下垫面变化对降雨的影响研究已经持续了多年，然而大部分已有的研究更多地关注单独的降雨事件，对城市地区降雨特性的剖析存在一定的局限性。为了更加全面地了解城市下垫面变化对降雨的影响，本章以广东省珠三角地区 2013～2015 年夏季（6～8 月）时期为研究对象，基于中尺度气象模式构建数值模拟模型，揭示珠三角地区下垫面变化对夏季降雨的影响机制。

3.4.1　研究区域概况

珠三角地区位于广东省中南部，包括广州、深圳、珠海等城市以及香港、澳门两个特别行政区，属季风气候，年平均气温 21.08～23.08℃。雨季从 4 月到 10 月，旱季从 11 月到次年 3 月，年平均降水量约为 1600mm，每年有 130 天为雨天。珠三角地区在过去十年里经历了迅速的扩张，绝对人口也从 1990 年的 2400 万人增加到 5690 万人，目前珠三角在面积和人口方面已成为世界上最大的城市群之一，未来珠三角地区的城市化比例和人口预计将继续增加。

3.4.2　中尺度气象模式模拟方案设置

城市化水平是衡量一个国家或地区经济发展水平的重要指标，通常采用城镇常住人口占该地区常住总人口的比重衡量。根据 Northam（1979）的研究结果，当城市化水平超过 70%时，城市化发展进入后期阶段，表现出的特征为城镇化水平较高但发展速度趋缓。从广东省统计局资料可知，珠三角地区城镇化水平在 2000 年达到 71.6%。

因此本次模拟下垫面情景设置了三种，分别为 1982 年、2000 年和 2018 年。1982～2000 年为城市化发展前期阶段，2000～2018 年为城市化发展后期阶段，通过对比三种情景模拟结果的差异，可以定量评估不同城市化发展阶段下垫面对珠三角核心区夏季降雨的影响。模拟方案设置如表 3-18 所示，其中 5 月份为模式的预热期，不参与后续分析计算。

表 3-18　WRF 模拟方案设置

模拟方案	下垫面情景	模拟模式	模拟年份	模拟时间
S2018	2018 年	WRF-SLUCM（修正人为热）	2018～2020 年	5 月 15 日 00:00 至 9 月 01 日 00:00(UTC)
S2000	2000 年	WRF-SLUCM（修正人为热）	2018～2020 年	5 月 15 日 00:00 至 9 月 01 日 00:00(UTC)
S1982	1982 年	WRF-SLUCM（修正人为热）	2018～2020 年	5 月 15 日 00:00 至 9 月 01 日 00:00(UTC)

3.4.3　WRF 模式构建

本次模拟采用的是 WRF4.2 耦合单层城市冠层模型 SLUCM（Single Layer Urban Canopy Model），模式采用的是双层嵌套区间设置，外层区间（d01）和内层区间（d02）如图 3-22 所示。d02 包含整个研究区即珠三角核心区。珠三角核心区范围如图 3-23 所示，包括广州、佛山、东莞、中山、珠海和深圳，其中广州不包括从化和增城，佛山不包括三水和高明。外层区间（d01）覆盖整个中国南海，内层区间（d02）覆盖整个珠三角核心区。双层嵌套的分辨率分别为 9km 和 3km，网格数分别为 200×160 和 85×82。模式垂直向上分为 33 层，层顶设为 50hPa。

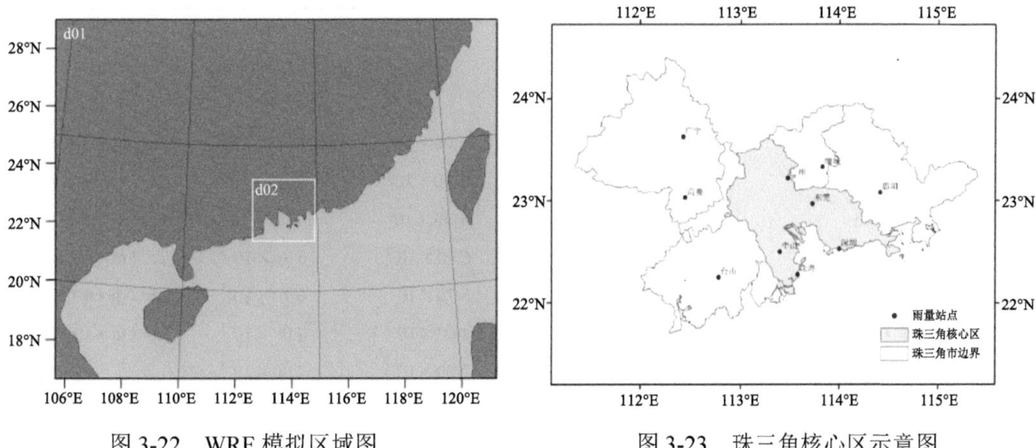

图 3-22　WRF 模拟区域图　　图 3-23　珠三角核心区示意图

模式的初始驱动资料来自于美国国家环境预报中心 NCEP（National Centers for Environmental Prediction）提供的全球再分析资料 FNL（Final Global Analysis，http://rda.ucar.edu/datasets/）。FNL 数据空间分辨率为 0.25°×0.25°，时间分辨率为 6h。由于本次模拟为长时间连续模拟，且珠三角地区靠近海洋，因此需要在模拟过程中对海表面温度 SST（sea surface temperature）进行更新，避免因为忽略海陆相互作用导致的模拟不精确。模式运行时间为 2018～2020 年的 5 月 15 日 0 时到 9 月 1 日 0 时，其中 5 月份为模式的预热期，不参与后续分析。本次模拟采用的参数化方案如表 3-19 所示。

表 3-19　WRF 参数化方案设置

方案类别	参数化方案选择
微物理方案	Lin et al.scheme
积云对流方案	Kain-Fritsh scheme
大气边界层方案	Yonsei University scheme
长波辐射方案	Rapid Radiative Transfer Model scheme
短波辐射方案	Dudhia scheme
近地面层方案	Monin-Obukhov scheme
陆面过程方案	Noah

单层城市冠层模型 SLUCM 也需要根据研究区特点对其参数进行修正，提高模型模拟的精确度。SLUCM 模型中的参数主要分为三部分，分别是低密度区（low density area）、高密度区（high density area）和工商业区（industrial density area）。可根据土地利用图计算不透水率进行划分，低密度区对应不透水率小于 50%，高密度区对应不透水率在 50%～80%之间，工商业区对应不透水率大于 80%。

根据珠三角地区土地利用和特征，对 SLUCM 模型主要参数进行修正，修正后参数如表 3-20 所示。

表 3-20　SLUCM 主要参数设置

参数名称	低密度区	高密度区	工商业区	单位
建筑物高度	5	7.5	10	m
宽度（屋顶）	8.3	9.4	10	m
宽度（道路）	8.3	9.4	10	m
热容量（屋顶）	1.00×10^{6}	1.00×10^{6}	1.00×10^{6}	J/（m³·K）
热容量（墙体）	1.00×10^{6}	1.00×10^{6}	1.00×10^{6}	J/（m³·K）
热容量（道路）	1.40×10^{6}	1.40×10^{6}	1.40×10^{6}	J/（m³·K）
热传导率（屋顶）	6.70×10^{-1}	6.70×10^{-1}	6.70×10^{-1}	J/（m·s·K）
热传导率（墙体）	6.70×10^{-1}	6.70×10^{-1}	6.70×10^{-1}	J/（m·s·K）
热传导率（道路）	4.00×10^{-1}	4.00×10^{-1}	4.00×10^{-1}	J/（m·s·K）
反照率（屋顶）	2.00×10^{-1}	2.00×10^{-1}	2.00×10^{-1}	—
反照率（墙体）	2.00×10^{-1}	2.00×10^{-1}	2.00×10^{-1}	—

续表

参数名称	低密度区	高密度区	工商业区	单位
反照率（道路）	2.00×10^{-1}	2.00×10^{-1}	2.00×10^{-1}	—
发射率（屋顶）	9.00×10^{-1}	9.00×10^{-1}	9.00×10^{-1}	—
发射率（墙体）	9.00×10^{-1}	9.00×10^{-1}	9.00×10^{-1}	—
发射率（道路）	9.50×10^{-1}	9.50×10^{-1}	9.50×10^{-1}	—
动量粗糙度（屋顶）	4.00×10^{-4}	4.00×10^{-4}	4.00×10^{-4}	m
动量粗糙度（道路）	1.00×10^{-2}	1.00×10^{-2}	1.00×10^{-2}	m

3.4.4 模式土地利用替换与人为热修正

1. 土地利用替换

WRF 模式预处理系统中的静态数据包括地形、土壤和土地利用等，其中土地利用资料有两种，一种是美国地质调查局按照 USGS 分类标准划分的全球土地利用数据，另一种是基于 MODIS 分类标准划分的全球土地利用数据。USGS 数据年代较为久远，精度较低。MODIS 数据虽精度和质量都比 USGS 高，但其在中国地区存在一些分类错误的问题。所以本次模拟采用的土地利用数据是根据 LANDSAT5 和 LANDSAT8 高精度卫星遥感影像解译生成，包括 1982 年、2000 年和 2018 年 1km 精度广东省土地利用图，数据来源于中国科学院资源环境科学与数据中心（https://www.resdc.cn/）。

在模拟过程中，将 WRF 模式自带的土地利用数据替换为 1982 年、2000 年和 2018 年土地利用图，替换过程如下：

（1）对下载好的土地利用图进行重分类。中国科学院资源环境科学与数据中心下载的土地利用采用的是 LUCC 分类体系，与 WRF 可读取的土地利用分类体系不同，所以需要按照 MODIS 21 类标准对其进行重分类。重分类规则如表 3-21 所示。

（2）将重分类后的土地利用图编译成二进制格式。利用 Gdal 工具，在 Linux 环境下将图转成二进制文件，以 00001-ncols.00001-nrows 格式命名。

（3）构建一个 index 指标文件。创建 index.txt 文件，内容包括经纬度范围、分辨率大小和分类体系等，将其与二进制文件一起导入 WRF 静态数据中。

（4）更改 WRF 读取静态数据优先级。对土地利用数据读取模块进行更改，为新加进去的土地利用数据授予权限并将优先级设置为 2，即可优先于 WRF 自带土地利用数据读取。到此整个替换过程结束。

表 3-21　土地利用重分类规则

LUCC 分类编号	LUCC 土地类型	对应 MODIS 分类编号	MODIS 土地类型
11	水田	12	农田
12	旱地	12	农田
21	有林地	2	常绿阔叶林
22	灌木林	6	闭合性灌木丛

续表

LUCC 分类编号	LUCC 土地类型	对应 MODIS 分类编号	MODIS 土地类型
23	疏林地	7	稀疏灌木丛
24	其他林地	5	混合性林地
31	高覆盖度草地	10	草地
32	中覆盖度草地	10	草地
33	低覆盖度草地	10	草地
41	河渠	17	水体
42	湖泊	21	湖泊
43	水库坑塘	17	水体
45	滩涂	16	植被贫瘠土地
46	滩地	16	植被贫瘠土地
51	城镇用地	13	城建用地
52	农村居民点	13	城建用地
53	其他建设用地	13	城建用地
61	沙地	16	植被贫瘠土地
63	盐碱地	16	植被贫瘠土地
64	沼泽地	11	永久湿地
65	裸土地	16	植被贫瘠土地
67	其他（如苔原等）	16	植被贫瘠土地
99	海洋	17	水体

2. 人为热修正

SLUCM 模型中关于人为热的参数有两个，分别是单位面积人为热和人为热日分配系数。单位面积人为热按照低密度区、高密度区和工商业区分为三类。本次模拟用到的 2018 年人为热数据是在 2016 年人为热数据的基础上，根据珠三角核心区统计年鉴数据，利用加权平均法计算得出。其值为：低密度区人为热 18.21W/m^2，高密度区人为热 26.59W/m^2，工商业区人为热 31.05W/m^2。2016 年人为热数据来源于国家青藏高原科学数据中心（http://data.tpdc.ac.cn/）2016 年全国人为热网格数据，精度 500m。加权平均计算过程如表 3-22 所示。

表 3-22　人为热计算表格

年份	能源消耗变化率/%	机动车变化率/%	人为热变化率/%	低密度区人为热/（W/m^2）	高密度区人为热/（W/m^2）	工商业区人为热/（W/m^2）
2016	—	—	—	19.54	28.53	33.32
2018	−11.58	17.36	−6.8	18.21	26.59	31.05

人为热日分配系数：利用广州市的日分配系数对模型中原有的分配系数进行修正，修正前后的人为热日变化曲线如图 3-24 所示。

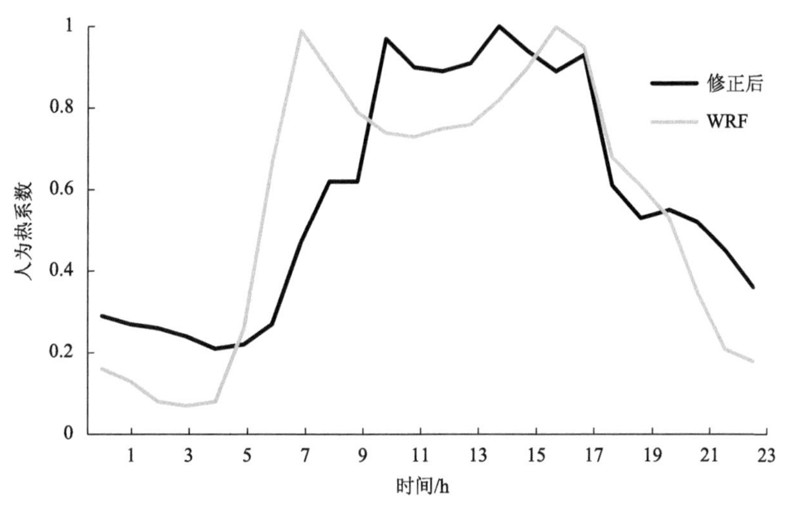

图 3-24　人为热日变化曲线图

3.4.5　模拟结果验证

为了检验模型的模拟精度，利用观测数据对 2m 气温、2m 相对湿度和降雨的模拟结果进行点对点验证。观测数据来源于中国气象数据中心（http://data.cma.cn/）。选取的站点为广州、东莞、增城、惠阳、台山、中山、珠海和深圳站，均位于 d02 模拟区内，位置分布如图 3-23 所示。

1. 气温和相对湿度验证

选取平均偏差 MB、均方根误差 RMSE 和相关系数 CC 为评价指标，各指标的计算公式如式（3-3）～式（3-5）所示：

$$\mathrm{MB}=\frac{1}{n}\sum_{i=1}^{n}|\,\mathrm{Sim}_i-\mathrm{Obs}_i\,| \tag{3-3}$$

$$\mathrm{RMSE}=\sqrt{\frac{1}{n}\sum_{i=1}^{n}(\mathrm{Sim}_i-\mathrm{Obs}_i)^2} \tag{3-4}$$

$$\mathrm{CC}=\frac{\sum_{i=1}^{n}(\mathrm{Obs}_i-\overline{\mathrm{Obs}})\cdot(\mathrm{Sim}_i-\overline{\mathrm{Sim}})}{\sqrt{\sum_{i=1}^{n}(\mathrm{Obs}_i-\overline{\mathrm{Obs}})^2\cdot\sum_{i=1}^{n}(\mathrm{Sim}_i-\overline{\mathrm{Sim}})^2}} \tag{3-5}$$

式中，n 为模拟时长；Obs_i 和 Sim_i 分别为第 i 时刻的观测值和模拟值。

气温和相对湿度的评价结果分别如表 3-23 和表 3-24 所示。从表 3-23 可以看出，WRF 模式对气温的模拟结果较好，平均偏差均不超过 2℃，均方根误差除惠阳站外也均不超过 2，相关系数除珠海站外均超过 0.5，相关性显著，珠海站为 0.46，超过 0.3 接近 0.5，存在一定的相关性。表 3-24 显示模式模拟相对湿度的平均偏差为 6.02～11.02，均方根误差为 8.02～12.82，相关系数均大于 0.6，存在显著的相关性，模拟结果较好。

表 3-23 气温评价结果表

站点	观测/℃	模拟/℃	MB	RMSE	CC
广州	27.95	28.50	0.56	1.22	0.70
东莞	28.28	29.66	1.39	1.77	0.69
增城	27.98	28.97	0.98	1.51	0.68
惠阳	27.79	29.48	1.69	2.10	0.68
台山	28.16	29.29	1.14	1.57	0.52
中山	28.54	29.26	0.71	1.29	0.60
珠海	28.44	28.60	0.16	1.27	0.46
深圳	28.28	28.89	0.60	1.20	0.56

表 3-24 相对湿度评价结果表

站点	观测/%	模拟/%	MB	RMSE	CC
广州	82.21	76.00	6.22	8.75	0.69
东莞	85.31	79.29	6.02	8.02	0.73
增城	85.37	79.03	6.34	8.86	0.71
惠阳	81.95	72.75	9.20	10.91	0.77
台山	86.11	77.17	8.94	10.85	0.69
中山	83.90	72.88	11.02	12.82	0.70
珠海	84.06	76.87	7.19	9.06	0.67
深圳	86.64	76.38	10.26	11.44	0.78

2. 降雨特征验证

选取极端日降雨（研究时段降雨排序的第 95%分位值）、平均日降雨和降雨日数对降雨的模拟结果进行验证，结果如表 3-25 至表 3-27 和图 3-25 所示。模式对三个指标的模拟结果与观测值相比均有一定偏差，这可能与模式对气温和相对湿度等的模拟偏差和初始场条件有关。从整体评价结果看出，模式对降雨特征模拟的结果较好，模拟误差在可接受的范围内，其中极端日降雨相比于其他降雨特征的模拟精度更高。

表 3-25 极端日降雨评价结果

站点	观测值/mm	模拟均值/mm	相对误差/%
广州	59.12	81.45	0.38
东莞	84.72	96.34	0.14
增城	58.64	69.30	0.18

续表

站点	观测值/mm	模拟均值/mm	相对误差/%
惠阳	59.36	80.72	0.36
台山	127.04	109.88	–0.14
中山	110.5	96.03	–0.13
珠海	104.78	86.45	–0.17
深圳	78.98	73.51	–0.07

表 3-26　降雨日数评价结果

站点	观测值/d	模拟均值/d	相对误差/%
广州	43	38.75	–0.10
东莞	48	32.25	–0.33
增城	48	39.75	–0.17
惠阳	50	34.75	–0.31
台山	53	30	–0.43
中山	45	29.25	–0.35
珠海	49	20.25	–0.59
深圳	50	28	–0.44

表 3-27　平均日降雨评价结果

站点	观测值/mm	模拟均值/mm	相对误差/%
广州	10.62	17.25	0.62
东莞	10.44	14.46	0.38
增城	10.07	12.20	0.21
惠阳	11.53	11.04	–0.04
台山	18.17	15.43	–0.15
中山	16.81	11.04	–0.34
珠海	16.20	10.18	–0.37
深圳	13.70	10.41	–0.24

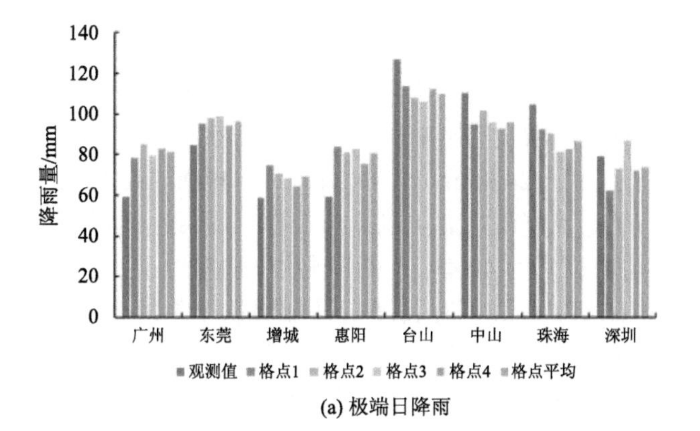

(a) 极端日降雨

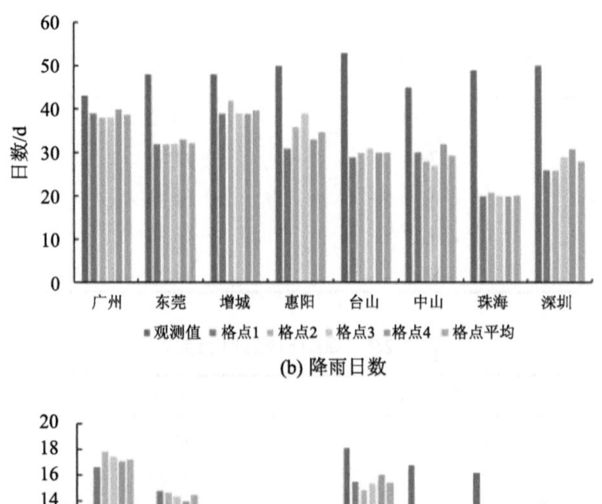

(b) 降雨日数

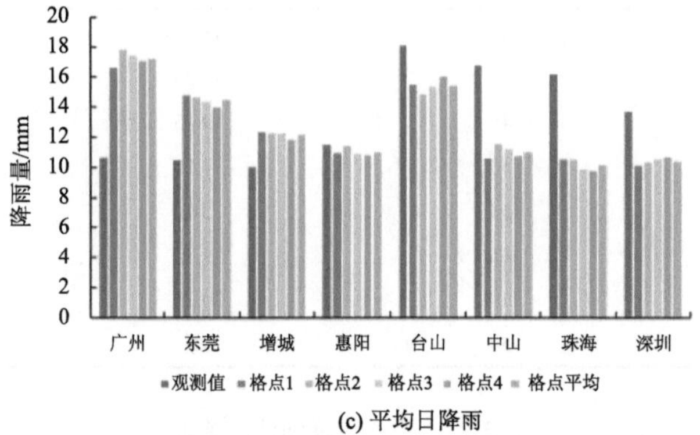

(c) 平均日降雨

图 3-25　降雨特征对比图

3.4.6　模拟结果分析

1. 降雨特征变化

由于极端日降雨的模拟精度最高，选取极端降雨强度作为研究降雨强度变化的指标。在 1982～2018 年整个城市化进程中，珠三角核心区绝大部分地区的极端降雨强度均呈现出明显的上升趋势，平均增幅为 16.6mm/d（图 3-26）。图 3-27 展示了城市化发展前期阶段（1982～2000 年）和后期阶段（2000～2018 年）极端降雨强度的空间变化。在城市化发展前期，极端降雨强度主要在广州和东莞地区显著增加，平均增幅为 7.7mm/d；在后期阶段，极端降雨强度主要在深圳、珠海和中山等地区增加显著，平均增幅为 8.9mm/d，后期比前期增幅更大。增加规律基本符合珠三角核心区城市扩张的时空特征。

为了研究城市化对降雨频次的影响，参考气象局标准将降雨事件划分成五类：小雨（0.1～9.9mm/d）、中雨（10～24.9mm/d）、大雨（24～49.9mm/d）、暴雨（50～99.9mm/d）和极端降雨（>100mm/d）。由图 3-28 可以看出在整个城市化过程中，极端降雨的频次平均增加了 2.07d，平均增长率为 40.4%；暴雨频次平均增加了 2.38d，增长率为 31.8%；大雨频次平均增加了 1.74d，增长率为 15.4%；中雨频次平均减少了 0.4d，减少率为 2.5%；小雨频次平均减少了 3.76d，减少率为 4.8%。同样将降雨频次变化按照城市化前期和后期进行分开统计，结果如图 3-29 所示。极端降雨频次在前期和后期阶段均增加，平均增

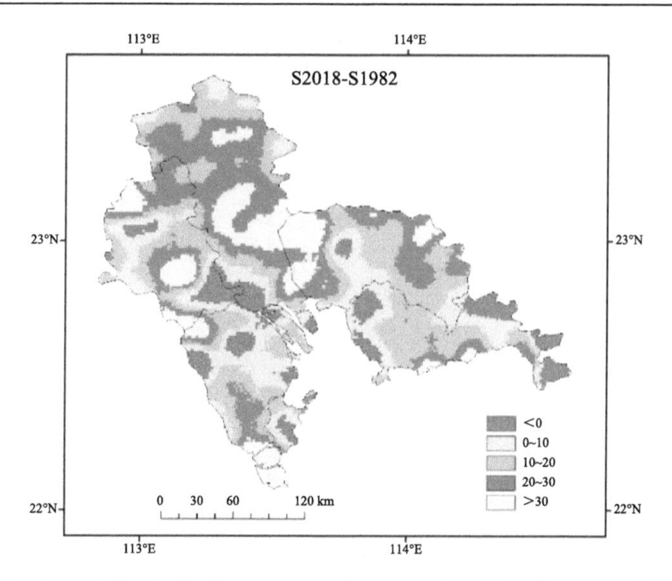

图 3-26 整个城市化过程极端日降雨强度变化（单位：mm/d）

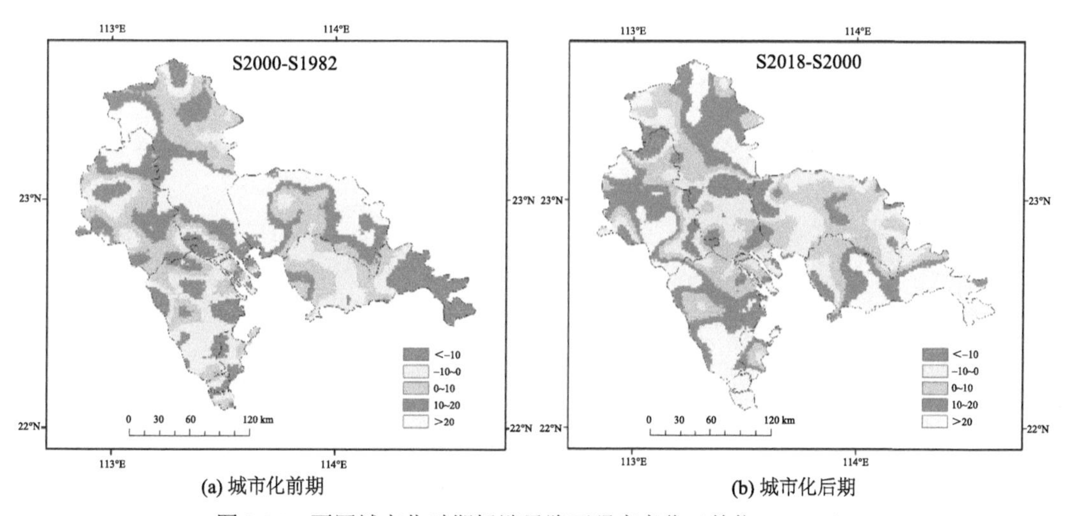

图 3-27 不同城市化时期极端日降雨强度变化（单位：mm/d）

长次数依次为 0.35d 和 1.72d，平均增长率为 6.8%和 33.6%。暴雨频次在前期和后期也均增加，平均增长次数依次为 0.5d 和 1.88d，平均增长率为 6.7%和 25.1%。两者在后期的增幅均比前期更大。大雨频次和中雨频次均在前期减少，后期增加，显示出较大的不确定性。小雨频次在前后期均减少。

2. 暴雨中心迁移

根据降雨特征分析的结果可知，下垫面变化对暴雨（日降雨量大于 50mm）的强度和频次影响最为显著。因此，后续分析在气候条件不变的背景下，探讨下垫面变化对暴雨中心迁移规律的影响，采用暴雨频次绘制 1982 年、2000 年和 2018 年的暴雨空间分布图，结果如图 3-30 所示。

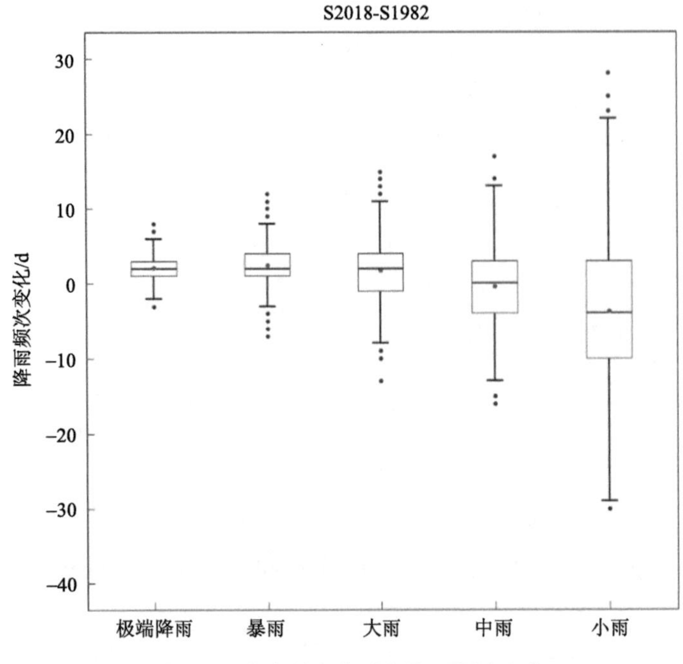

图 3-28　整个城市化过程降雨频次变化

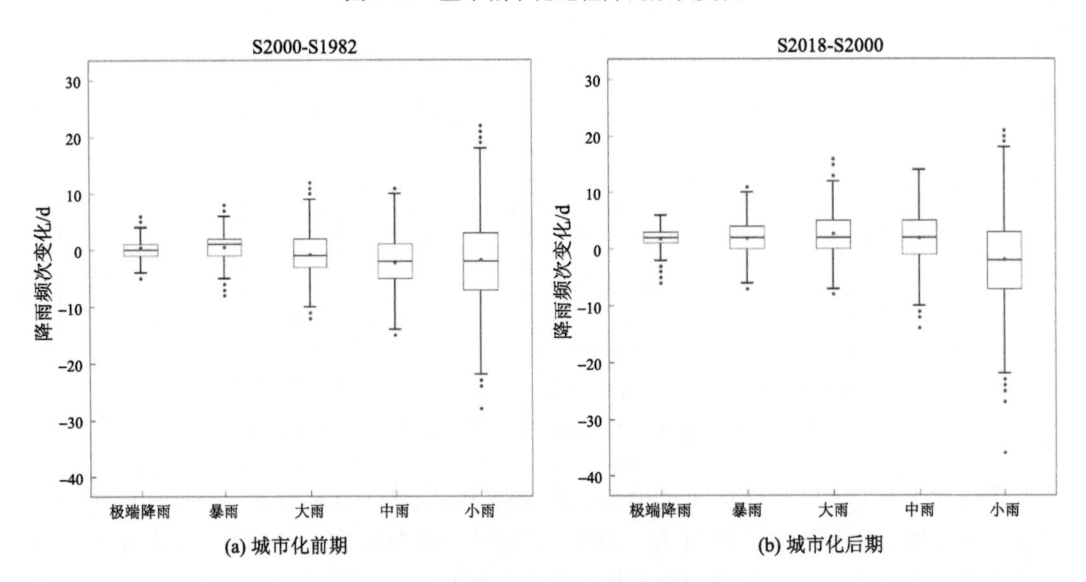

图 3-29　不同城市化时期降雨频次变化

由图可以看出，1982 年暴雨中心主要位于核心区的东北方，在核心区的暴雨频次较小，没有形成暴雨中心。到 2000 年核心区的暴雨频次有所增加，东北方的暴雨中心产生了向核心区扩张的趋势，但还是没有形成明显的暴雨中心。最后到 2018 年，可以看出核心区已经形成较为明显的暴雨中心，暴雨频次显著增加。这些结果表明了在气候条件相同的背景下，随着城市化过程中下垫面的改变，暴雨中心会逐渐向核心区迁移。

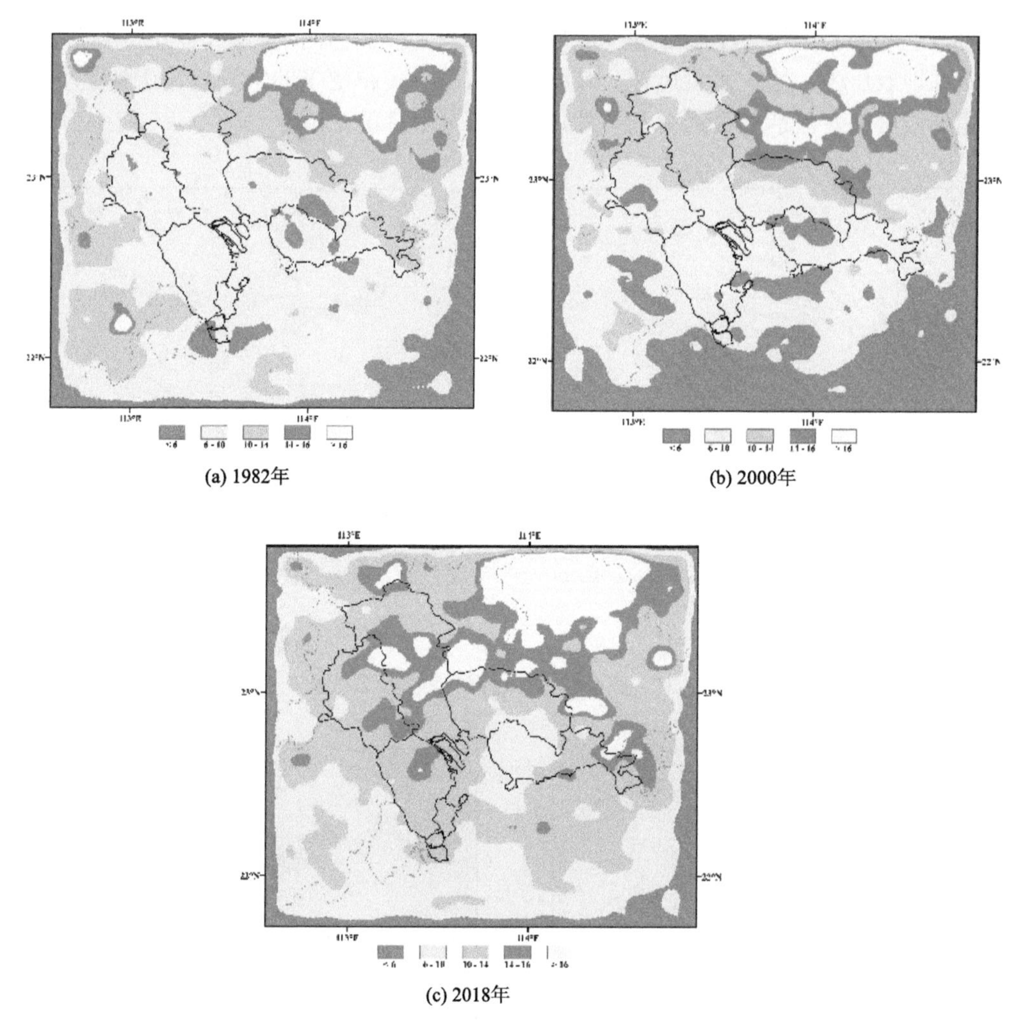

(a) 1982年

(b) 2000年

(c) 2018年

图 3-30　不同年份的暴雨空间分布

3. 热力学和水汽条件变化

根据上面分析，发现下垫面变化对暴雨强度、频次和中心迁移均有显著的影响。下面从热力学和水汽条件两个方面，探究下垫面变化对暴雨影响的成因。图 3-31 显示了在整个城市化进程（S2018-S1982）中下垫面变化对热力学变量的影响。从图 3-31（a）可以看出感热通量在整个模拟区主要呈现增加的趋势，尤其是研究范围核心区内增加最为显著，增加幅度在 30W/m^2 以上。同样地，图 3-31（b）展示了潜热通量在下垫面变化过程中主要呈现出减少的趋势，尤其在研究的核心区范围内减少最为显著，减少幅度达 30W/m^2。图 3-32 展示了在整个城市化进程（S2018-S1982）中下垫面变化对水汽变量的影响。图 3-32（a）显示了模拟区内相对湿度减少。尤其在珠三角核心区“干岛效应”非常明显，城市化过程中由钢筋水泥组成的城市地表替代了自然植被地表，使得地面水汽减少，相对湿度显著下降。图 3-32（b）可以看出 2m 气温随着下垫面变化呈现出增加的趋势，整个核心区发生了明显的“热岛效应”，温度的上升会使大气边界层厚度增加，同时增强地表压强，增大垂直风速，减少地表水汽，使得更多的水汽被输送到上空，为珠三角核心区的对流活动提供有利条件，促进暴雨事件的形成。

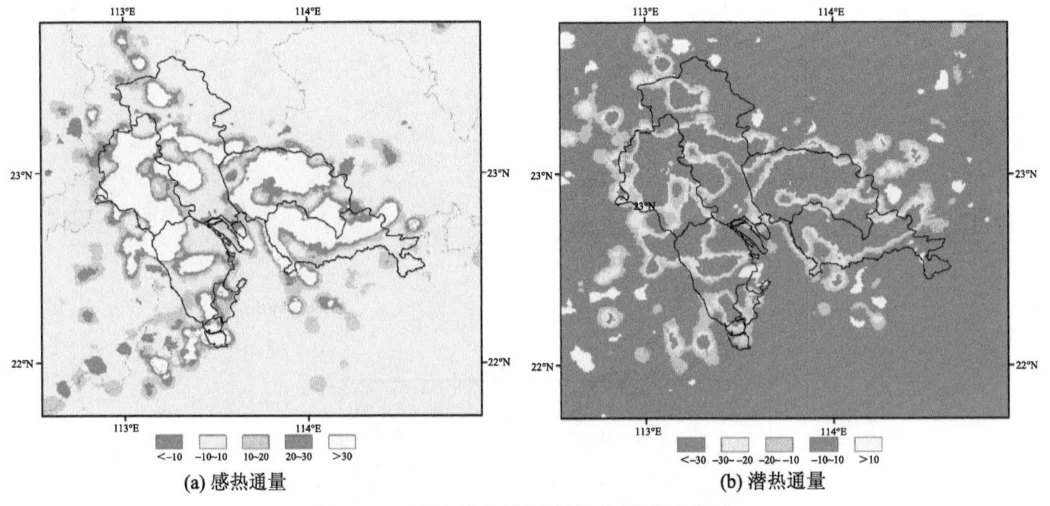

(a) 感热通量　　(b) 潜热通量

图 3-31　整个城市化过程热力学变量变化

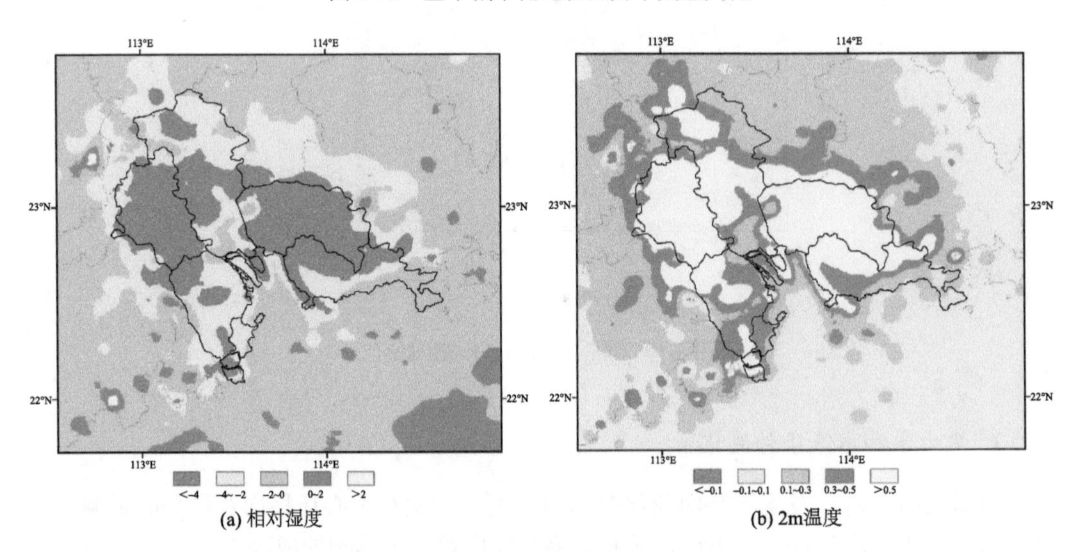

(a) 相对湿度　　(b) 2m温度

图 3-32　整个城市化过程水汽变量变化

综上所述，下垫面变化会通过增加感热通量、减少潜热通量、增大地表气温和减少地表水汽等措施，从能量和水汽两个方面对降雨特征产生影响。考虑到核心区在下垫面变化下的降雨特征变化与其城市扩张规律基本符合，后续将分析能量与水汽变量变化与城市扩张之间是否存在一定的关系。选取不透水率作为衡量核心区城市扩张规律的指标，其在整个城市化进程（1982～2018 年）中的空间变化分布如图 3-33 所示。将不透水率变化与感热变化、潜热变化、气温变化和水汽变化进行皮尔逊相关性分析，结果如表 3-28 所示。由表可知，感热通量和潜热通量的相关系数依次为 0.895 和–0.809，其绝对值均大于 0.8，呈现出极强的相关性。相对湿度和 2m 气温的相关系数依次为–0.641 和 0.675，其绝对值均大于 0.6，呈现出较强的相关性。四个变量的相关系数均通过了置信度为 99%的显著性检验，相关性显著。

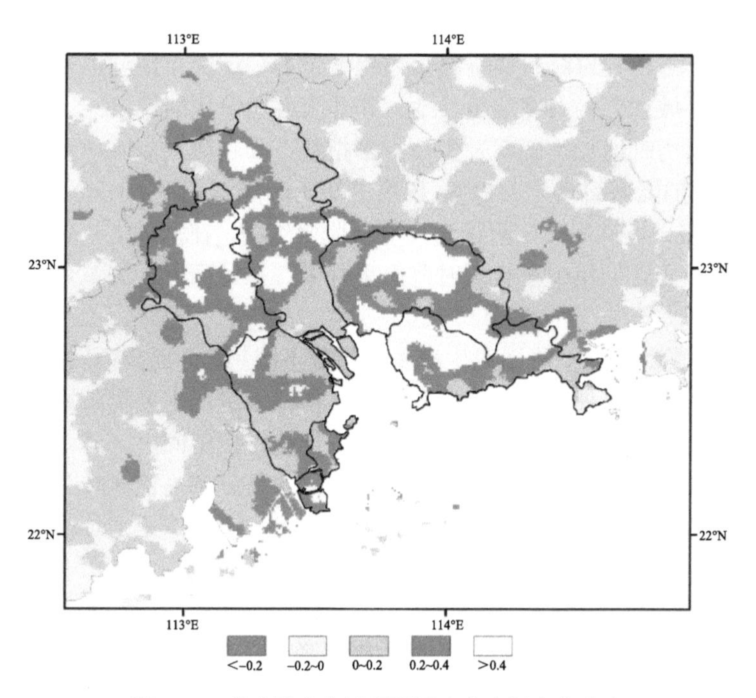

图 3-33　整个城市化过程不透水率空间变化分布

表 3-28　皮尔逊相关分析结果

变量	相关系数
感热通量和不透水率	0.895^{***}
潜热通量和不透水率	-0.809^{***}
相对湿度和不透水率	-0.641^{***}
2m 气温和不透水率	0.675^{***}

***为置信度 99%。

3.5 小　　结

本章分析了珠三角地区的城镇化进程，以降雨发生率和降雨贡献率作为评价指标，从场次降雨的历时和等级两个角度分析了珠三角地区降雨结构的时空演变特征，研究了珠三角地区的极端降雨指标和暴雨雨型的时空变化特征，重点对比高度城镇化地区与周边地区极端降雨时空差异，采用中尺度气候模式 WRF 模拟珠三角高度城镇化地区夏季降雨，量化下垫面变化对珠三角核心区夏季降雨的影响，主要成果如下：

（1）基于各市土地利用情况、常住人口总量、人口密度、城镇化率、生产总值等数据，采用趋势统计、空间分布等方法从人口和经济发展的角度分析城镇化进程，结果表明珠三角地区建设用地扩张明显，各地市的城镇化发展程度有明显差异，珠三角城市群发展格局发生了一系列变化，从1990年前以广州为中心的单核心格局，到2000年后以广州-深圳为中心的双核心格局，再到2010年后逐渐形成以珠江口为中心，由广州、深圳、佛山、东莞、中山、珠海组成高度城镇化城市群。综合土地城镇化和人口城镇化的发展结果将研究区域划分为高度城镇化地区和非高度城镇化地区。

（2）随着降雨历时增加，降雨发生率呈幂指数下降趋势，而降雨贡献率呈线性递增趋势，珠三角地区的降雨事件主要以6h以内的短历时降雨为主，但降雨量的贡献主体是6h以上的长历时降雨。从降雨历时的角度分析降雨结构，在空间上，珠三角沿海地区与内陆地区相比雨量会更加集中在长历时降雨事件中；在时间上，珠三角地区降雨结构并未发生显著变化。

（3）随着降雨等级增加，降雨发生率呈幂指数下降趋势，而降雨贡献率呈递增趋势，说明珠三角地区的降雨事件主要以弱降雨为主，但降雨量的主要贡献则取决于发生次数较少的强降雨事件。从降雨等级的角度分析降雨结构，在空间上，降雨贡献率的空间分布结果与海陆位置存在明显相关关系，中、小雨降雨贡献率高值区域为中、西部内陆地区，大、暴雨降雨贡献率高值区域为沿海地区；在时间上，珠三角地区降雨结构发生了显著变化，中、大雨发生率显著增加，小雨发生率显著减少。

（4）将研究序列按年代分为1973～1979年、1980～1989年、1990～1999年、2000～2012年4个时间段，采用克里金插值法分析极端降雨量在各个时段的空间分布，结果表明珠三角地区年极端降雨量在1973～1999年间呈现南北多、中间低的横向分布，2000年后变为中部高、东西低的纵向分布。

（5）利用Mann-Kendall检验法、线性回归法和滑动平均法进一步分析4个子研究区极端降雨指标的变化趋势，结果表明高度城镇化地区极端降雨量和极端降雨频次均呈显著上升趋势，分别上升了44.3mm/10a和1.6次/10a，突变时间为20世纪90年代后期，与该地区城镇用地快速增长时间吻合，珠三角其他地区极端降雨指标均无明显变化。

（6）采用模糊识别法计算实际降雨过程和7种模式雨型的相似度进而确定暴雨雨型，统计分析结果表明珠三角地区暴雨雨型以单峰型为主，约占74%，其中雨峰在前的I型暴雨所占比例最大，约占34%。高度城镇化地区前汛期极端降雨指标显著增加，I型暴雨呈显著增加趋势，易导致暴雨内涝事件增加，需加强高度城镇化地区的防洪排涝工作。

（7）采用中尺度气候模式WRF模拟高度城镇化地区夏季降雨，排除气候变化的干扰，量化下垫面变化对珠三角核心区夏季降雨的影响。下垫面变化使夏季降雨量和极端降雨量增加，增加显著的地区为城市下风区，中心城区变化不明显，甚至呈减少趋势。在城市化不同阶段增幅和增加的区域均不同，增幅表现为城市化前期阶段比后期阶段大，增加区域表现为前期阶段主要在城市上风区，后期阶段主要在城市下风区。

第 4 章　城市洪涝灾害风险评估方法

4.1　城市洪涝灾害风险评估概述

4.1.1　基本概念

1. 城市洪涝灾害

城市洪涝灾害是指发生在城市范围内的洪灾和涝灾及其引发的次生灾害的统称，起因于降雨、融雪和溃坝等事件，均会引起地表积水或径流过多等现象，造成农田、房屋、道路等区域被淹，从而给人类社会带来生命威胁和经济损失。若对洪灾和涝灾进行划分，两者在社会影响和本质上有所不同，但两者存在相互作用甚至相互转化的关系，对于平原地区而言，两者之间的关系更密不可分。目前，关于洪灾与涝灾划分原则主要有以下观点：

（1）根据主客水进行划分。因外江河湖泊等客水入侵，导致水位上涨过快、溃堤等现象而造成的灾害称为洪灾。因本地短历时强降雨、长历时降雨等主水增多，导致地表积水过多不能及时排除而造成的灾害称为涝灾。

（2）根据水量的物理过程进行划分。因内河或外江河流水位过高，超过河滩地面溢流而出的统称为洪水，由此造成的危害称为洪灾。因地势较低等原因，低洼处的水流无法排出从而产生积水现象，由此造成的灾害称为涝灾。

（3）综合考虑主客水、内河外江、溃堤现象等因素进行划分。①由于内河外江水位过高导致的溃堤或内河排水区内发生的山洪而造成的灾害均为洪灾；②内河外江均未发生溃堤或山洪，因排涝设施能力不足，未能将雨水及时排出而产生积水现象从而造成的灾害均为涝灾；③内河与外江均未发生溃堤或山洪，因外江水位过高而导致排涝设施不能充分发挥其排水能力，从而产生积水现象所造成的灾害称为因洪致涝；④流域的上游未发生暴雨过程，外江水位因排水区内的排涝设施超排内涝积水而升高，并导致溃堤而造成的危害称为因涝致洪。

由上述分析可知，洪灾和涝灾并无统一的划分规则。处于平原地区的城市，或是城市内部存在河涌、湖泊等蓄水设施的地区，洪灾和涝灾更是难以准确划分，水利部的水旱灾害统计中亦未对洪灾和涝灾进行严格区分，随着城市地区暴雨导致的涝灾问题突出，涝灾逐渐成为城市洪涝灾害的主要类型。

2. 城市洪涝灾害风险

普遍认为“风险”一词最初来源于航行、捕捞等海上活动，强烈的海风会给出行带来极大的危险，即“风”带来“险”，因此便有了“风险”一词，包含了未来结果的不确定性或损失情况。在自然灾害风险的内涵及其定义上，随着时间的推移和各学者对其研究的不断深入，其概念在许多领域得到丰富和延伸，相关理论研究也渐趋丰富。各学者对风险的理解不同而衍生了不同的风险内涵，主要可分为 3 类：①致灾因子出现的概率；②一定概率条件发生的灾害造成的损失，如人口损失或经济损失等；③利用灾害系统的角度对风险进行定义，系统地分析构成灾害系统的组成要素特性。

从洪涝灾害系统的角度对风险进行定义时，对灾害系统的组成要素也有不同的认识。主要分为以下 3 种：①洪涝灾害系统由危险性、暴露性和脆弱性组成，其中危险性是指洪涝灾害发生的强度及其空间分布，如淹没水深、历时和范围等。暴露性一般是指洪涝过程中可能受影响的人口和经济的空间分布等。脆弱性一般是指承灾体在城市洪涝灾害下的损坏程度，可利用历史灾情数据或灾损率曲线进行确定。②在前一个系统组成的基础上，有学者认为防灾减灾能力对城市洪涝灾害的影响较大，也是风险系统组成的重要内容，对防洪排涝工程的资金投入、洪涝灾害预警监测系统的建设、防灾减灾的群众教育、应急救灾场所的布置均为防灾减灾的重要内容。③洪涝灾害的风险由危险性和易损性共同作用而成，此处的易损性和①中的脆弱性的英文表达均为“vulnerability”，因此对易损性和脆弱性的辨析存在不同的观点。目前较为一致的认识是易损性的内涵更丰富，由脆弱性和暴露性共同决定的，不仅包含承灾体的易损程度，还包含了社会经济等分布信息。利用洪涝灾害系统理论对区域进行风险评估取得了较多成果，表 4-1 列举了近年来 3 种组成要素方案下的应用案例。

表 4-1　洪涝灾害系统理论角度下风险评估应用案例

研究学者	研究区域	系统组成要素	风险表达式
王颖（2011）	青海环湾地区	危险性-暴露性-脆弱性	$R=f(H,E,V)$
尹占娥（2010）	上海市静安区		
殷杰（2009）	川沙镇临园社区		
杜康宁（2018）	江西景德镇市	危险性-暴露性-脆弱性-防灾减灾能力	$R=f(H,E,V,R)$
李远平（2014）	安徽六安市		
张会（2005）	辽河流域中下游		
周成虎（2000）	辽河流域	危险性-易损性	$R=f(H,V)$
李碧琦（2019）	深圳民治片区		
张倩玉（2017）	东海沿海水库下游地区		

由表 4-1 可知，以第 3 种风险内涵为例，即从洪涝灾害系统的角度进行风险评估时，不同的研究学者对灾害系统的组成因素具有不同的认识，系统的组成要素不同，其风险表达式也存在不同的表达，系统组成要素可分为三种，即危险性-暴露性-脆弱性（*H-E-V*）、危险性-暴露性-脆弱性-防灾减灾能力（*H-E-V-R*）和危险性-易损性（*H-V*）。若以城市洪涝灾害系统的组成结构为框架，则其评估框架可分为 3 种，即 *H-E-V*、*H-E-V-R* 和 *H-V*。由此可知，即使在风险内涵相同的前提下，风险评估工作的开展仍可以有不同侧重，如第 2 种风险内涵，即概率-损失等，对概率和损失的定义依然是多样的，仍需根据区域的洪涝灾害特征进行分析，使风险评估的成果符合实际情况。

4.1.2　风险评估流程

由于不同领域的风险类型不同，风险评估开展的形式也是不同的。《风险管理 风险评估技术》（GB/T 27921—2011）规范中指出，风险评估流程通常遵循风险识别、分析和评价三个步骤，这是开展风险评估的基本步骤。城市洪涝风险属于风险的一种，其评估流程可遵循风险识别、分析和评价三个步骤进行开展。开展风险评估之前，应明确评估问题、整理基础数据和确定分析方法。在风险评估过程中，要做好每个步骤的沟通和记录工作，必要时须接受监督和检查，保证风险评估各步骤的正常开展和评估结果的可靠性，提高风险应对能力，风险评估流程示意图如图 4-1 所示。

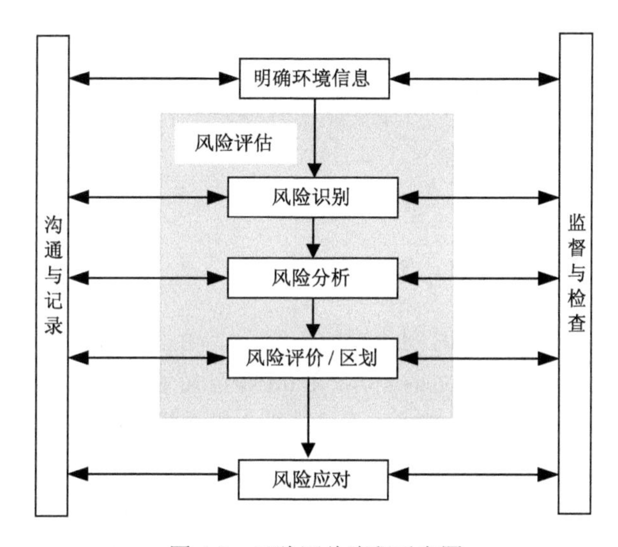

图 4-1　风险评估流程示意图

1. 风险识别

城市洪涝灾害风险识别是发现、列举和描述风险要素的过程，如风险源、概率、暴露性、后果等。识别的依据主要包括：①对洪涝灾害各过程进行审查和研究，结合专家、管理者丰富的知识和经验找出可能制约和影响洪涝灾害的因素和前提条件；②分析研究历史洪涝灾害的结果，基于历史数据进行识别。识别过程中，分析可能影响洪涝过程的事件和情况，要认识到人的因素和组织因素的重要性以便于风险应对。

2. 风险分析

城市洪涝灾害风险分析是在风险识别的基础上，确定城市洪涝风险的分布及其相对大小，可为城市洪涝风险评价和防灾减灾决策提供信息支持。风险分析方法可以是定性的、定量的、半定量的。定量分析可估计出洪涝灾害发生的概率及其后果的实际数值，如经济损失值、受灾人口数量、暴雨发生概率等，并形成对应的关系曲线或图表，如概率—经济损失曲线、概率—死亡人口曲线等。在实际情况中，受资料的限制，全面的定量分析可行性较低，多采用定性或半定量方法进行分析。许多学者对洪涝灾害分析已进行了很多研究并形成了不少方法，如基于历史灾情数据、基于指标体系、基于遥感图像和 GIS 技术耦合、基于情景模拟等。

3. 风险评价

城市洪涝灾害风险评价是在风险分析的基础上进行的。根据风险分析的结果类型，可分为洪涝灾害危险性评价、易损性评价以及两者的综合性评价等。洪涝灾害风险评价中，处理风险分析结果最常用到风险区划方法，因此风险评价亦可称为风险区划。

城市洪涝风险区划包括将风险分析的结果与预先设定的风险准则或阈值相比较，或是风险分析结果之间进行比较，从而确定风险的等级。风险区划是在风险分析上的宏观分区，对风险分析结果进行科学合理的区划，可以客观、真实反映洪涝风险空间分布的特征和规律，从而绘制出科学性、实用性和指导性较好的风险区划图，区划成果可为风险管理与减灾措施提供基本依据。

4.1.3 灾害风险尺度

1. 基本内涵

一般而言，尺度是指经历的时间长短或在空间上涵盖范围的大小，但对于不同领域而言，对其内涵的理解也存在一定的差异。Lam 等定义了 4 种与空间现象有关的尺度：①制图或地图尺度（cartographic or map scale），一般是指地图比例尺；②观测或地理尺度（observational or geographic scale），即研究区域的空间拓展；③量测尺度或分辨率（measurement scale, or resolution），指空间数据集最小的可区分部分；④运行尺度（operational scale），指地学现象发生的空间环境范围。Bloschi 等则定义了过程尺度（process scale）、观测尺度（observation scale）和模拟尺度（modeling scale）共三种尺度概念。

洪涝灾害是一种地理过程，尺度是其本源特征之一，对于不同时空尺度下的风险研究会呈现出不同的风险时空差异特性，因此正确把握灾害风险的时空尺度是开展洪涝灾害风险时空差异研究的前提。由于时间尺度上的资料获取具有一定难度，目前的洪涝风险的尺度差异主要体现在空间尺度上。空间尺度可分为行政区域、自然流域两种类型，前者以政治、历史等因素进行划分，后者以分水岭进行划分，虽然两者的本质不同，但两者与研究区域的社会经济特性均有着密切的关系。

2. 尺度选取基本原则

进行洪涝灾害风险研究时，需要选择合理适当的尺度才能真正识别出风险的时空有效性与差异性。尺度可采用“广度”（extent）和“粒度”（grain）两个指标进行表示，广度是指研究对象或现象的区域范围及时间跨度，即时空域的概念。其中，空间广度有球观、域观、局部观和微观四级，时间广度则有世纪观、年际观、月际观和日际观四级；粒度是考察事物或现象的精度，以及信息和知识的抽象度。粒度在地学分析中可看作像素的大小、地理目标的分辨率、空间数据和现象的认知层次等。广度与粒度之间存在区别，也存在着某种固定关系，即观察的视野越开阔、考察的年代越长久，其观察物体的细节就越粗略、越概括，两者在一定程度上成正比关系。选取广度和单元时，可参考时空尺度选择的基本原则选择一个或多个适用的时空尺度进行研究，如表 4-2 所示。

表 4-2　洪涝灾害风险时空尺度选择的基本原则

类型	广度	粒度
空间	（1）研究目标及应用范围。 （2）洪涝灾害的区域特性。 （3）数据的可获取性	（1）研究目标及应用范围。 （2）空间尺度的影响。空间尺度较大时，空间单元可适当粗略；空间尺度较小时，空间单元应适当精细。 （3）承灾体的社会经济数据的空间分布特征。如人口数据常以省级、市级、县级、乡级、街道等单位统计，生产总值、工业生产总值等经济数据常以省级、市级、县级、乡级、行政区等单位统计，地形、坡度、土地利用等常以网格为单位统计。 （4）数据可获取性。尽量选择满足空间单元精度所需的分析数据
时间	（1）研究目标及应用范围。 （2）洪涝灾害发生的时间频率。我国洪涝灾害频发，可选 50 年、10 年、5 年等。 （3）承灾体的有效时间特性。承灾体价值存在的有效时间，以及“规模”“行为”“价值”发生显著变化的时间范围，作用在承灾体上的防灾减灾措施的有效时间范围。 （4）数据可获取性	（1）研究目标及应用范围。 （2）时间尺度影响。时间尺度较长时，时间单元大小可适当粗略；时间尺度较短时，时间单位大小应适当精细。 （3）灾害强度与频率的时间差异。在时间尺度内，致灾因子在不同时间点上表现出来的强度与发生频率的差异。对于洪涝灾害而言，主要存在年际差异，可用年作为单元，也存在季节、月差异，可用季节、月作为单元。 （4）承灾体的生命周期与行为特征。处在不同生命阶段和行为特征的承灾体在抵抗灾害的能力上存在差异。如处于出行高峰期的人口和车辆会比处于出行低峰期的人口和车辆的洪涝灾害脆弱性高，可选择不同出行阶段为时间单元。 （5）数据可获取性。尽量选择满足时间单元精度所需的分析数据

4.1.4　空间评估单元选取方法

洪涝灾害风险图主要包括以下几种：①洪涝水力要素图，主要描述淹没水深、水流速度、淹没时长、水位变化率、水流拖曳力等水力要素；②危险等级图，综合多个水力要素评估结果的风险图；③洪涝风险图，综合考虑洪涝灾害的自然属性和社会属性而绘制的风险图。综上可知，风险图可反映洪涝灾害的水力要素或自然与社会属性综合风险的时空差异，决策部门可根据风险分布的时空特性确定不同地区及时段的风险管理措施。

洪涝灾害风险图是评估成果的重要反映，研究区域的空间范围大小、评估单元的选取以及地图比例尺等因素决定了风险图的精度和可靠性。由于 ArcGIS 具有强大的空间分析和制图能力，将研究区域划分为若干个评估单元进行分析是实现风险评估和绘制风险图的重要途径，因此如何合理地选取评估单元是保证评估成果准确性和精度的关键问题。以往的洪涝灾害风险评估研究中，工作者往往依据专业经验、资料精度或尺度选取的基本原则确定评估单元，缺乏系统和定量化研究，若评估单元过大，容易导致风险图的空间差异性不明显或精度较低，反之则容易导致存储空间的浪费和制图成本的增加。因此，对常用的评估单元选取方法进行研究和梳理，对风险图相关分辨率之间的关系进行深入研究，从定性和定量两方面系统化研究评估单元的选取方法，对洪涝灾害风险评估及其成果的精度和可靠性有着重要的现实意义。

1. 常用洪涝灾害风险评估单元选取

由上一节的尺度选取基本原则可知，目前已有多名专家依靠自身的专业经验总结出较为系统的方法体系，其中涉及灾害风险的尺度效应。然而，对于不同区域的风险分析而言，尺度的选取并不完全一致，这是由于不同学者对尺度的分级以及各区域的数据精度等存在一定的差异，如尹占娥、刘耀龙等认为尺度可按研究区域空间范围的大小划分为大、中、小尺度三类，赵思健认为可划分超大、大、中、小尺度四类。由此可见，对于尺度的分级并无特定的标准，尺度的“大”与“小”也是相对概念。全球范围而言，一般认为全球、洲际和国家级的洪涝灾害风险研究为大尺度，省级或市级为中尺度，县级或镇级为小尺度。城市范围而言，一般认为市级区域为大尺度，区级或建成区为中尺度，街道或社区级为小尺度。此外，评估单元选取的方法和规则也不完全一致，主要受研究目标和应用范围、空间广度的大小、风险要素的空间统计特征和数据的可获取性等因素影响，常用的洪涝灾害风险评估单元选取方法如表 4-3 所示。

表 4-3　常用洪涝灾害风险评估单元选取

空间类型	研究区域	评估单元
行政区域	全球	大洲、国家、10～50km 网格
	大洲	国家、10～50km 网格
	国家	省、市、1～10km 网格
	省级	市、县、0.5～1km 网格
	地级	县、乡、1～500m 网格
	县级	乡、村、1～500m 网格
	乡级	村、0.1～50m 网格
	村	0.1～10m 网格
	街道	0.1～10m 网格
	小区	0.1～10m 网格
自然流域	>20 万 km^2	省、市、县、1～50km 网格
	>8 万 km^2	省、市、县、1～10km 网格
	>3 万 km^2	市、县、0.5～1km 网格
	>1 万 km^2	县、乡、0.3～0.5km 网格
	≤1 万 km^2	1～300m 网格

2. 基于人眼分辨能力的评估单元选取

以上常用选取方法体系中，评估单元的选取主要取决于研究区域的空间广度，未考虑地图比例尺因素，当相同广度的研究区域采用不同比例尺绘制风险图时，原有的评估单元取值可能不适用，风险图主要通过反映风险分布的空间分布差异为防灾减灾提供科学的参考信息，即“为人所用”，因此，在选取评估单元时应考虑资料的空间分辨率精度、制图比例尺、人眼分辨能力和制图分辨率等因素。

1）空间分辨率与地图比例尺

基于 ArcGIS 强大的空间处理能力进行研究区域洪涝灾害风险分析和区划是实现风险评估的主要途径，其中较多以栅格作为评估单元，加以栅格和网格的英文表述均为“Grid”，因此洪涝灾害风险的网格评估单元一般是指边长相等的栅格单元。以栅格为评估单元时，空间分辨率（R_g）是指栅格单元所表示的地面范围大小，当栅格大小为 100m×100m 时，则 R_g=100m。空间分辨率可用于描述评估单元及评估数据的精度，当空间分辨率过大时，评估成果的准确性和精度较低，空间分辨率过小，则会减慢数据的处理速度、造成存储空间的浪费和制图成本的增加。

由于洪涝风险评估的研究区域空间范围较广，需要按相应地图比例尺进行制图。地图比例尺是地图上线段长度与实地相应线段在水平投影的长度之比，如 1∶1000，即图上的 1m 表示实地的 1000m。我国制图常用的基本比例尺从大到小依次有：1∶500、1∶1000、1∶2000、1∶5000、1∶10000、1∶25000、1∶50000、1∶100000、1∶250000、1∶500000、1∶1000000 共 11 种，可用 1∶M 表示。

2）人眼视觉分辨率与制图分辨率

人眼对风险图的细节分辨能力是有限的。如图 4-2 所示，假设屏幕上 AB 两点之间的距离为 d，对瞳孔中心所张视角为θ、距离为 L。由于人眼对物体的分辨能力有限，因此当两点靠近到一定程度时会被识别为一个物点，人眼的分辨能力用最小分辨角θ表示，根据人眼的光学系统分析研究，θ的计算可用式（4-1）表示：

$$\theta = 1.22\frac{\lambda}{D} \tag{4-1}$$

式中，θ为最小分辨角，rad；λ为入射光在真空中的波长，mm；D 为人眼瞳孔直径，mm。

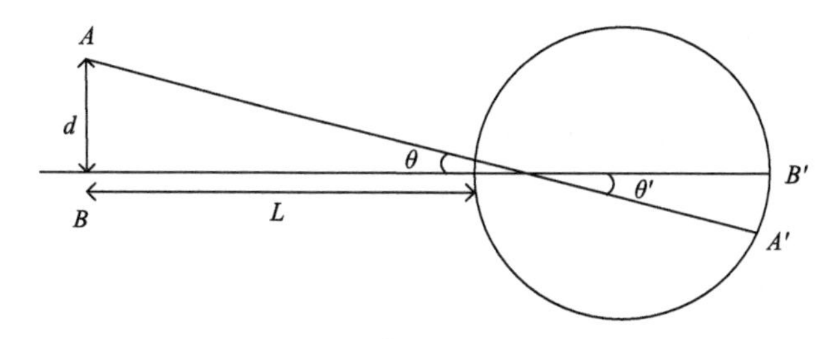

图 4-2　人眼视觉分辨率概念示意图

对人眼而言，最敏感的入射光为黄绿光（黑白颜色），其波长为 5.55×10^{-4}mm，正常视力对应的瞳孔直径为 3mm，由式（4-1）可知，人眼的最小分辨角为 2.26×10^{-4} rad。已知人眼的最小分辨角θ，可推求出对应的两物点之间的最小距离 d。由于最小分辨角很

小且 L 远大于 d，可认为 $\tan\theta$ 和 θ 相等，因此 d 可采用式（4-2）进行计算：

$$d = L\theta \tag{4-2}$$

式中，d 为人眼能分辨的两物点之间的最短距离，m；L 为瞳孔与物点的距离，m。

当 L=25cm 时，称为人眼明视距离，在该距离下观察物体，眼睛感觉较舒适，容易看清物体细节且长时间观察不易疲倦，因此 25cm 是人眼的最佳适应工作距离，此时由式（4-2）计算所得的 d 值称为人眼视觉分辨率，可用 d_1 表示，数值为 0.056mm。

制图分辨率是指风险图栅格单元根据一定地图比例尺缩放后的像元边长，与空间分辨率和比例尺有关，计算公式见式（4-3）：

$$R = \frac{R_g}{M} \tag{4-3}$$

式中，R 为制图分辨率，m；R_g 为空间分辨率，m；1: M 为地图比例尺。

3）适宜的评估单元选取

在常用的评估单元方法中，灾害风险的尺度常用广度和粒度两个指标描述，基于人眼分辨能力选取评估单元时，即以 ArcGIS 的栅格为评估单元的洪涝灾害风险评估中，洪涝灾害风险的尺度还可用风险图的地图比例尺和空间分辨相对应，即选取评估单元的关键在于如何根据地图比例尺确定适宜的空间分辨率。由式（4-3）可知，制图分辨率取决于空间分辨率和制图比例尺，根据对人眼的生理结构和成像原理分析可知人眼的辨别能力有限，当制图分辨率小于人眼分辨率时，空间分辨率过于精细，会减慢数据的处理速度以及增加制图成本；若制图分辨率远大于人眼分辨率时，空间分辨率过于粗略，风险评估成果的准确性和精度也会较低。综上可知，风险图的制图分辨率与人眼视觉分辨率两者数值较为接近，可保证数据的处理速度以及风险图的精度和可靠性。

在绘制洪涝风险图时，一般不只用黑白两种色彩表示风险等级分布，而是常用 3～5 种色彩表示不同风险等级，而人眼对彩色的分辨能力较黑白弱，即由式（4-1）计算而得的最小分辨角偏小，即人眼视觉分辨率应大于 0.056mm，制图分辨率也应随之增加。为定量分析制图分辨率（R）对制图精度的影响，本章以广州市东濠涌流域局部地区的土地利用类型的矢量图为例，如图 4-3（a）所示，利用 ArcGIS 对其进行栅格化，栅格的边长 A 分别取 1.25m、2.5m、5m、10m、15m、20m，如图 4-3（b）～（g）所示。

分析图 4-3 可知，制图精细度随着制图分辨率的上升而下降，由图 4-3 （b）～（c）可知，当 R 与人眼视觉分辨率 0.056mm 相差较小时，栅格大小对土地利用的精细度影响不大。比较图 4-3 （c）～（g）可知，当 R 大于人眼视觉分辨率时，随着栅格尺寸的增大，土地利用图的精细度显著降低。

以 R=0.05mm 为基准图层，计算各制图分辨率的相对误差，计算结果如表 4-4 所示。相对误差计算的具体过程为：假设基准图层栅格大小为 A_0，则该栅格图层各像元组成的栅格矩阵可表示为 $A=\left(a_{ij}\right)_{n\times m}$，如式（4-4）所示。为便于计算不同图层之间的相对误差，需利用 ArcGIS 的栅格重分类方法使其他图层的栅格大小与基准图层相等，则其他图层各像元组成的栅格矩阵为 $B=\left(b_{ij}\right)_{n\times m}$，如式（4-5）所示，其中 a_{ij} 与 b_{ij} 的坐标相同。

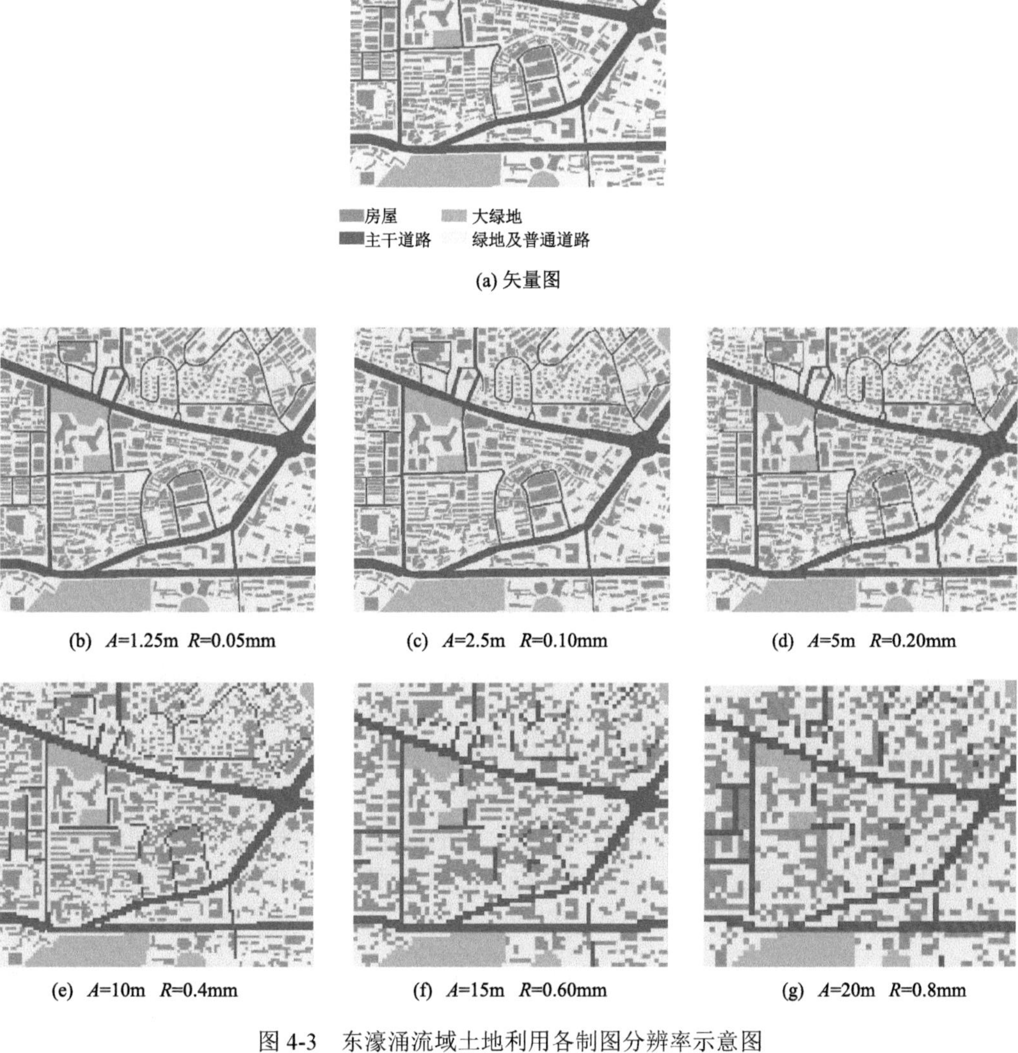

(a) 矢量图

(b) A=1.25m　R=0.05mm　　(c) A=2.5m　R=0.10mm　　(d) A=5m　R=0.20mm

(e) A=10m　R=0.4mm　　(f) A=15m　R=0.60mm　　(g) A=20m　R=0.8mm

图 4-3　东濠涌流域土地利用各制图分辨率示意图

$$A=\begin{bmatrix} a_{11} & a_{12} & \cdots & a_{1m} \\ a_{21} & a_{22} & \cdots & a_{2m} \\ \vdots & \vdots & & \vdots \\ a_{n1} & a_{n2} & \cdots & a_{nm} \end{bmatrix} \tag{4-4}$$

$$B=\begin{bmatrix} b_{11} & b_{12} & \cdots & b_{1m} \\ b_{21} & b_{22} & \cdots & b_{2m} \\ \vdots & \vdots & & \vdots \\ b_{n1} & b_{n2} & \cdots & b_{nm} \end{bmatrix} \tag{4-5}$$

利用 ArcGIS 的空间分析工具，将基准图层与其他图层进行比较，若 $a_{ij}=b_{ij}$，则

$c_{ij}=0$，反之则 $c_{ij}=1$，则制图误差 E 的计算为

$$E=\frac{\sum_{i=1}^{n}\sum_{j=1}^{m}c_{ij}}{n\times m} \tag{4-6}$$

表 4-4 东濠涌流域土地利用各制图分辨率（R）的制图误差

R/mm	0.05（基准）	0.10	0.20	0.40	0.60	0.80
存储空间/kB	692.33	173.3	43.53	10.94	4.91	2.73
制图误差/%	0	4.78	9.35	17.67	24.32	29.14

由表 4-4 可知，随着制图分辨率增大，制图误差增大、存储空间减小，结合图 4-3 分析可知，以 R=0.05mm 作为计算制图误差基准，当 R 取值为 0.10mm、0.20mm 时，制图误差分别为 4.78%、9.35%，制图误差较小且制图的精细度较好，所需的存储空间也大大减少，仅为基准值的 25.03%、6.29%，处理速度也会相应提高。R 取值为 0.40mm 时，制图误差 17.67%，误差稍大且制图精细度一般，但仍能基本反映土地利用的分布，存储空间仅为基准值的 1.58%。当 R 取值为 0.60mm、0.80mm，虽然存储空间小，仅为基准值的 0.71%、0.39%，但制图的误差较大、制图的精细度较粗糙，土地利用类型分布不明显。综上可知，制图分辨率的取值对资料的存储空间、制图精细度及误差均有较大影响。为提高存储空间利用率及数据处理速度，保证区划图的制图精度并尽量减少误差，人眼明视距离（L=25cm）下的适宜制图分辨率（$R'_{0.25}$）取值在 0.10～0.20mm 为宜，尽量不超过 0.40mm，由式（4-3）可求得适宜空间分辨率 $R'_{g,0.25}$。

若绘制画幅较大的挂图，即人眼的观看距离大于人眼明视距离时，由式（4-2）可知随着观看距离的增大，人眼能分辨的两物点之间的最短距离也相应增加，结合式（4-3）以及人眼明视距离下适宜制图分辨率的分析，可知观看距离 L 下，以栅格为评估单元的洪涝灾害风险图适宜制图分辨率、适宜空间分辨率的计算公式为

$$R'_L=\frac{L}{0.25}R'_{0.25} \tag{4-7}$$

$$R'_{g,L}=\frac{L}{0.25}R'_{0.25}M \tag{4-8}$$

式中，R_L 为观看距离 L 下的适宜制图分辨率，m；$R'_{g,L}$ 为观看距离 L 下的适宜空间分辨率，即评估单元适宜的边长取值，m。

由上述分析可知，在以栅格为洪涝灾害风险评估单元的研究中，适宜的制图分辨率可较好地提高制图精度和减少误差。以东濠涌流域土地利用为例，基于人眼分辨能力进行分析可知，适宜制图分辨率有特定的范围，又因制图分辨率受空间分辨率和地图比例尺影响，因此开展风险评估工作前需对风险评估的研究目标、风险图的制图要求和资料的空间统计特征进行充分了解，确定合适的地图比例尺和获取满足空间分辨率精度要求的资料，选取合适的评估单元以提高资料的处理速度和保证风险评估成果的精度。

4.2　城市洪涝灾害风险识别方法

由风险评估流程可知风险识别是风险评估的第一个步骤，同时也是风险分析的前提和基础。城市洪涝识别可分为风险因子和灾害后果的识别，风险因子识别主要通过分析城市洪涝灾害的成灾机理，找出定量或定性描述洪涝灾害的因素，其中风险识别过程又可细分为感知风险、识别风险和描述风险三个环节。城市洪涝灾害识别的主要内容包括灾害发生的风险时空分布、主要危险因子的强度和频次、灾害严重程度等。可用于风险识别的方法有头脑风暴法、结构化或半结构化访谈、德尔菲法、问卷调查法等。

4.2.1　头脑风暴法

头脑风暴法（brain storming）是一种激励相关行业专家表达想法和充分交流以发现洪涝灾害的风险因子、灾害后果或应对策略的方法。在该方法的实施过程中，有效的引导十分重要，其中包括在开始阶段创造自由讨论的氛围；会议期间对讨论进程进行有效控制和调节，使讨论不断进入新的阶段；筛选和捕捉讨论中产生的新设想和新议题。头脑风暴法可让多学科专家参与其中并激发其想象力，有助于发现新的风险和解决方案、进行全面沟通、速度较快且易于开展。但该方法也存在一定的局限性，参与者的专业水平对讨论成果有较大影响，若参与者缺乏必要的技术及知识时可能无法提出有效的建议。此外，该方法较为松散，可能出现特殊的小组状况，导致部分专家无法充分表达观点和意见，该方法一般包括如下环节：

（1）召集多名风险评估相关的专家并形成专家团队；

（2）提前准备与讨论内容相关的一系列问题及思考提示，确定讨论会的目标并解释规则；

（3）引导员首先介绍一系列想法，然后大家探讨各种观点，尽量多发现问题。此时无须讨论是否应该将某些事情记在清单上或是探究某句话究竟是什么意思，因为这样做会妨碍思绪的自由流动。接受各成员表达的观点，使小组思路快速推进，并让多样化的观点激发出大家的横向思维；

（4）当某一方向的思想已经充分挖掘或是讨论偏离主题过远，那么引导员可以引导与会人员进入新的方向。其目的在于收集尽可能多的不同观点，以便进行后续分析；

（5）整理讨论会上的讨论结果，对识别出的各风险要素进行归纳和总结。

4.2.2　结构化或半结构化访谈

在结构化访谈（structured interviews）中，访谈者会依据事先准备好的提纲向访谈对象提问一系列准备好的问题，从而获取访谈对象对某问题的看法。半结构化访谈（semi-structured interviews）与结构化访谈类似，但是可以进行更自由的对话和讨论。该方法的优点在于可使访谈对象有充足的时间考虑问题，一对一的沟通方式也使得双方有机会对问题进行深入思考和探讨，与头脑风暴法相比，该方法可使更多的相关人员参与其中。该方法的局限在于获取观点所耗费的时间较长，对可能存在一定偏见的观点缺乏讨论，也无法激发访谈对象的想象力。该方法一般包括如下环节：

（1）明确访谈目标，确定被访谈者和准备提问题目清单；

（2）设计相关的访谈提纲以指导访谈者的访谈工作；

（3）将提问题目提交给访谈对象，尽量使访谈对象可充分表达其真实观点；

（4）整理各访谈对象对所提问题而形成的看法。

4.2.3 德尔菲法

德尔菲法亦称Delphi法，其特点是收集并统计和分析专家组匿名发表的意见和看法，通过多次循环整理汇总专家组意见并达到一致。该方法的优点是保证了每一位专家平等表达观点的权利，可避免个别专家主导话语权使其他专家的意见表达不够充分的可能性。但该方法也具有一定的局限性，由于是匿名收集且意见信息需要多次反馈和修正，因此该方法对专家的书面表达能力要求较高，实施周期也较长，其方法实施步骤如下：

（1）确定问题，组建若干个专家组；

（2）编制第一轮专家意见调查表；

（3）发放调查表至各专家组成员并按时收回；

（4）汇总和分析专家匿名反馈的意见信息，再次发放问卷使专家比较自己和他人不同的意见，修改或完善意见或判断；

（5）专家组成员重新作出答复；

（6）循环以上过程，直至各位专家意见达成共识。

4.2.4 问卷调查法

问卷调查法（questionnaire survey）是一种将调查内容制作成调查问卷发给被调查者填写，最后对问卷进行回收分析以此获得数据资料的方法。问卷中的提问方式可分为三类，即结构式的提问、开放式的提问及半结构式的提问。运用电子计算机进行数据处理是当代调查的主要手段之一，问卷调查法并不是孤立的，而是具有多种内容和功能的一种方法。其优点是标准化，便于大范围使用和统计分析；成本较低，节省人力、物力；实施简便，适用性强。其局限性在于问卷回收率较难保证且回答内容受限，较难深入了解被调查者对问卷内容的看法。因此问卷调查法对调查者的要求较高，设计问卷时需注意调查内容的内在逻辑关系。

4.3 城市洪涝灾害风险分析方法

4.3.1 基于历史灾情数据

基于历史灾情数据的灾害风险评估方法一般是以研究区域记载的历史灾害强度数据和损失数据为基础，利用数学模型对样本数据进行统计分析，获得灾害强度与损失的统计规律，进而实现对自然灾害的风险评估。其评估方法一般有如下步骤：①选取科学的洪涝灾害风险模型或公式；②从研究区域相关历史资料中提取相关历史灾情数据；③对研究区域洪涝灾害风险进行分析评估。

基于历史灾情数据的分析方法是建立在灾害数据库基础上的定量评估方法，在资料数据可获得的前提下，该方法不需要详细的地理背景数据，只需要通过一定的灾害资料进行统计分析，采用数学方法建立起灾害风险模型，是一种思路清晰、计算简单的研究方法。另外，还可以根据已有历史资料进行推敲，分析其合理性和科学性，但此方法非常依赖样本数据，在实际应用中常受到以下几点限制：①该方法对历史洪涝灾情数据的完整性要求较高。长时间序列的历史灾情数据一般是保密数据，不易获取，常常会出现样本数据太少或者不完备，甚至数据缺失的情况，影响历史灾情分析的准确性。②在历史灾情数据的记录方面，历史灾害强度数据一般在较大空间尺度上记录，如河流流域，而历史灾害损失数据通常以行政区为单位进行记载，如县、郡、市等，两方面数据难以进行空间上的匹配。③该方法对历史洪涝灾情数据的准确性要求较高，可获取的历史灾情数据受限于历史资料记载的详略情况，这在进行历史灾害统计分析时可能出现偏差，统计分析无法做到细致准确，从而影响对历史灾情的精确分析与评估。

4.3.2　基于指标体系

基于指标体系的城市洪涝灾害风险评估方法是基于自然灾害风险理论，从危险性和易损性等灾害风险构成要素出发，构建研究区域灾害风险评估指标体系，通过一系列数学方法处理原始指标，对研究区域进行风险评估，常用的方法有加权综合评价法、模糊数学法、人工神经网络法、灰色系统模型、概率模型和动力学模型等。其评估方法一般有如下步骤：①确定洪涝灾害风险数学评估方法和指标权重计算方法；②从研究区域相关资料中选择洪涝灾害风险相关要素资料，构建研究区域洪涝灾害风险评估指标体系，确定指标权重；③根据选定的评估方法和构建的指标体系对研究区域洪涝灾害风险进行分析评估。

基于指标体系的风险评估方法具有建模与计算简便、数据易于获取的优点，可反映区域风险宏观分布特性，在我国洪涝灾害风险分析中应用广泛。但该方法也存在一定的局限：①评估指标的选取受限于数据的可获取性，若评估指标数据库的可用指标数量较少时，较难保证选取指标的代表性及指标体系的系统性；②对指标数据精度的要求较高，若评估指标数据精度较低时，容易出现以点代面的情况进而影响评估成果的精度。

4.3.3　基于遥感技术和 GIS 技术耦合

该方法是指利用卫星遥感监测技术获取淹没范围、淹没历时、承灾体数量等灾情信息，耦合 GIS 的空间分析技术及其强大的数据管理功能，结合研究区域的地面高程数据获取淹没水深、构建社会经济数据库等进行洪涝灾害风险分析的方法。采用遥感监测技术获取洪涝灾害信息的关键在于监测区域内的水体识别技术，目前可用于识别水体的方法主要为 3 种，分别是阈值法、谱间分析法和多波段运算法。获取水体分布信息后，利用 GIS 技术分析灾害的空间分布规律并进行风险分析。该方法可反映区域的洪涝灾害及其风险的空间分布特征，还可对实时监测数据进行分析。该方法的局限在于对地面高程数据的精度要求高、GIS 的淹没水深分析技术尚未成熟等。

4.3.4 基于情景模拟

基于情景模拟的城市洪涝灾害风险评估是指通过设置洪涝灾害发生的频率和强度、气候变化模式、土地利用变化、人口和经济变化等多种涉及自然和社会变化的情景并进行模拟，分析城市洪涝灾害风险的未来态势。该方法的一般步骤为：①构建模型，根据区域特征建立相应的水文水动力模型，并对构建模型的可靠性和精度进行验证；②情景设计，根据研究需要设定特定城市洪涝灾害发生的频率和强度、气候变化模式及人口与经济等模拟情景；③情景模拟与分析，对各种情景下的城市洪涝灾害进行模拟并获取洪涝灾害过程，对其风险进行分析与评价。

基于情景分析的评估方法对历史灾害数据要求较低，且可对灾害风险可视化表达，使区域内承灾体的易损性精确到个体或系统，能够直观、高精度地显示灾害事件的影响范围和程度，展示灾害风险的空间分布特征；同时，该方法可以实现灾害风险的动态评估，为防灾减灾及风险管理决策提供数据支撑和科学依据，是自然灾害风险评估发展的必然趋势。但是，该方法对区域的地理背景资料和排水系统资料要求较高，对构建区域水文水动力模型的精度有一定要求，工作量大，适宜在中、小尺度进行灾害评估，在大尺度区域较难开展。尽管基于情景模拟方法的研究和应用取得了很大进展，但研究范围多限于对致灾因子强度表征，综合区域承灾体易损性方面的洪涝灾害研究仍较缺乏。

上述 4 种城市洪涝风险评估方法的分类是相对的，各方法之间互有联系、相互协调。例如，情景模拟得出的淹没情况和历史灾情数据可作为评估指标数据进行城市洪涝风险评估。因此，在风险评估的实际应用中，需要根据研究对象的灾情数据库、地理背景资料等具体特征，充分考虑研究区域的空间尺度大小以及风险评估结果精度要求，选择科学合理的评估方法。

4.4 指标体系及其权重计算方法

由风险评估流程的风险分析步骤介绍可知，指标体系法是常用的风险分析方法之一。指标体系法是指基于研究区域的洪涝灾害特征，结合基础资料的可获取性和评估方案的可行性对城市洪涝灾害风险分析的一种方法。指标体系法应用广泛且适用性强，能够用于多种尺度区域的风险分析，运用指标体系法进行风险评估时，须先构建指标评估体系，其指标的权重可通过一系列数学方法确定。指标权重的计算方法较多，可分为主观权重法、客观权重法与主客观集成赋权法。主观权重法包括层次分析法、区间层次分析法、专家调查法等，客观权重法包括熵权法、CRITIC 法、标准差法等。

4.4.1 风险指标体系构建

选取合理可行的评估指标是开展风险评估的前提。至今，国内外均开展了洪涝灾害风险的研究，但由于各地区洪涝灾害特性存在差异、资料获取能力不同等因素，在评估指标的选取上尚未形成统一的体系。尽管不同地区的风险评估指标存在一定差异，但指标选取仍需遵循可行性、科学性、代表性、独立性和系统性等原则。此外，若从灾害系统的角度定义城市洪涝灾害风险时，评估指标的选择与评估框架相关，可根据指标选取原则和评估框架进行评估体系的构建。此处以危险性-易损性（*H-V*）评估框架为例，从危险性、易损性两方面出发，综合考虑城市系统及其洪涝灾害的特性建立指标体系，如图 4-4 所示。该体系仅提供参考价值，实际应用中的指标选择仍需根据风险评估的尺度、单元、资料可获取性等实际情况进行确定。

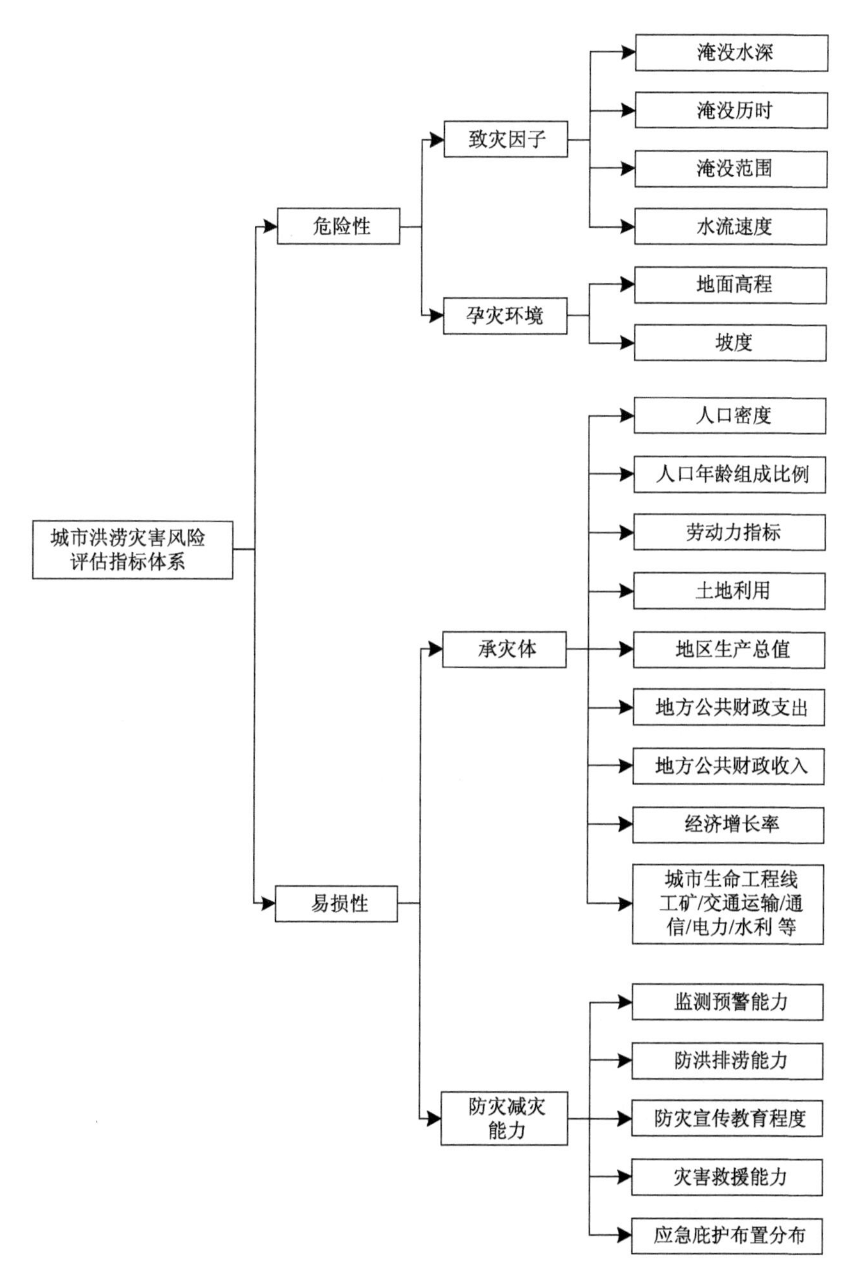

图 4-4　城市洪涝灾害风险评估指标体系

1. 致灾因子

城市洪涝水情特征指标主要有淹没水深和范围、水流速度、淹没历时等。由暴雨引起的城市内涝是城市洪涝灾害的主要类型，当水流速度较小时，可选取淹没水深、淹没历时两个指标作为洪涝灾害危险性致灾因子评估特征指标，当水流速度较大时，应综合考虑各水情特征指标对危险性进行评估。淹没水深和范围等数据应通过水文水动力模型模拟或其他方式获得，须保证其可靠性与精度，淹没历时应综合考虑降雨时间决定。

2. 孕灾环境

地形因子对危险性影响较大，地面高程较低的地方，较易汇集水流进而形成洪涝灾害，坡度较大的地方，地形变化程度较大，汇流时间较短，容易形成洪涝灾害，因此采用地面高程、坡度两个指标表征孕灾环境特征。地面高程与坡度等数据应根据地形图进行分析。

3. 承灾体

1）人口指标

社会指标体现着城市的发达程度，人口是重要的承灾因子，可以反映区域的易损性或经济损失敏感度，人口越密集的地方，洪涝灾害损失就越大。对于防灾、救灾和灾后重建而言都是以人为本。对于人口指标的获取可用常用人口密度进行表示。人口密度的获取方法通常采用近期的人口统计数据，也可采用遥感影像辅助抽样调查方法确定。除人口密度外，还可考虑各人口年龄组成比例、劳动力指标、人口流动情况等。

2）经济指标

洪涝灾害造成的经济损失是灾情统计的基本指标，不同土地利用类型的经济受损价值不同，因此土地利用可用于表征承灾体脆弱性。除土地利用外，地区生产总值、地方公共财政支出和收入、经济增长率等经济数据也能反映区域的经济特征。此外，工矿、交通运输、通信、电力、水利等城市的生命工程线，受洪涝灾害影响时带来的经济损失较大，也可作为经济指标之一。以上经济指标的获取可通过近年经济统计数据确定。

4. 防灾减灾能力

防灾减灾能力是指为减少洪涝灾害所造成的损失的能力，可利用洪涝灾害监测预警能力、城市防洪排涝能力、防灾宣传教育程度、灾害救援能力、应急庇护布置分布等一系列指标进行衡量。

4.4.2　指标权重计算方法

在风险评估过程中涉及指标体系法并需要计算指标权重时，可选择特定的数学方法进行权重的确定。指标权重的数值反映了指标在风险评估中的重要程度，权重越大，即说明该指标对风险的贡献值越大，反之则说明该指标对风险的贡献值较小。指标权重的数学方法理论的发展较成熟，目前可用于计算指标权重方法较多，可分为：①主观权重法，如层次分析法、专家调查法等；②客观权重法：熵权法、标准差法等；③组合权重法，即利用两种或以上的方法对权重进行组合计算的方法。

1. 直接评分法

邀请一定数量的专家参与指标相对重要性的评估，采用 0～10 分，0 分表示不选择此指标，分值越高，指标重要性越大；计算各评价指标的平均分数，以此确定各指标的权重，计算过程如下。

（1）假设第 j 位专家对第 i 个指标 a_i 的评分为 a_{ij}，其中：$i=1,2,\cdots,n$；$j=1,2,\cdots,m$；

（2）计算指标 a_i 的平均值 $\overline{a_i}$：

$$\overline{a_i}=\frac{1}{m}\sum_{j=1}^{m}a_{ij} \tag{4-9}$$

（3）计算指标 a_i 的权重 w_i：

$$w_i=\frac{\overline{a_i}}{\sum_{i=1}^{n}\overline{a_i}} \tag{4-10}$$

2. 对比排序法

邀请一定数量的专家对指标体系中的评价指标相对重要性进行排序，最不重要的指标记为 1 分，其次记为 2 分，以此类推。根据专家所标志的顺序记分和以下步骤计算各指标权重，计算过程如下。

（1）假设第 j 位专家对第 i 个指标 a_i 的标志顺序为 a_{ij}，其中：$i=1,2,\cdots,n$；$j=1,2,\cdots,m$；　$a_{ij}\in\{1,2,\cdots,n\}$；

（2）计算指标 a_i 的权重 w_i：

$$w_i=\frac{\sum_{j=1}^{m}\log_n a_{ij}}{m} \tag{4-11}$$

3. 层次分析法

层次分析法是 20 世纪 70 年代提出的一种定性和定量相结合的系统分析方法，具有框架性强、结构严谨、思路清晰等优点，通过指标之间的对比标度、定性判断与定量推断相结合，减少了判断的主观性，提高了判断的客观性、科学性和实用性。层次分析法的分析步骤可分为 4 个步骤，各步骤的内容如下所示。

1）建立层次分析结构

将城市洪涝灾害风险评估的各元素按其特点进行分组，构建较独立的层次结构，可分为目标层、准则层、指标层。对于风险评估的指标体系而言，其目标层为城市洪涝灾害风险，准则层可根据不同评估框架的组成进行设置，指标层则是在各准则层下的指标组成。

2）构造判断矩阵

建立层次分析结构后，分别以各自的上一层次的元素为准则，将同层次分析结构之间的元素依次进行两两比较，确定两个元素之间的比较标度 a_{ij}，比较标度采用 1～9 进行表示，比较标度及其含义见表 4-5 所示。

表 4-5　判断矩阵比较标度及其含义

比较标度	含义
1	元素 a_i 与元素 a_j 同等重要
3	元素 a_i 比元素 a_j 稍微重要
5	元素 a_i 比元素 a_j 明显重要
7	元素 a_i 比元素 a_j 强烈重要
9	元素 a_i 比元素 a_j 极端重要
2，4，6，8	元素 a_i 与元素 a_j 相比，重要性介于相邻标度之间
$1/a_i$	已知 a_i，则 $a_i=1/a_i$，当 i=j 时，a_i=1

则构造出各层次中的判断矩阵 $P=\left(a_{ij}\right)_{n\times n}$，如式（4-12）所示。

$$P=\begin{bmatrix} 1 & a_{12} & \cdots & a_{1n} \\ 1/a_{12} & \cdots & \cdots & a_{2n} \\ \vdots & \vdots & & \vdots \\ 1/a_{1n} & 1/a_{2n} & \cdots & 1 \end{bmatrix} \tag{4-12}$$

3）权重计算

根据构造的判断矩阵，求出对应的最大特征向量即为各元素的权重值。矩阵的最大特征向量有多种计算方法，如特征根法、幂法、和法等。由于计算过程较易理解，所得结果与其他方法误差较小，此处以和法为例计算特征值。首先对矩阵的同列元素作归一化处理，得到归一化矩阵 $S=\left(s_{ij}\right)_{n\times n}$，归一化公式为

$$s_{ij}=\frac{a_{ij}}{\sum_{i=1}^{n}a_{ij}} \qquad \left(i,j=1,2,\cdots,n\right) \tag{4-13}$$

对 S 的同行元素进行求和得到向量 $C=\left(C_1,C_2,\cdots,C_n\right)^{\mathrm{T}}$，其中 C_i：

$$C_i=\sum_{j=1}^{n}s_{ij} \qquad \left(i=1,2,\cdots,n\right) \tag{4-14}$$

对向量 C 进行归一化处理，得到向量 $W=\left(W_1,W_2,\cdots,W_n\right)^{\mathrm{T}}$：

$$W_i = \frac{C_i}{\sum_{i=1}^{n} C_i} \tag{4-15}$$

W 即为所求的最大特征向量的近似解，即判断矩阵各元素的权重值。

4）判断矩阵的一致性检验

矩阵的一致性检验是指检验阶数大于 2 的矩阵中，各元素之间的比较标度的逻辑是否一致。当阶数大于 2 时，需要进行两两判断的元素组数量就大于 1，此时有可能出现元素组之间出现比较标度不一致，例如，在同一判断矩阵中，元素 1 比元素 2 重要，而元素 2 比元素 3 重要，则元素 1 应当比元素 3 重要，若元素 1 的重要性不如元素 3，则表明判断矩阵不一致。若不对判断矩阵进行一致性检验，则可能会得到矛盾的结果，因此当阶数大于 2 时，该步骤是必不可少的，一致性检验的具体过程如下所示。

采用步骤 3）计算权重构建的判断矩阵 P 及其最大特征向量 W，首先通过式（4-16）计算最大特征根 $\lambda_{\max}$：

$$PW = \lambda_{\max} W \tag{4-16}$$

计算得到 $\lambda_{\max}$ 后，再计算判断矩阵 P 的一致性指标 CI（consistency index）为

$$\mathrm{CI} = \frac{\lambda_{\max} - n}{n-1} \tag{4-17}$$

式中，n 为判断矩阵的阶数。

计算随机一致性比率 CR（consistency ratio）为

$$\mathrm{CR} = \frac{\mathrm{CI}}{\mathrm{RI}} \tag{4-18}$$

式中，RI（ratio index）为随机一致性指标，可查表 4-6 进行取值：

表 4-6　RI 取值表

n	3	4	5	6	7	8	9	10
RI	0.58	0.90	1.12	1.24	1.32	1.41	1.45	1.49

当 CR<0.1，说明判断矩阵具有很好的一致性，判断合理；

当 CR=0.1，说明判断矩阵具有较好的一致性，判断较合理；

当 CR>0.1，说明判断矩阵不符合一致性原则，需重新调整判断矩阵。

4. 熵权法

熵权法是指利用各评价指标包含的信息熵确定其权重的方法。在城市洪涝灾害评估中，评估指标的信息熵通常是指其数据的水平分布的均匀程度。在多指标综合评估中，当某个指标差异性越大则熵值越小，表明该指标提供的信息量越多，其评价权重应较大。熵权法确定指标权重的计算过程如下所示。

（1）若评估指标共有 n 个，评估单元共有 m 个，则第 i 个指标的第 j 的评价单元的

值为 y_{ij}，则指标原始数据矩阵 $Y=\left(y_{ij}\right)_{m\times n}$，其中：$i=1,2,\cdots,n$；$j=1,2,\cdots,m$；

（2）对 Y 的指标数据进行归一化处理，则指标数据归一化矩阵 $B=\left(b_{ij}\right)_{m\times n}$；

（3）计算评价指标 a_i 的熵值 H_i，其计算公式为

$$H_i=-\frac{1}{\ln m}\sum_{j=1}^{m}f_{ij}\ln f_{ij} \tag{4-19}$$

式中，$f_{ij}=\dfrac{b_{ij}}{\sum\limits_{j=1}^{m}b_{ij}}$，为避免当 b_{ij} 为 0 时导致 H_i 无法计算的问题，将 f_{ij} 的计算公式进行如下修正：

$$f_{ij}=\frac{1+b_{ij}}{\sum\limits_{j=1}^{m}\left(1+b_{ij}\right)} \tag{4-20}$$

（4）根据式（4-21）计算指标 a_i 熵权 w_i：

$$w_i=\frac{1-H_i}{n-\sum\limits_{i=1}^{n}H_i} \tag{4-21}$$

5. 标准差法

标准差是指标数据方差的算术平方根，反映数据与其均值之间的离散程度。与熵权法类似，标准差法也是利用数据的统计分布规律确定指标的权重。当指标的标准差越大，表明其数据的离散程度越大，在综合评估中影响较大，其权重应较大，标准差法确定指标权重的计算过程如下所示。

（1）先对各指标的数据进行归一化处理；

（2）若评估指标共有 n 个，评估单元共有 m 个，则第 i 个指标的第 j 个评价单元的值为 y_{ij}，其中：$i=1,2,\cdots,n$；$j=1,2,\cdots,m$；

$$\overline{y}_i=\frac{1}{m}\sum_{j=1}^{m}y_{ij} \tag{4-22}$$

（3）根据式（4-23）计算指标 a_i 的标准差 σ_i：

$$\sigma_i=\sqrt{\frac{1}{m}\sum_{j=1}^{m}\left(y_{ij}-\overline{y}_i\right)^2} \tag{4-23}$$

（4）利用计算得到的标准差，根据下式计算指标 a_i 的权重 w_i：

$$w_i=\frac{\sigma_i}{\sum\limits_{i=1}^{n}\sigma_i} \tag{4-24}$$

6. CRITIC 法

CRITIC 法是以评价指标间的对比强度和冲突性两个概念为基础的一种客观权重赋权方法。对比强度以标准差的形式表现，同一指标中各评价对象之间取值差距越大，标准差也越大，对比强度越明显；冲突性以各评价指标之间的相关性为基础，若两个指标之间具有较强正相关，表示两个指标冲突性较低。

（1）若评估指标共有 n 个，评估单元共有 m 个，则第 i 个指标的第 j 个评价单元的值为 y_{ij}，其中：$i=1,2,\cdots,n$；$j=1,2,\cdots,m$；

（2）按式（4-22）、式（4-23）计算各指标的对比强度，即标准差 σ_i；

（3）计算各指标冲突性量化指标 $\sum_{t=1}^{n}\left(1-r_{ti}\right)^2$，其中指标 t 与指标 i 的相关系数 r_{ti} 的计算公式为

$$r_{ti}=\frac{\sum_{j=1}^{m}\left(y_{tj}-\overline{y}_t\right)\left(y_{ij}-\overline{y}_i\right)}{\sqrt{\sum_{j=1}^{m}\left(y_{tj}-\overline{y}_t\right)^2}\sqrt{\sum_{j=1}^{m}\left(y_{ij}-\overline{y}_i\right)^2}} \tag{4-25}$$

（4）计算指标的信息量 C_i：

$$C_i=\sigma_i\sum_{t=1}^{n}\left(1-r_{ti}\right)^2 \tag{4-26}$$

（5）根据下式计算指标 a_i 的权重 w_i：

$$w_i=\frac{C_i}{\sum_{i=1}^{n}C_i} \tag{4-27}$$

4.5　风险等级区划方法

4.5.1　风险区划等级

风险区划是指将风险分析结果划分为若干个不同风险高低等级的区域，最简单的等级区划方式是把风险分为需要或无须应对区域两种。此外，还可根据风险的可承受程度划分为不可承受、中间、广泛可承受区域三种。不可承受区域即特级重点防范区域，无论发生洪涝灾害的可能性大小、风险值高低，此区域发生洪涝灾害的后果是无法承受的，因此需不惜代价地防范该区域的灾害发生，进行全面的风险应对措施。中间区域的重要性处于不可承受区域和广泛可承受区域之间，该区域的风险应对措施需要综合考虑措施的收益比。广泛可承受区域，其社会经济重要性很低或发生洪涝灾害的概率很低，风险值一般较小，无须采取任何风险应对措施。

由于风险评估整个过程均具有一定的不确定性，因此以上两种形式的风险区划方式均存在较大的局限性，难以确定各类区域的界定值。以往的研究中，常将结果根据特定

的等级区划方法将风险分析结果区划成若干个等级，并绘制成直观可靠的风险区划图，为防洪排涝部门的决策提供科学依据。对于风险区划图而言，区划等级的数量应综合考虑数据精度、比例尺大小、数据分布特征和人眼辨认能力进行确定。对于一般的区划图而言，以3～7级为宜。表4-7列举了洪涝风险区划常用等级的相关描述，数字越大代表风险越高，此表亦可供不同等级数量的区划参考。

表4-7　城市洪涝风险区划常用等级描述

数字	1	2	3	4	5	6	7
中文描述	极低	低	较低	中	较高	高	极高
英文描述	extra-low	low	medium-low	medium	medium-high	high	extra-high

4.5.2　相等间隔法

相等间隔法是指将风险分析结果的值划分为大小相等的若干间隔，此方法可突出极值的变化，适合数据分布较均匀的分级。将风险分析的结果按从小到大进行排列，共包含 $x_1, x_2, \cdots, x_n$ 共 n 个区划单元，区划等级数为 m，第 i 与 i+1 个等级 $(i = 1, 2, \cdots, m-1)$ 之间的界限值 A_i 计算公式为

$$A_i = x_1 + \frac{i}{m}(x_n - x_1) \tag{4-28}$$

4.5.3　分位数法

分位数法是指按风险区划的单元数量进行划分，使各区间数据的数量相同，此方法可突出中间值的变化，适合数据分布较均匀的分级。假设风险分析的结果按从小到大进行排列，包含 $x_1, x_2, \cdots, x_n$ 共 n 个区划单元，区划等级数为 m。当 n 为 m 的 K 倍（K 为正整数），该方法才具备适用性。第 i 与 i+1 个等级 $(i = 1, 2, \cdots, m-1)$ 之间的界限值 A_i 计算公式为

$$A_i = x_{1+i\frac{n}{m}} \tag{4-29}$$

4.5.4　均值-标准差法

均值-标准差法是指利用数据的平均值 $\bar{x}$ 和标准差 S 为基础划分等级，可减少异常数据的影响，适合呈正态分布数据的分级。该方法以 $\bar{x}$ 为中心，左右逐次减去若干个相等倍数 a 的 S 作为界限值，该方法仅适用于区划等级数 m 为偶数的分级，各级区间分别为 $\left[x_1, \bar{x} - (m/2-1)aS\right)$，…，$\left[\bar{x} - aS, \bar{x}\right)$，$\left[\bar{x}, \bar{x} + aS\right)$，…，$\left[\bar{x} + (m/2-1)aS, x_n\right)$。

4.5.5　自然断点法

自然间断点法（natural breaks）是美国环境系统研究所（ESRI）研制并应用在 ArcGIS 中的一种分级方法，属聚类分析的单变量分类方法。该方法根据数值统计分布规律进行

分级和分类，目的是在不改变有序样本前提下，使其分割的相同等级内的数据相似值最优，而不同级别之间的数据差距达到最大，不同级别之间的界限点出现在数据突变明显处。自然间断点法适用性强，能够用于多类型数据的分级处理，在干旱、洪涝灾害风险等级区划中应用广泛。

4.5.6　隶属度函数法

隶属度函数法是模糊数学中区划数据等级中的关键处理方法。若将区划等级看作集合，需要分级的数据看作是元素，上述的相等间隔法、分位数法等方法的集合和元素之间的关系则是绝对的，元素只有属于或不属于该集合的关系。但模糊数学认为元素和集合之间的关系并非绝对的，可利用隶属度来表示元素属于集合的程度，其中隶属度值范围为[0, 1]，隶属度越高说明元素和集合的“贴近程度”越高。因此运用隶属度函数法进行 m 个等级的区划时，需要确定 m 个模糊集合和元素与集合之间的隶属度函数，计算元素与模糊集合之间的隶属度 $u_i(i=1,2,\cdots,m)$，通常采用最大隶属度原则对元素进行区划等级处理，即元素与模糊集合之间隶属度最大时，即代表该元素属于该集合。

4.5.7　水利部洪涝等级划分法

水利部《洪涝灾情评估标准》（SL 579–2012）中，关于区划洪涝灾害等级有如下的规定：①该标准主要用于评估场次洪涝灾害和年度洪涝灾害，场次洪涝灾害是指一场次降雨或洪水等过程造成的区域性洪涝灾害损失情况，年度洪涝灾害是指区域内年度内全部洪涝灾害损失情况（当年 1 月 1 日至 12 月 31 日）；②城市洪涝灾害分为 4 个等级，特别重大洪涝灾害、重大洪涝灾害、较大洪涝灾害和一般洪涝灾害；③灾害等级是根据死亡人口、受灾人口和经济损失等指标，采用直接认定法、多指标综合评估方法计算灾情评估值两种方法进行划分。

1. 直接认定法

1）场次城市洪涝灾害

在《洪涝灾情评估标准》（SL 579–2012）中，对于场次洪涝灾害而言，可直接根据该场次灾害中的死亡人口或经济损失直接评定灾害等级。当场次洪涝灾害的死亡人口达到 100 人或直接经济损失达到 200 亿元时，该场次洪涝灾害直接认定为特别重大洪涝灾害；死亡人口达到 50 人不足 100 人或直接经济损失达到 100 亿元不足 200 亿元时，该场次洪涝灾害可直接认定为重大洪涝灾害。

《洪涝灾情评估标准》（SL 579–2012）中对于场次洪涝灾害等级的直接认定只涉及特别重大、重大洪涝灾害两个等级，对于较大、一般洪涝灾害无明确规定。因此在死亡人数和直接经济损失值均未达到这两个等级的认定标准时，需采用其他评估方法进行认定。

2）年度城市洪涝灾害

可根据年度内发生的场次洪涝灾害数量直接认定年度城市洪涝灾害等级，等级划分规则如表 4-8 所示。

表 4-8　年度城市洪涝灾害等级划分规则

年度灾害等级	特别重大洪涝灾害年	重大洪涝灾害年	较大洪涝灾害年	一般洪涝灾害年
年度内场次灾害数量	4 场特别重大洪涝灾害及以上；或特别重大洪涝灾害和重大洪涝灾害场次合计超过 8 场	3 场特别重大洪涝灾害；或特别重大洪涝灾害和重大洪涝灾害场次合计超过 6 场	2 场特别重大洪涝灾害；或特别重大洪涝灾害和重大洪涝灾害场次合计超过 4 场	其他

2. 多指标综合评估方法

1）场次城市洪涝灾害

除直接认定法可划分场次洪涝灾害等级外，还可根据场次灾害评估公式计算场次洪涝灾害评估值，根据灾害评估值的大小进行洪涝灾害等级划分，灾害评估值与等级划分关系如表 4-9 所示。

表 4-9　场次城市洪涝灾害评估值与灾害等级划分

场次灾害等级	特别重大洪涝灾害	重大洪涝灾害	较大洪涝灾害	一般洪涝灾害
灾害评估值	$80 \leqslant C_1$	$60 \leqslant C_1 < 80$	$40 \leqslant C_1 < 60$	$C_1 < 40$

场次城市洪涝灾害评估值的计算公式为

$$C_1 = 0.2D + 0.1P + 0.3L + 0.025F + 0.025H + 0.05R_1 + 0.1R_2 + 0.1S + 0.1T \tag{4-30}$$

式中，C_1 为场次城市洪涝灾害评估值；D 为死亡人口指标的参数取值；P 为受灾人口指标的参数取值；L 为直接经济损失指标的参数取值；F 为水利设施经济损失指标的参数取值；H 为倒塌房屋指标的参数取值；R_1、R_2 为骨干交通中断历时指标的参数取值；S 为城市受淹历时指标的参数取值；T 为生命线工程中断历时指标的参数取值。各指标参数取值见表 4-10 所示。

表 4-10　场次城市洪涝灾害各类灾情指标的参数取值与指标阈值区间的关系

参数	指标名称	阈值区间				备注
D	死亡人口/人	>100	51～100	11～50	0～10	—
P	受灾人口/万人	>1000	500～1000	100～500	0～100	取两个指标所定参数值的上限
	受灾人口占区域人口比例/%	>20	15～20	10～15	0～10	
L	直接经济损失/亿元	>100	50～100	10～50	0～10	取两个指标所定参数值的上限
	直接经济损失占上一年区域生产总值比值/%	>3	1.5～3	0.5～1.5	0～0.5	
F	水利设施经济损失占直接经济损失比例/%	>20	15～20	10～15	0～10	—
H	倒塌房屋/万间	>10	5～10	1～5	0～1	—
R_1	骨干交通中断历时/h	>48	24～48	12～24	6～12	铁路、公路干线、主要航道中断

续表

参数	指标名称	阈值区间				备注
R_2	骨干交通中断历时/h	>24	12～24	6～12	3～6	城市主要街道
S	城市受淹历时/d	>3	2～3	1～2	0.5～1	主城区积水天数
T	生命线工程中断历时/h	>72	48～72	24～48	0～24	城市的核心区域
D、P、L、F、H、R_1、R_2、S、T 参数取值		75～100	50～75	25～50	0～25	—

注：发生多处骨干交通中断、城市受淹、生命线工程中断时，参数取值按照最长中断历时或受淹历时确定。参数取值根据各项指标实际数值在阈值区间内分布情况确定，参数取值采用直线插值法确定；参数取值的上限采用参数取值区间为 50～75 段构造出的插值直线外延取值，或根据评估单位已有历史资料设定指标历史最大值的参数取值为 100。

2）年度城市洪涝灾害

除直接认定法可划分年度城市洪涝灾害等级外，还可根据年度灾害评估公式计算年度洪涝灾害评估值，根据灾害评估值的大小进行洪涝灾害等级划分，灾害评估值与等级划分关系如表 4-11 所示。

表 4-11　洪涝灾害评估值与年度洪涝灾害等级划分

年度灾害等级	特别重大洪涝灾害年	重大洪涝灾害年	较大洪涝灾害年	一般洪涝灾害年
灾害评估值	$80 \leqslant C_2$	$60 \leqslant C_2 < 80$	$40 \leqslant C_2 < 60$	$C_2 < 40$

年度城市洪涝灾害评估值的计算公式为

$$C_2 = (D + L) \times 0.3 + (P + A + F + H) \times 0.1 \tag{4-31}$$

式中，C_2 为年度洪涝灾害评估值；D 为死亡人口指标的参数取值；L 为直接经济损失指标的参数取值；P 为受灾人口指标的参数取值；A 为农作物受灾面积指标的参数取值；F 为水利设施经济损失指标的参数取值；H 为倒塌房屋指标的参数取值。

采用多指标综合评估方法划分年度洪涝灾害等级时，对各灾情指标的参数取值可采用以下步骤进行确定：①整理研究区域在 1990 年至上一年各项城市洪涝灾情指标数据并求平均值 $\overline{X}$；②根据本年度各项指标数值 X 与该项指标平均数 $\overline{X}$ 的关系，按表 4-12 确定该项指标的参数取值。

表 4-12　年度城市洪涝灾害灾情指标的参数取值与指标阈值关系

参数	阈值区间			
六项指标具体数值（X）	$>1.5\overline{X}$	（1～1.5）$\overline{X}$	（0.5～1）$\overline{X}$	（0～0.5）$\overline{X}$
D、P、A、L、H、F 参数取值	75～100	50～75	25～50	0～25

注：参数取值根据各项指标实际数值在阈值区间内分布情况确定，参数取值采用直线插值法确定；参数取值的上限采用参数取值区间为 50～75 段构造出的插值直线外延取值，最大值的参数取值为 100。

4.6 小　结

本章对城市洪涝灾害风险评估中的基本概念进行梳理，并对风险评估流程、灾害风险尺度以及空间单元选取方法进行研究。对风险识别、风险分析进行了梳理和归纳，并对应用较为广泛的指标体系法进行论述，辨析城市洪涝灾害评估指标体系构建以及指标权重计算方法，进一步归纳并总结风险等级数量及等级区划的方法，主要成果如下：

（1）对城市洪涝灾害及其风险的基本概念进行归纳、梳理和阐述，如洪涝灾害、洪灾、涝灾的基本概念及三者之间的联系和区别，对风险内涵和洪涝灾害系统理论下的多种风险组成要素进行总结，洪涝灾害系统主要有 3 种评估框架，即危险性-暴露性-脆弱性（*H-E-V*）、危险性-暴露性-脆弱性-防灾减灾能力（*H-E-V-R*）、危险性-易损性（*H-V*）。城市洪涝风险评估流程遵循风险评估的规律，即风险识别、风险分析、风险评价，辨析各步骤的含义及其相互关系。

（2）洪涝灾害风险尺度具有时空性，目前研究的差异主要体现在空间尺度上，空间尺度可分为行政区域和自然流域两种。进行洪涝灾害风险研究时，需要根据尺度选取的基本原则选择一个或多个合理适当的尺度才能真正识别出风险的时空有效性与差异性。洪涝灾害风险图是重要的评估成果，空间评估单元的选取对评估成果的准确性和精度有很大的影响，常用洪涝灾害风险评估较多采用尺度的广度和粒度指标分析灾害的尺度效应并进行评估单元的选取。

（3）基于人眼分辨能力对空间分辨率（R_g）、地图比例尺（1∶*M*）和制图分辨率（*R*）之间的关系进行探究，以东濠涌流域的土地利用为例进行分析，结果表明当 R 与 d_1 相差较小时，栅格大小对绘图精细度影响不大，当 $R>d_1$ 时，随着栅格大小的增大，制图的精细度逐渐降低，制图误差逐渐增大，人眼明视距离下适宜制图分辨率（$R'_{0.25}$）取值在 0.10mm～0.20mm 为宜，尽量不超过 0.40mm。洪涝灾害风险评估开展前应明确研究目标和制图环境等，选取合适的地图比例尺和满足精度要求的分析数据。

（4）风险识别是风险评估的第一个步骤，可分为风险因子和灾害后果的识别，主要识别内容包括城市洪涝灾害发生的风险时空分布，危险因子的强度和频次等。详细介绍了可用于风险识别的头脑风暴法、结构化或半结构化访谈、德尔菲法、问卷调查法共四种方法，可为风险识别提供技术参考。

（5）风险分析是在风险识别的基础上确定城市洪涝灾害风险值及其空间分布，风险分析可分为定性、定量或半定量三种。介绍历史灾情统计法、遥感技术与 GIS 耦合法、指标体系法和情景模拟法共四种洪涝灾害风险分析方法的应用现状、适用范围和优缺点。

（6）以危险性-易损性评估框架为例，综合考虑城市洪涝灾害特性构建了反映洪涝风险特征的指标体系，论述了主观、客观赋权法中多种指标权重计算方法原理，其中主观赋权法主要依靠行业专家自身的专业知识对指标的重要性做出排序而确定指标权重值，客观赋权法则是根据指标数据的统计分布规律进行分析而求得各指标权重。

（7）洪涝风险等级可反映风险高低，可对风险进行定量或定性的描述和比较。风险区划等级数量一般以3～7级为宜，论述了可应用于风险等级区划的相等间隔法、分位数法、均值-标准差法、自然断点法、隶属度函数法等方法，介绍了水利部关于洪涝等级划分的直接认定法和多指标综合评估法，可为等级区划提供参考。

第 5 章　基于指标体系法的城市洪涝风险评估

5.1　珠三角地区洪涝灾害风险评估

洪涝灾害风险评估是控制和降低洪涝灾害的基础性工作，对研究区域进行科学的风险评估需要综合考虑区域的自然环境条件、社会经济发展等基础信息。珠三角地区是中国经济最发达、城镇化程度最高的地区之一，快速城镇化使得降雨、下垫面条件、承灾体等产生了一系列变化，进而在一定程度上改变了洪涝的产汇流特征和成灾机制，因此研究珠三角地区城镇化前后的洪涝灾害风险变化对洪涝灾害风险管理具有重要现实意义。本节选取 1990 年和 2010 年作为城镇化前和城镇化后的代表年份，综合考虑珠三角地区的降雨、地形条件和人口经济条件的时空分布变化对其进行风险评估，对比城镇化前后研究区域的风险区划变化，从而为风险管理和应对提供依据和参考。

5.1.1　指标体系构建

利用指标体系法并结合危险性-易损性的风险表达式对洪涝灾害风险进行研究分析。科学选取密切影响洪涝灾害发展的指标要素是建立指标体系的基础，也是风险识别的关键部分，因此要结合历史灾情分析结果以及专家意见，选取有代表性和独立性的指标要素。基于对珠三角地区的洪涝灾害特征分析结果，结合选定的评估框架和指标选取原则，为洪涝风险指标评估体系中的危险性和易损性选择相应指标。

洪涝灾害的危险性一般受致灾因子和孕灾环境的自然属性影响，体现了灾害自身的天然属性，通常用来表示灾害事件的发生概率。暴雨是珠三角地区发生洪涝灾害的主要原因，一方面强降水会导致地表水量在短期内迅速增多，无法通过下渗、管道排放等方式将雨水快速排出从而引起洪涝；另一方面暴雨会引起河流水位上涨，从而导致雨水难以顺利排放入河，进而导致洪涝发生。因此，致灾因子方面选用极端降雨量和暴雨场次作为相应指标，可以从暴雨的强度和频次两个方面衡量致灾因子的变化。地势低洼处更容易汇聚水流进而形成洪涝灾害，坡度较大的汇流时间更短，也容易造成洪涝灾害的发生，因此选用地面高程和坡度作为孕灾环境方面的指标。

洪涝灾害的易损性由承灾体的脆弱性和暴露性共同决定，即同时受承灾体自身条件和社会经济条件影响。在洪涝事件危险性一致的情景下，人口密度越大、经济财富越发达越集中的地区受到洪涝灾害时产生的损失就越严重，不同的土地利用类型在遭遇洪涝情况时经济受损价值也不同，因此选用人口密度、生产总值分布、土地利用类型作为易损性的评价指标。

5.1.2　指标数据分析与处理

构建的指标体系共含 7 个指标，分别是极端降雨量、暴雨频次、地面高程、坡度、人口密度、生产总值、土地利用类型，由于各指标与洪涝灾害风险的相关性不尽相同，如极端降雨量、暴雨频次等指标与风险为正相关，数值越大风险值越大，而地面高程与风险为负相关，数值越小风险越大，且不同指标的量级和单位存在较大差异，因此必须将指标数据进行标准化处理，即需要对各指标数据做好等级区间划分工作。

采用自然间断点分级法作为指标等级划分方法，该方法可在无须改变样本排序的前提下对数据进行等级划分，在保证相同等级内的数据相似度较高的同时保证不同等级之间的数据差异最大，具有操作简便、适用性强等优点。利用 ArcGIS 的栅格分析功能将指标危险度进行标准化处理，用 1、2、3、4、5 进行表示，数值越高表示指标危险度越高。

1. 危险性指标

1）极端降雨量和暴雨频次

极端降雨量是指一年中小时降雨量超过 95%阈值的总雨量，是反映降雨强度的重要指标。暴雨是每小时降雨量 16mm 以上、或连续 12h 降雨量 30mm 以上、24h 降雨量为 50mm 或以上的降雨事件。本节选用极端降雨量和暴雨频次作为危险性指标，可以从暴雨的强度和频次两个方面衡量致灾因子的等级分布及变化。本节选取 1990 年和 2010 年作为城镇化前和城镇化后的代表年份对研究区域进行风险评估，对比城镇化前后的风险区划变化。由于极端降雨事件受大气环流、海温变化、人类活动等多种因素影响，具有较强的随机性，为减少气候不确定性对指标的影响，取代表年份前一年至后一年的平均值作为最终数值进行指标分析，即分别采用 1989～1991 年和 2009～2010 年两个时间段的均值进行危险性等级分析。结合研究区域的实际情况对分级阈值进行取值，结果如表 5-1 和表 5-2 所示，分级结果如图 5-1 所示。

表 5-1 1990 年各指标危险度阈值及等级划分

指标类型	指标名称	危险等级				
		1	2	3	4	5
危险度	极端降雨量/（mm/a）	<493	[493,547）	[547,610）	[610,709）	≥709
	暴雨频次/（次/a）	<10.0	[10,10.9）	[10.9,11.6）	[11.6,12.4）	≥12.4
	地面高程/m	≥548	[348,548）	[186,348）	[68,186）	<68
	坡度/%	<3.8	[3.8,9.3）	[9.3,15.5）	[15.5,22.8）	≥22.8
易损性	人口密度/（人/km^2）	<421	[421,970）	[970,2051）	[2051,3626）	≥3626
	生产总值/亿元	<115	[115,186）	[186,284）	[284,355）	≥355
	土地利用	未利用土地及林地	草地	水域	耕地	建设用地

2）地面高程和坡度

研究区域的地面高程和坡度数据来源于地理空间数据云网站（http://www.gscloud.cn/），整理分析地形数据可知，研究区域地势平坦，大部分属平原地区，地面高程多在 100m 以下，东北部有少量丘陵山地地貌，主要位于广州市从化区和惠州市龙门县的交

表 5-2　2010 年各指标危险度阈值及等级划分

指标类型	指标名称	危险等级				
		1	2	3	4	5
危险度	极端降雨量/（mm/a）	<607	[607,732）	[732,819）	[819,921）	≥921
	暴雨频次/（次/a）	<9.7	[9.7,13.6）	[13.6,15.3）	[15.3,17.0）	≥17.0
	地面高程/m	≥548	[348,548）	[186,348）	[68,186）	<68
	坡度/%	<3.8	[3.8,9.3）	[9.3,15.5）	[15.5,22.8）	≥22.8
易损性	人口密度/（人/km^2）	<1326	[1326,3226）	[3226,6990）	[6990,16311）	≥16311
	生产总值/亿元	<1209	[1209,1570）	[1570,1851）	[1851,5652）	≥5652
	土地利用	未利用土地及林地	草地	水域	耕地	建设用地

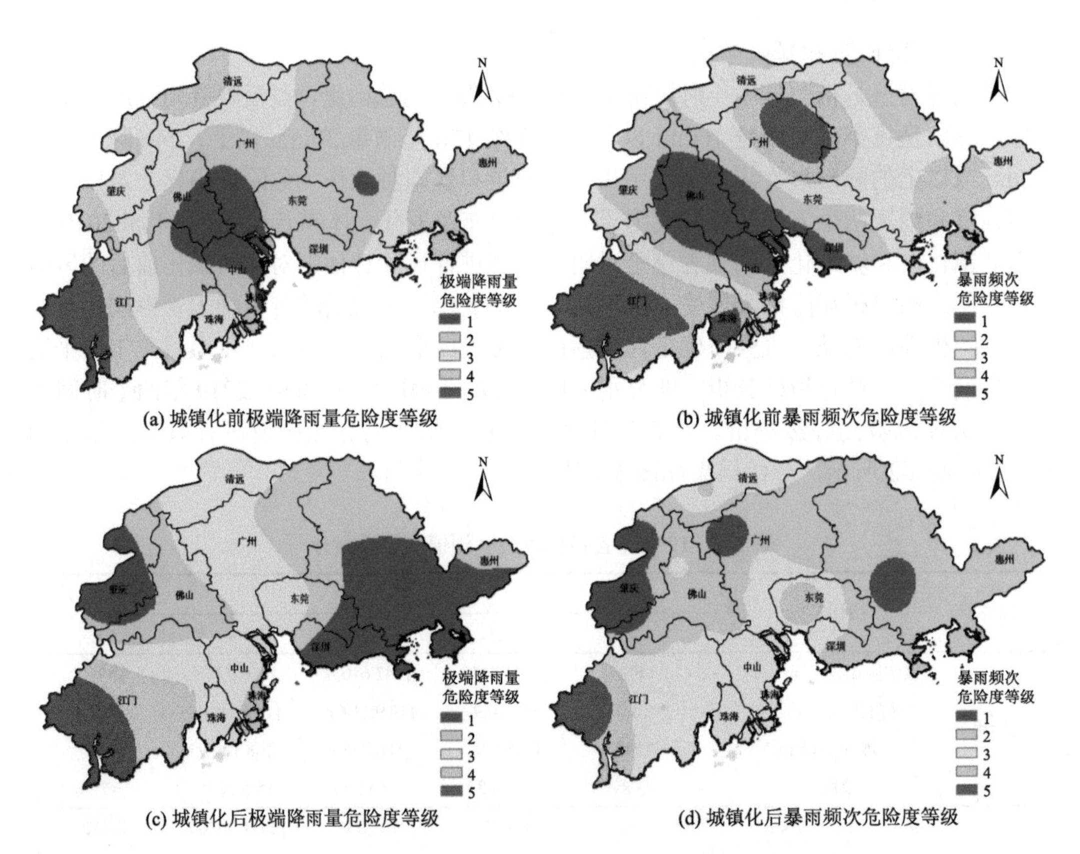

图 5-1　城镇化前后极端降雨量及暴雨频次危险度等级分布图

界处以及惠州市惠东县东部。研究区域地形坡度多在 4%以下，研究区域西南和东部有局部丘陵山地地区，坡度在 30%以上。采用自然间断点分级法对地面高程和坡度进行分级，分级阈值结果如表 5-1 和表 5-2 所示，分级结果如图 5-2 所示。

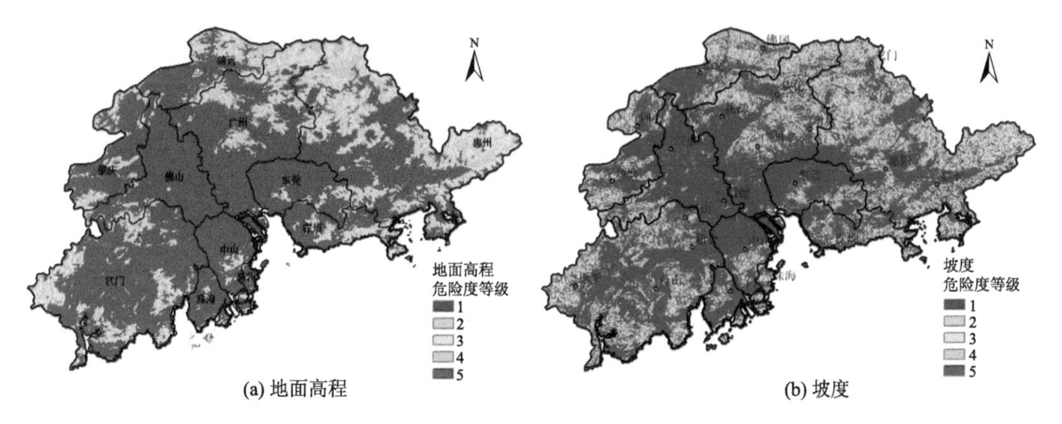

(a) 地面高程　　(b) 坡度

图 5-2　珠三角地区地面高程和坡度危险度等级分布图

2. 易损性指标

1）人口密度和生产总值

珠三角地区人口密度空间分布数据来源于中国科学院地理科学与资源研究所，栅格精度为 1km，每个栅格代表该网格范围内的人口数，单位为人/km^2。分别选取 1990 年和 2010 年的人口密度分布作为代表数据分析城镇化前和城镇化后的人口密度变化。结合自然间断点分级法和研究区域的实际情况对分级阈值进行取值，结果如表 5-1 和表 5-2 所示，分级结果如图 5-3（a）（b）所示。在 20 世纪 90 年代初，珠三角地区的人口密度高值区位于广州市市辖区和佛山市禅城、顺德区，最高人口密度为 0.47 万人/km^2。在经历了快速城镇化发展阶段后，研究区域人口总量和部分地区的人口密度大幅度提高，最大人口密度可达 3.72 万人/km^2，在此阶段人口密度高值区位于广州市市辖区以及深圳市罗湖、福田区。

珠三角地区各市地区生产总值数据来源于广东省统计年鉴，以市级行政区划为统计单元。统计结果显示研究区域生产总值增势迅猛，如广州市社会总产值从 1990 年的 664 亿元到 2010 年增长至 10748 亿元。采用自然间断点分级法对生产总值进行分级，结果如表 5-1 和表 5-2 所示，分级结果如图 5-3（c）（d）所示。从分级结果可以看出，在城镇化前广州是珠三角的经济中心，到 2010 年时深圳经过快速发展成为了珠三角的第二个经济中心，同时东莞的经济地位也出现了显著的提升。

2）土地利用

珠三角地区土地利用遥感监测数据来源于中国科学院地理科学与资源研究所，资料数据源为各历史时期的 Landsat TM/ETM 遥感影像，通过人工目视破译生成。土地利用类型包括耕地、林地、草地、水域、建设用地和未利用土地 6 种类型。建设用地不仅汇聚了大量人口和财产，也因其多为不透水地面，产汇流条件相对比自然环境发生了变化，当面临暴雨时因地面下渗减少更易造成积水进而引起洪涝灾害，因此将建设用地危险等级设为 5；农业也是洪涝灾害的主要受灾产业，洪涝灾害可能造成农田被冲毁淹没导致农作物减产甚至绝收，水冲和沙压也是洪水对耕地的一种破坏，因此将耕地危险等级设为 4。具体土地利用危险性等级分类如表 5-1 和表 5-2 所示，分级结果如图 5-4 所示。

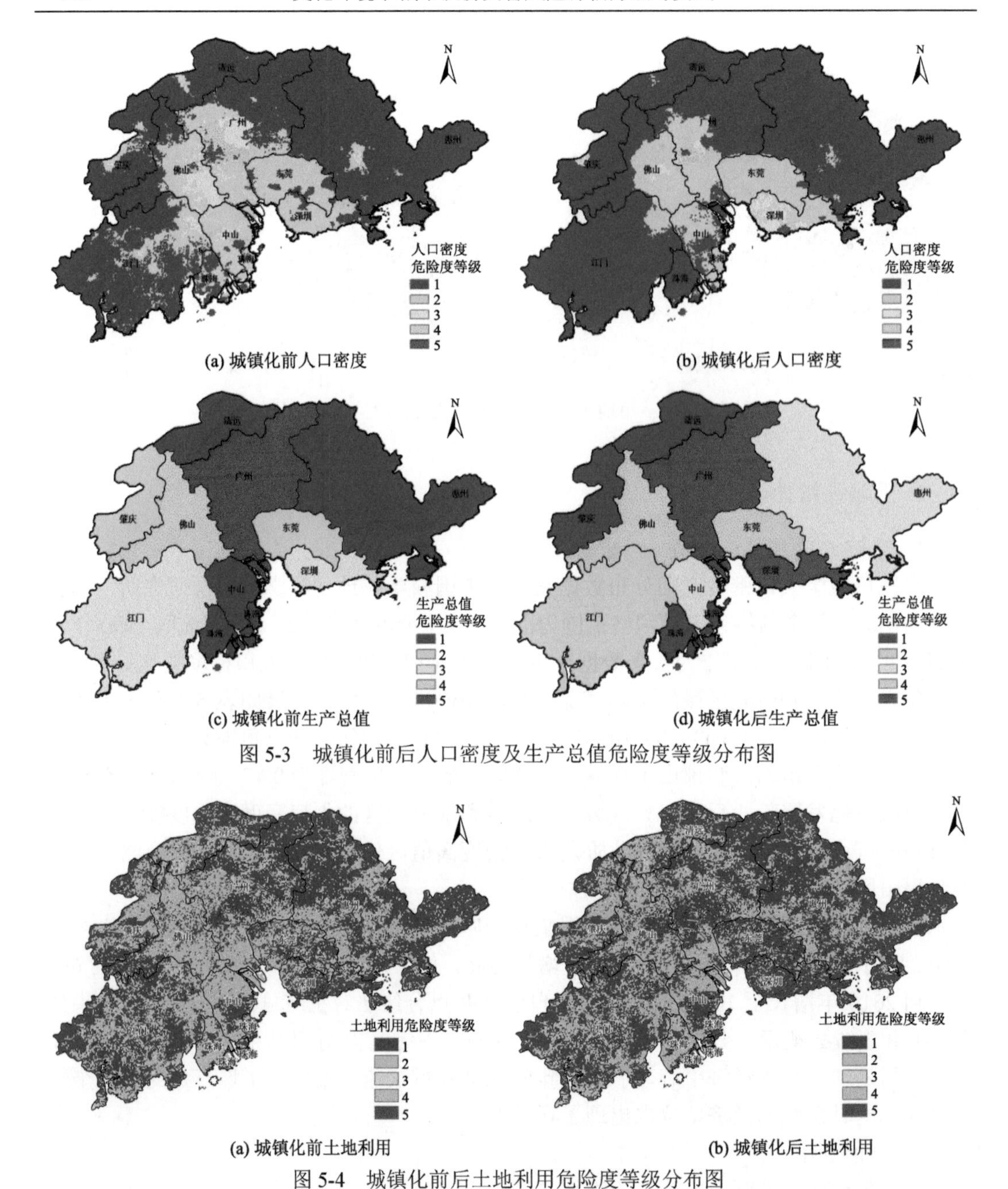

图 5-3　城镇化前后人口密度及生产总值危险度等级分布图

图 5-4　城镇化前后土地利用危险度等级分布图

5.1.3　指标权重计算

利用指标体系法结合危险性-易损性风险表达式对洪涝灾害风险进行研究分析，选用层次分析法计算评估体系内的指标权重。

1. 建立层次结构模型

基于目标层、准则层和指标层三个层次构建了层次分析结构，其中目标层为洪涝灾害风险，准则层为危险性、易损性，指标层为极端降雨量、暴雨场次、地面高程、坡度、人口密度、生产总值、土地利用，层次分析结构如图 5-5 所示。

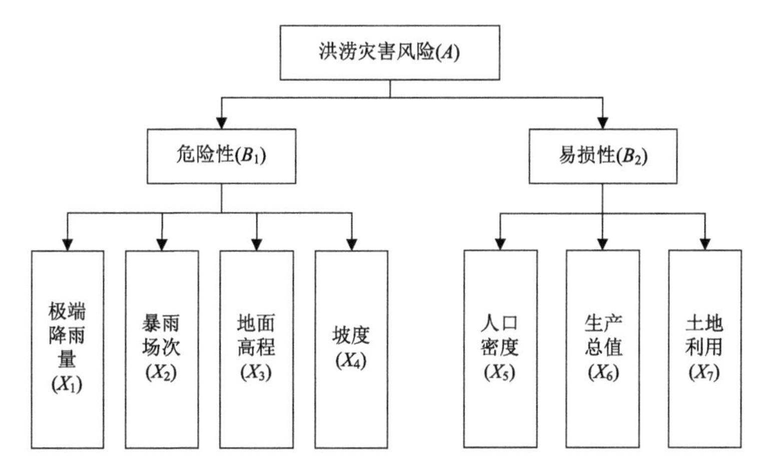

图 5-5　珠三角地区洪涝灾害风险评估层次结构模型

2. 构造判断矩阵

根据层次结构模型构造各层次的判断矩阵，综合考虑专家意见和参考相关文献，确定各指标之间的对标标度并赋值到判断矩阵中，本节共构造了三个判断矩阵，如表 5-3 至表 5-5 所示。

表 5-3　洪涝灾害风险判断矩阵表

指标名称	危险性	易损性
危险性	1	1/2
易损性	2	1

表 5-4　危险性判断矩阵表

指标名称	极端降雨量	暴雨场次	地面高程	坡度
极端降雨量	1	2	3	3
暴雨场次	1/2	1	3	3
地面高程	1/3	1/3	1	1/2
坡度	1/3	1/3	2	1

表 5-5　易损性判断矩阵表

指标名称	人口密度	生产总值	土地利用
人口密度	1	2	2
生产总值	1/2	1	2
土地利用	1/2	1/2	1

各层次分析结构的判断矩阵 A、B_1、B_2 为

$$A=\begin{bmatrix}1 & 1/2\\ 2 & 1\end{bmatrix} \tag{5-1}$$

$$B_1=\begin{bmatrix}1 & 2 & 3 & 3\\ 1/2 & 1 & 3 & 3\\ 1/3 & 1/3 & 1 & 1/2\\ 1/3 & 1/3 & 2 & 1\end{bmatrix} \tag{5-2}$$

$$B_2=\begin{bmatrix}1 & 2 & 2\\ 1/2 & 1 & 2\\ 1/2 & 1/2 & 1\end{bmatrix} \tag{5-3}$$

3. 计算指标权重

各指标的权重值为构造判断矩阵对应的最大特征向量，有特征根法、和法、幂法等多种计算方式。由于和法具有计算过程较为简便、所得结果与其他方法误差较小等优点，本节采用和法计算矩阵特征向量进而得到各指标权重值。计算指标权重需要先对判断矩阵的同列元素作归一化处理得到归一化矩阵 S，然后对归一化矩阵 S 的同行元素求和得到向量 C，最后对 C 作归一化处理得到向量 W，向量 W 为矩阵最大特征向量的近似解，也就是判断矩阵中各指标的权重，计算结果如表 5-6 至表 5-8 所示。

表 5-6　洪涝灾害风险的 C、W

指标名称	危险性	易损性	C	W
危险性	0.333	0.333	0.667	0.333
易损性	0.667	0.667	1.333	0.667

表 5-7　危险性的 C、W

指标名称	极端降雨量	暴雨场次	地面高程	坡度	C	W
极端降雨量	0.462	0.545	0.333	0.400	1.740	0.435
暴雨场次	0.231	0.273	0.333	0.400	1.237	0.309
地面高程	0.154	0.091	0.111	0.067	0.423	0.106
坡度	0.154	0.091	0.222	0.133	0.600	0.150

表 5-8　易损性的 C、W

指标名称	人口密度	生产总值	土地利用	C	W
人口密度	0.500	0.571	0.400	1.471	0.490
生产总值	0.250	0.286	0.400	0.936	0.312
土地利用	0.250	0.143	0.200	0.593	0.198

4. 层次一致性检验

当矩阵阶数大于 2 时需要进行层次一致性检验，重点检验各指标之间的对比标度逻辑是否一致，当各判断矩阵均通过层次一致性检验时才能保证对指标权重分析的合理性。在上述构建的判断矩阵中，危险性判断矩阵和易损性判断矩阵的阶数均大于 2，因此需要进行一致性检验，具体检验步骤如下：①利用 Python 软件 Numpy 库中的 linalg 模块函数计算判断矩阵的最大特征根 λ_{max}；②利用计算公式得到一致性指标 CI；③查询随机一致性指标 RI 取值表确定 RI 值，计算一致性比率 CR，当 CR<0.1 时，说明判断矩阵具有很好的一致性，通过一致性检验。对危险性矩阵和易损性矩阵的一致性检验计算结果如表 5-9 所示。

表 5-9　危险性和易损性判断矩阵一致性检验

判断矩阵	λ_{max}	CI	RI	CR
危险性	4.121	0.040	0.90	0.045
易损性	3.054	0.027	0.58	0.047

由表 5-9 可知，危险性判断矩阵的 CR 值为 0.045，易损性判断矩阵的 CR 值为 0.047，两者指标均小于 0.1，说明上述判断矩阵通过了一致性检验，指标的对比标度在逻辑上判断合理。最终构建的珠三角地区洪涝灾害风险评估指标体系及其权重值如表 5-10 所示。

表 5-10　珠三角地区洪涝灾害风险评估指标权重值表

目标层	准则层	准则权重	指标层	指标权重
城市洪涝灾害风险	危险性	0.333	极端降雨量	0.435
			暴雨场次	0.309
			地面高程	0.106
			坡度	0.150
	易损性	0.667	人口密度	0.525
			生产总值	0.334
			土地利用	0.141

5.1.4　风险区划变化

1. 危险性区划

危险性区划是基于一定的划分规则将危险性分析结果划分为不同等级的过程。危险性分析主要是对洪涝灾害的致灾因子、孕灾环境进行分析，本节选取了极端降雨量、暴雨频次、地面高程、坡度 4 个指标对危险性进行分析，从而确定其分布和相对大小。根据计算所得的指标权重，利用 ArcGIS 栅格计算功能计算城镇化前和城镇化后研究区域的危险性，计算公式为

$$H = 0.435X_1 + 0.309X_2 + 0.106X_3 + 0.15X_4 \tag{5-4}$$

式中，H 为栅格单元的危险性；X_1、X_2、X_3、X_4 分别表示栅格单元的极端降雨量、暴雨频次、地面高程、坡度 4 个指标的危险度等级。

采用自然间断点分级法将危险性分析结果划分为 5 个不同的等级，分别用 1、2、3、4、5 分别代表低危险性、较低危险性、中危险性、较高危险性、高危险性，研究区域城镇化前和城镇化后危险性区划结果如图 5-6 所示。从图中可以看出，城镇化前和城镇化后研究区域危险性的空间分布发生了明显的变化。20 世纪 90 年代初研究区域的高危险性地区主要在江门市的恩平区、开平区、台山区，珠海市的斗门区以及惠州市的惠东县，高度城镇化地区的危险性等级在 1～3，即属于低风险至中风险。在经历了快速的城镇化发展后，到 21 世纪 10 年代江门市仍是属于高风险地区，但惠州市的危险度下降至较低风险，而高度城镇化地区由原先的低、较低风险转变为中、较高风险，即发生洪涝灾害的危险性有所提升。主要原因是受气候变化和人类活动的影响，高度城镇化地区的极端降雨量和暴雨频次有所增加，极端降雨事件的增加说明致灾因子危险度提升，进而导致其危险性等级提高。

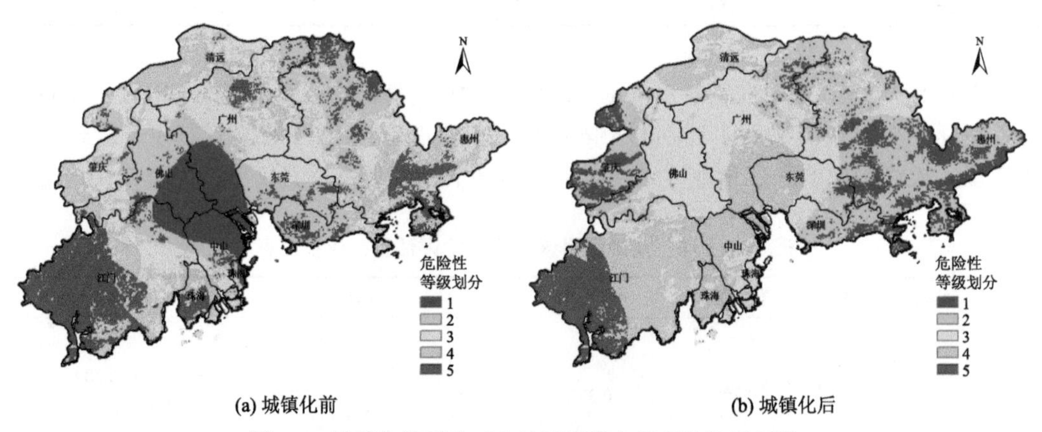

图 5-6　城镇化前后珠三角地区洪涝灾害危险性区划图

2. 易损性区划

易损性区划是基于一定的划分规则将易损性分析结果划分为不同等级的过程。易损性分析主要是对洪涝灾害的承灾体，如人口、社会经济等方面进行分析，选取人口密度、生产总值、土地利用 3 个指标对易损性进行分析，从而确定其分布和相对大小。根据计算所得的指标权重，利用 ArcGIS 栅格计算功能计算城镇化前和城镇化后研究区域的易损性，计算公式为

$$H = 0.525X_5 + 0.334X_6 + 0.141X_7 \tag{5-5}$$

式中，H 为栅格单元的易损性；X_5、X_6、X_7 分别表示栅格单元的人口密度、生产总值、土地利用 3 个指标的危险度等级。

采用自然间断点分级法将易损性分析结果划分为低、较低、中、较高、高易损性 5 个不同的等级，研究区域城镇化前和城镇化后危险性区划结果如图 5-7 所示。从图中可以看出，城镇化前和城镇化后研究区域易损性的空间分布发生了明显的变化。20 世纪

90 年代初研究区域的高易损性地区为广州市市辖区和佛山市禅城区，较高易损性风险地区也主要是广州和佛山两市。在经历了快速的城镇化发展后，研究区域的易损性空间分布发生了改变，原来是高易损性的地区基本没有发生变化，并且有向外扩张的趋势。深圳市从中、低易损性上升至高易损性，东莞市从中、低易损性上升至较高易损性。

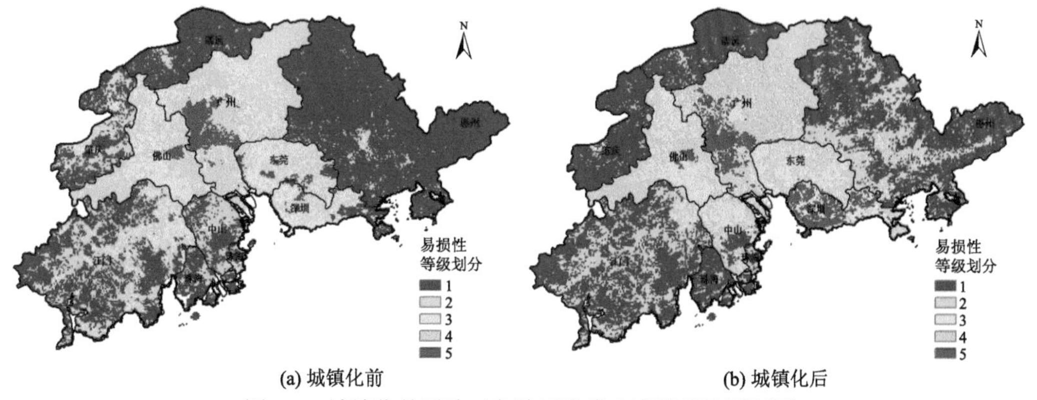

(a) 城镇化前　　(b) 城镇化后

图 5-7　城镇化前后珠三角地区洪涝灾害易损性区划图

3. 风险区划

洪涝灾害风险是洪涝灾害的危险性和承灾体的易损性相互作用的综合结果。基于前文对研究区域层次分析结构的指标权重计算，珠三角地区的洪涝灾害风险与危险性、易损性的关系如式（5-6）所示：

$$R = 0.333H + 0.667V \tag{5-6}$$

式中，R 为栅格单元的洪涝灾害风险；H 为危险性等级；V 为易损性等级。

利用式（5-6）计算城镇化前后各栅格的风险值大小，采用自然间断点分级法对风险分析结果进行划分，分别用 1、2、3、4、5 分别代表低风险、较低风险、中风险、较高风险、高风险，珠三角地区的风险区划结果如图 5-8 和图 5-9 所示。将 7 个评估指标结果的空间分布图与最终的风险区划结果进行对比分析发现，研究区域风险分布与极端降雨量、暴雨频次、人口密度、生产总值的分布密切相关。极端降雨量越大、暴雨频次越高、人口密度越高、生产总值越高的区域发生洪涝灾害的风险就越高。

城镇化前后各等级风险区面积比例如图 5-10 所示。根据面积统计图可知，珠三角地区在城镇化前低、较低、中、较高、高风险区的面积占比分别为 20.82%、25.96%、32.65%、17.43%、3.15%，在城镇化后各等级风险区的面积占比分别为 8.36%、26.89%、34.86%、21.71%、8.20%。结果表明珠三角地区的洪涝风险等级结构发生了改变，低风险区所占的比例显著降低，较低风险区和中风险区所占的比例无明显变化，较高风险区和高风险区的占比明显增加，其主要原因是高度城镇化地区的较高、高风险区面积增多。1990 年高风险区主要分布于广州市市辖区和佛山市禅城区，风险等级分布呈现中、西高，东部低的态势。2010 年高风险区面积明显增加，在原先高风险区的基础上增加了广州市番禺区、广州市花都区、深圳市和东莞市。除肇庆和江门外，珠三角地区其他城市的洪涝风险等级均有不同程度的提高。

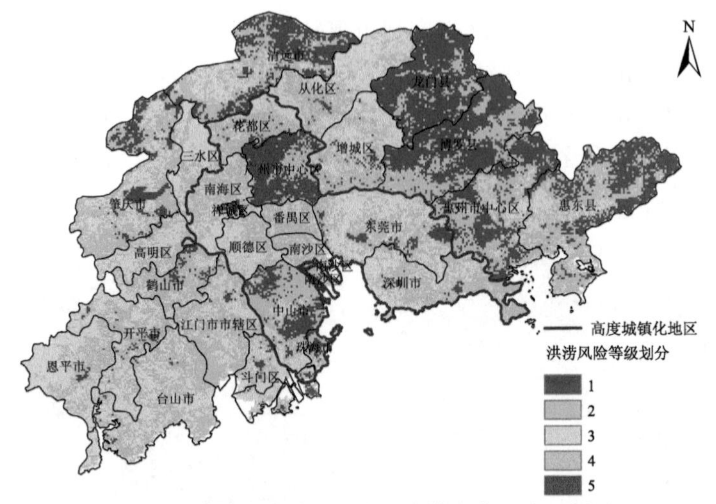

图 5-8　城镇化前珠三角地区洪涝灾害风险区划图

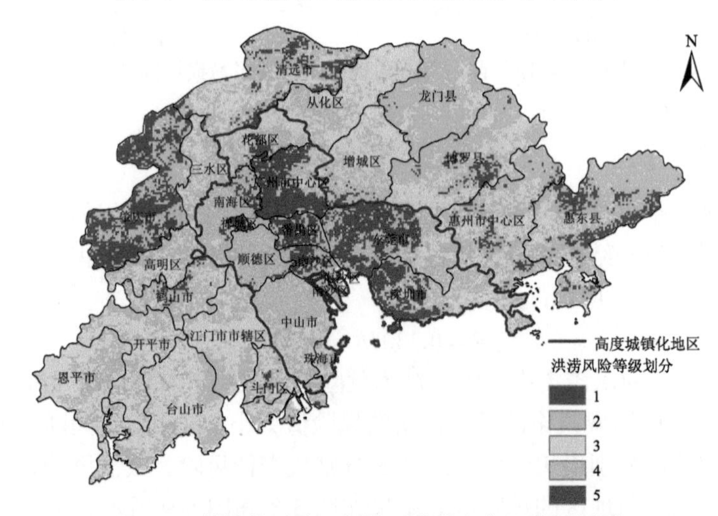

图 5-9　城镇化后珠三角地区洪涝灾害风险区划图

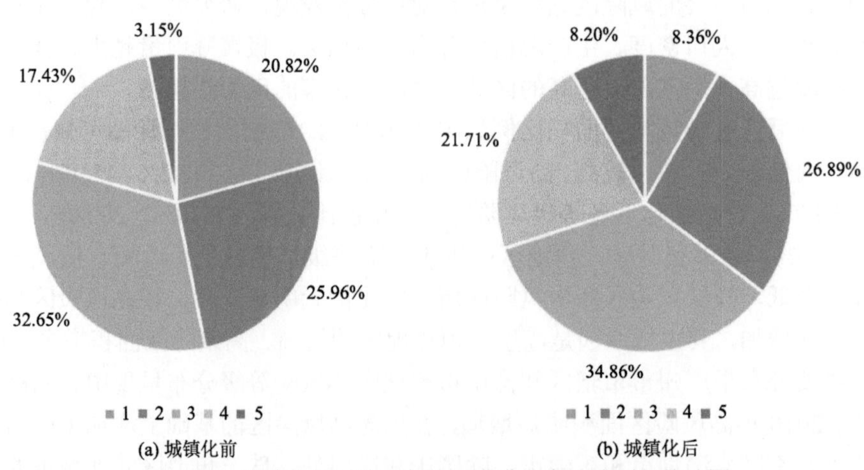

图 5-10　城镇化前后珠三角地区洪涝灾害风险面积统计图

注：因数值修约图中个别数据略有误差

5.2　深圳市内涝灾害风险评估

深圳市是我国特大城市，经常遭受内涝灾害侵扰，本节选择深圳市作为研究区开展内涝灾害风险评估。由于深圳市经济发达、人群密集，内涝灾害人为效应表现突出，除了致灾因子危险性外，社会经济要素显得尤为重要。同时，深圳市管辖范围较大，构建区域水文模型获得内涝水深较为困难，不宜采用小尺度条件下的情景分析风险评估法。因此，本节选用适用于较大尺度的基于指标体系的风险评估方法开展深圳市内涝灾害风险评估。

5.2.1　研究区概况

1. 自然环境概况

深圳市位于广东省南部，珠江口东岸，东临大亚湾和大鹏湾，西与珠江口、伶仃洋相邻，南与深圳河、香港相连，北与东莞、惠州两市接壤。深圳濒临南海，海域连接南海及太平洋，陆域平面形状呈东西宽、南北窄的狭长形。全市面积 1997.47 km^2，境内地形复杂，地貌类型多样，属于以丘陵为主，低山、丘陵、台地、阶地、平原相结合的综合地貌区，地势东南高、西北低。

深圳市地处北回归线以南，属亚热带海洋性气候。夏季历时长，冬季不明显，气候温和，光照充足，常年平均气温 22.4℃，无霜期长达 355 天。雨量充沛，降雨强度大，时空分布不均，平均年降雨量 1933.3mm，每年 4～9 月为雨季，汛期降雨量约为全年的 85%左右，日照时长 2120.5 小时。夏季受热带气旋控制，盛行东南风和西南风。

深圳市面积较广，境内河流众多、水系短小。多数河流发源于市内羊台山和海岸山脉，分别注入珠江口、深圳湾、大鹏湾、大亚湾，具有河流短小、流向不一、河道陡、水流急、水位暴涨暴落、径流量随气候干湿季节变化而变化等特征。深圳市内流域面积大于 1km^2 的河流共有 310 条，大于 100km^2 的有 7 条，根据水系及地形特点分为 9 大流域（图 5-11）。全市共有水库 161 座，其中大型水库 2 座，分别为公明水库和清林径水库，中型水库 14 座，小型水库 145 座，总库容 9.50 亿 m^3。

2. 社会经济概况

深圳简称“深”，别称鹏城，是广东省副省级市、国家社会与经济发展计划单列市、超大城市，国务院批复确定的经济特区、全国性经济中心城市和国际化城市。“深圳”地名始见史籍于 1410 年（明永乐八年），因其水泽密布，村落边有一条深水沟而得名，隶属宝安县。直至 1979 年，“深圳”成为深圳镇，而宝安县正式更名深圳市。1980 年 8 月，全国人大常委会批准在深圳市设置经济特区，地域包括今罗湖、福田、南山、盐田四个区。自 2010 年 7 月 1 日起，深圳经济特区范围延伸到全市。而今，深圳市已成为全国性经济中心城市和国家创新型城市，城市发展迅猛。为充分发挥深圳市的引领作用，2019 年 2 月，《粤港澳大湾区发展规划纲要》特别指出深圳的发展方向——现代化国际化城市、世界创新创意之都。2019 年 8 月，《中共中央　国务院关于支持深圳建设中国特色社会主义先行示范区的意见》将深圳明确定为建设社会主义现代化强国的城市范例。

图 5-11　深圳市流域划分图

深圳地处珠江三角洲前沿，是全国经济中心城市、科技创新中心、区域金融中心、商贸物流中心，在中国高新技术产业、金融服务、外贸出口、海洋运输、创意文化等多方面占有重要地位。深圳市高速发展以先进制造业、战略性新兴产业为核心的实体经济，打造以新产业、新业态、新模式为主的科技创新体系，世界级的产业发展集群正在深圳形成。截至 2018 年，深圳市全市下辖 9 个区和一个新区，总面积 1997.47km^2，建成区面积 927.96km^2，城镇人口 1302.66 万人，城镇化率 100%，是中国第一个全部城镇化的城市。2018 年深圳市生产总值、辖区公共财政收入和地方一般性公共预算收入分别达到 24221.98 亿元、9102.4 亿元、3538.4 亿元，同比增长 7.6%、5.5%、6.2%，人均生产总值更是达到 189568 元。

3. *历史灾情概况*

自 20 世纪 90 年代开始，深圳市便成为内涝重灾区。1993～1994 年连续发生了 4 次水灾。1993 年 9 月 26 日的大暴雨将整个深圳市变成了一片汪洋，河水猛涨、民宅受淹，正在深圳访问的尼泊尔国王及王后被困在富临酒店，酒店被洪水团团围住，周围水深达 2m。9 月 27 日早上，市委紧急调来汽艇从二楼的阳台上将尼泊尔国王夫妇接出。1998 年“5 • 24”大暴雨导致深圳市山洪暴发、河水陡涨，深圳水库紧急大流量排洪，全市受灾人口 10.6 万人，有 3490 间房屋受浸，直接经济损失约 1.8 亿元。

据深圳市应急管理局统计，2000～2018 年，深圳市共发生 36 起影响较大、损失较重的暴雨洪涝灾害，平均每年 2 次。2008 年“6 • 13”特大暴雨，致使深圳全市共出现多达 1000 处以上不同程度内涝或水浸，大范围出现小区、工厂水淹，近万家企业停业，造成 6 人死亡，转移十万多人，直接经济损失达到 5 亿元。2013 年“8 • 30”大暴雨导致全市 100 多处不同程度的水浸，2 人死亡。2014 年“3 • 30”“5 • 11”“5 • 20”三场大雨都在深圳各区造成了一定程度的内涝灾害，交通道路堵塞，居民商铺水淹，107 处河堤水毁，深圳北站隧道、宝安区 107 国道创业路立交桥段更是积水严重。最严重的“5·11”特大暴雨造成全市约 2500 辆汽车受淹、300 余处道路积水、50 处地区发生山体滑坡等次生灾害、39 条供电线路中断、20 条河流水毁，直接经济损失约 9500 万元。2018 年 8 月 29～30 日，深圳遭遇 50 年一遇特大暴雨袭击，多处交通和供电中断，全市共接报 150 处内涝积水、10 起河堤坍塌、37 起山体滑坡、3 起围墙倒塌。2019 年 4 月 11 日，深圳市受强飑线影响出现短时极端强降水，据统计，全市共接报 137 处内涝积水报告，11 人从施工工地撤离时不幸身亡，直接经济损失约 2253 万元。

5.2.2　模糊评级法

灾害系统是一个复杂的系统，灾害风险评估总是伴随着很大的不确定性，影响内涝灾害风险的因素众多，且各因素间具有复杂性、不确定性和主观性等特征。模糊综合评价法能够较好地分析随机模糊性问题，从多方面、多角度对内涝灾害风险影响因素进行综合和权衡，得到的风险评价结果具有一定的严谨性和指导性（王兆卫，2017）。本章构建深圳市内涝灾害风险指标体系，结合层次分析法确定指标权重，根据城市内涝灾害风险特征给出的评价准则，以隶属函数为桥梁，将不确定性在形式上转化为确定性，从而利用传统的数学方法进行风险分析和评估。

模糊评价法理论来源于模糊数学，起源于美国加州大学教授 Zadeh（1965）提出的模糊集合概念。在传统数学中，元素与集合的关系是绝对的，元素只能属于或不属于某一集合。但是在客观世界中，由于事物的边界或概念不清楚，对判断某一元素是否属于某一集合造成困难。如中、青年的区分较为模糊，我们很难明确 37 岁的人是否属于中年这一集合。模糊集合用模糊隶属度作为桥梁，利用隶属度函数为每个对象分配 0～1 的隶属度等级，隶属度越接近 1，表明该元素属于该集合的程度越高。因此，模糊集合通过隶属度函数，可以将对象的模糊性加以量化，对其做出合理的评价。

相较于传统的评价方法，模糊数学的概念和方法更适用于具有模糊特性的风险，因此使用模糊数学建立内涝风险模糊评估模型，比传统的评价方法更能符合实际情况。

内涝灾害风险空间模糊综合评价模型如图 5-12 所示，建立步骤如下（胡波等，2014）：

（1）建立内涝灾害风险的因素集 $U=\{u_1,u_2,\cdots,u_n\}$，因素集是指评估对象的影响因素。

（2）确定各因素的权重构成权重系数矩阵 $W=\{w_1,w_2,\cdots,w_n\}$，常见的权重确定方法有专家打分法、层次分析法、德尔菲法、熵值法等。

（3）建立内涝风险的评语集 $V=\{v_1,v_2,\cdots,v_n\}$，评语集是对评价结果的等级划分。

（4）在洪灾风险的因素集 U 与评语集 V 之间进行单因素评价，建立模糊关系矩阵 R：

$$R=\begin{bmatrix} r_{11} & \cdots & r_{1n} \\ \vdots & & \vdots \\ r_{n1} & \cdots & r_{nn} \end{bmatrix} \tag{5-7}$$

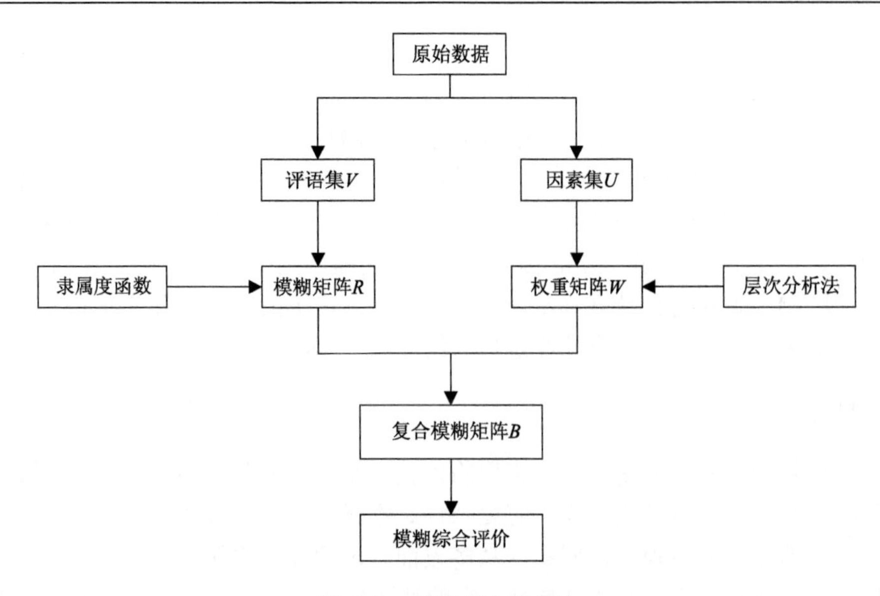

图 5-12 模糊综合评价法

式中，r_{ij} 为因素集 U 中第 i 个因素 u_i 对应评语集 V 中第 j 个等级 v_j 的相对隶属度。隶属度可由三角形分布、梯形分布、K 次抛物线型、正态分布等隶属度函数计算得到。

（5）空间模糊综合评价模型及综合评价。洪灾风险评价的模糊综合评价模型为 W 与 R 的合成运算，即

$$B=\left(b_j\right)_{1\times m}=W\times R \tag{5-8}$$

式中，"$\times$"为模糊算子，模糊算子是模糊关系运算的推广。常用的 4 种模糊算子为 $M(\wedge,\vee)$ 算子、$M(\bullet,\vee)$ 算子、$M(\wedge,\oplus)$ 算子、$M(\bullet,\oplus)$ 算子。在模糊算子中，符号"$\vee$"为取大，符号"$\wedge$"为取小，"$\bullet$"表示相乘，"$\oplus$"表示求和。B 为洪灾风险的评判结果集，$b_j=\sum_{i=1}^{n}w_i r_{ij}\left(j=1,2,\cdots,m\right)$，按照最大隶属度原则，选取 $\max b_j$ 对应的评语为最终的评价结果。

5.2.3 数据收集与处理

以深圳市为研究区域，根据灾害系统理论，遵循科学性、系统性、代表性、可行性等原则，结合深圳市内涝事件降雨特征、工程概况并参考相关研究（马晋毅，2015；吴健生和张朴华，2017），从危险性和易损性两大风险要素出发共选取 12 个指标，构建深圳市暴雨内涝灾害风险指标体系。将各指标空间分布图层栅格化，栅格大小为 100m×100m，构建的指标体系如表 5-11 所示。

表 5-11　深圳市暴雨内涝灾害风险指标体系构建

目标层	准则层	方案层	单位	数据来源
城市内涝灾害	危险性	极强降水量	mm	深圳市 1971～2010 年日降雨数据
		强降雨频率	d	深圳市 1971～2010 年日降雨数据
		地面高程	m	地理空间数据云
		坡度	(°)	根据高程数据
		河网密度	km/km^2	深圳市水文资料年鉴
		径流系数	—	全球生态环境遥感监测年度报告
	易损性	生产总值密度	万元/km^2	中国科学院资源环境数据中心
		人口密度	人/km^2	中国科学院资源环境数据中心
		建筑密度	%	中国科学院资源环境数据中心
		老年人口比重	%	福田区人口老龄化状况评价研究
		人均生产总值	万元/人	深圳市年鉴
		排水管网密度	km/km^2	深圳市排水管网规划

1. *危险性指标*

选取极强降水量 R_{99p}（日降雨量≥99%的总降雨量）、强降雨频率（年均日降雨量≥50mm 以上的降雨天数）、地面高程、坡度、河网密度和径流系数作为危险性指标。暴雨内涝主要是由于雨势猛、强度大、地势低洼地带累积水量大、积水难以排出形成内涝灾害，降雨强度越大，频次越高，灾害所造成的破坏损失越严重，灾害的风险也越大。选取区域内观测时间较长的 12 个站点 1971～2010 年日降水数据计算极端气候指标极强降水量 R_{99p} 和强降雨频率，在 ArcGIS 平台上采用克里金插值法进行插值，得到全市的极强降水量和强降雨频率分布图（图 5-13）。总体上，深圳市降雨量东南多、西北少，自东南向西北递减，空间分布不均。

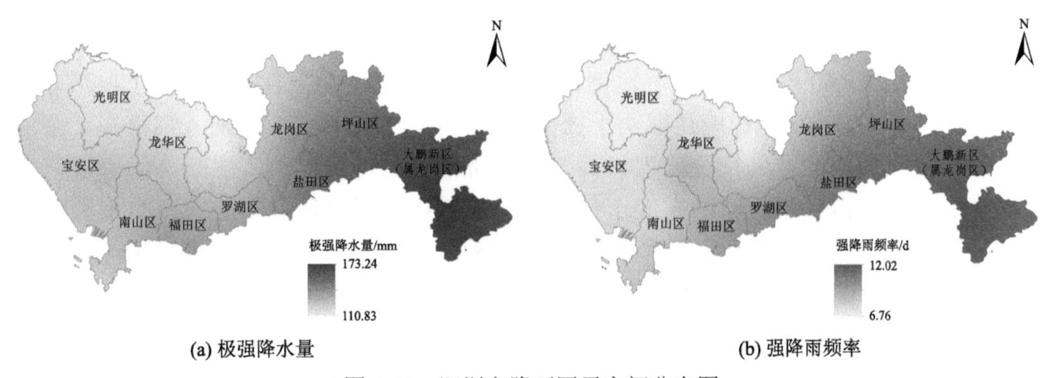

(a) 极强降水量　　(b) 强降雨频率

图 5-13　深圳市降雨因子空间分布图

地形在降水的地表再分配过程中起主导作用，对洪涝危险程度影响巨大，是下垫面因素中的主要因素之一。地形对洪涝灾害危险性的影响体现在高程和坡度两方面。地面高程越低，坡度越平缓，越容易发生洪水。根据地理空间数据云提供的 30m 精度高程数据，使用 ArcGIS 平台上的坡度分析和重采样工具，得到 100m 精度的深圳市地形因子空间分布图（图 5-14）。深圳市整体地势为东南高，西北低，多数地块属于低丘陵地，并有平缓台地相间，西部属珠江三角洲平原，地势较为平坦。

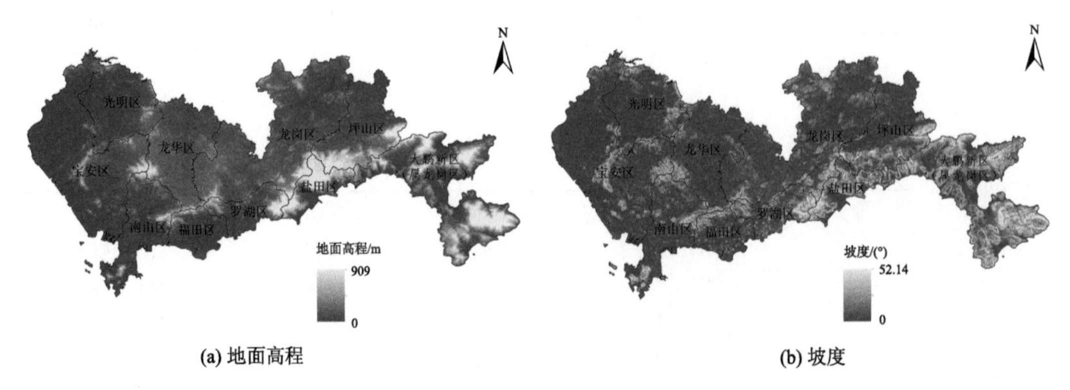

(a) 地面高程　　(b) 坡度

图 5-14　深圳市地形因子空间分布图

河网的区域性分布与暴雨内涝灾害的空间特征分布具有一定联系，河网的密集程度很大程度上决定着评价区域遭受洪水侵袭的难易程度，河网密度较高的地方，遭遇洪水的可能性较大。传统的河网密度在一个流域中是统一的，大小为流域内河流总长度与流域面积的比值。但由于流域内河流分布不均匀，这种河网密度局部可能会出现误差较大的情况。现利用 ArcGIS 的空间叠加分析与空间统计分析，统计深圳市每个格网的河网密度（图 5-15）。城市地区的径流系数反映了降雨和径流之间关系，径流系数值越高，越容易发生内涝。根据全球生态环境遥感监测年度报告提供的 2015 年全球 30m 土地覆盖数据，确定各类土地利用类型的径流系数（张瀚，2019），得到深圳市径流系数空间分布（图 5-15）。

2. 易损性指标

选取深圳市 2015 年社会经济数据中生产总值密度、人口密度、建筑密度、人均生产总值、老年人口（60 岁以上人口）比例、排水管网密度作为易损性指标。除了自然方面的因素，内涝灾害造成的影响还取决于社会属性。同级别的内涝灾害对人口密布、经济发达的地区所造成的损失往往比人口稀疏、经济落后的地区更大。生产总值密度和人口密度反映了城市经济社会的发展水平以及可能暴露在灾害风险中的人口数量和财产数量。深圳生产总值密度和人口密度分布如图 5-16 所示，可以发现深圳市生产总值高值区分布较为分散，人口密度高值区主要在福田区、南山区和罗湖区等原特区范围内。

建筑密度可以反映城市用地结构以及可能暴露在灾害风险中的建筑物数量，同时也能反映人口居住情况。人均生产总值可以表征区域经济发达程度，经济越发达，设施越完善，抵御风险的能力相对越高，深圳市建筑密度和人均生产总值空间分布如图 5-17 所示。从图 5-17 可以发现，深圳市的城市建设已高度发展，建筑主要集中在各区地势较为低平的区域；南山区和福田区人均生产总值较高，经济较为发达。

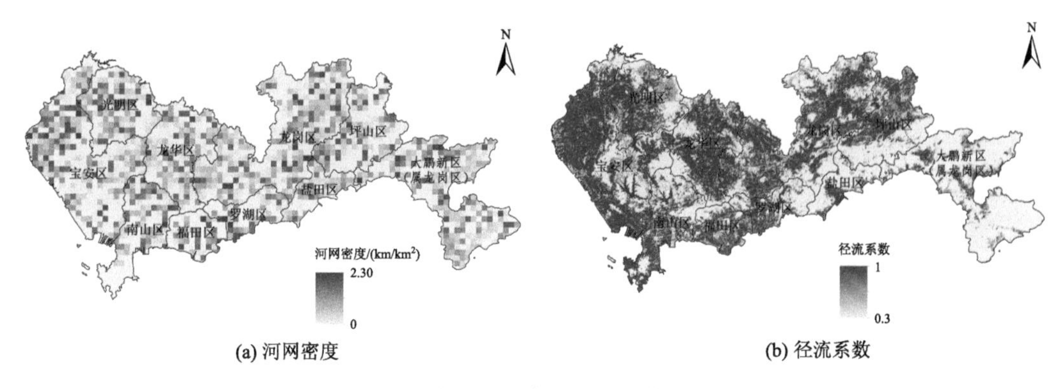

(a) 河网密度　　(b) 径流系数

图 5-15　深圳市河网密度和径流系数空间分布图

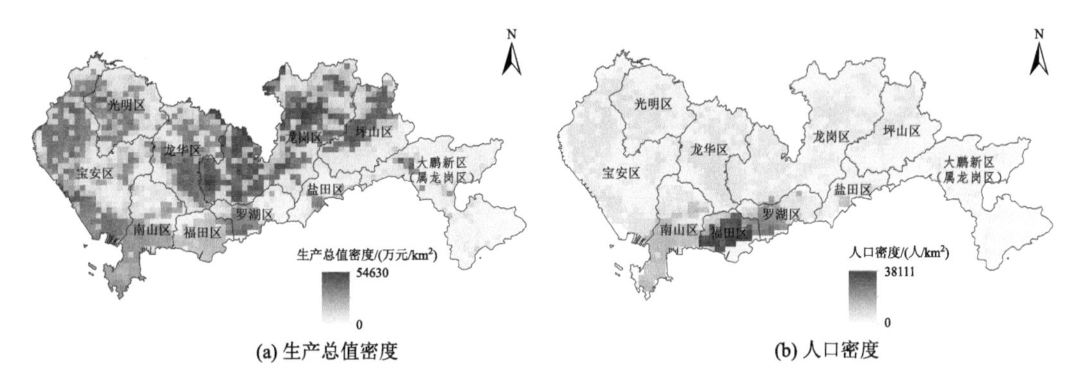

(a) 生产总值密度　　(b) 人口密度

图 5-16　深圳生产总值密度和人口密度空间分布图

老年人口是指 60 岁以上的人口，老年人口比重越大表明该区应对灾害的抵抗与恢复能力越弱，其受到内涝灾害风险越大。城市排水管网的建设，对内涝灾害的减灾过程有着重要的作用，排水管网密度越高，其受到内涝风险越小。深圳市老年人口比例和排水管道密度分布如图 5-18 所示。南山区、福田区、宝安区和盐田区四区属于原经济特区，经济高速发展已经 40 余年，至今仍对年轻人有着巨大的吸引力，改革开放初期涌入特区的年轻人逐渐步入老年，同时，现阶段有大量的老年人随子女迁徙到深圳，加速原特区人口老龄化趋势。深圳市城市高速发展，人口和用地增长远远超过城市早期规划，排水管网设施尚未跟上，具有一定的排涝压力。

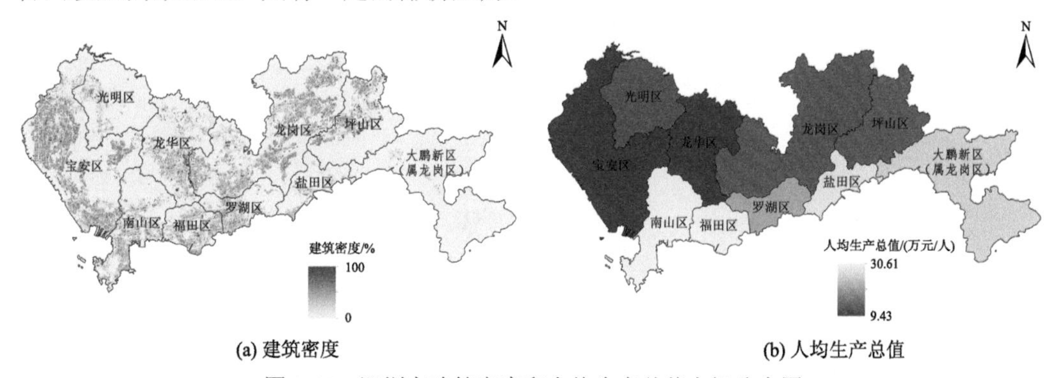

(a) 建筑密度　　(b) 人均生产总值

图 5-17　深圳市建筑密度和人均生产总值空间分布图

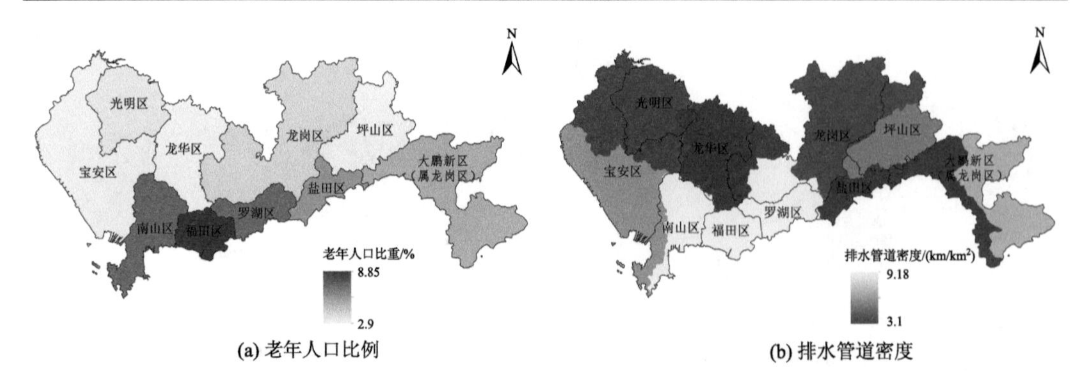

(a) 老年人口比例 (b) 排水管道密度

图 5-18 深圳市老年人口比例和排水管道密度空间分布图

5.2.4 模糊综合评价

以 GIS 栅格数据中的单个栅格为基本研究单元，确定空间中各点单因素评价指标的隶属度函数，逐点进行模糊综合评价，最终获得整个研究空间上的模糊评价结果。深圳市内涝灾害风险模糊评价模型建立步骤如下：

（1）建立洪灾风险的因素集$U=\{u_1,u_2,\cdots,u_n\}$，因素集就是城市暴雨内涝风险的评价指标体系。

（2）参考相关文献，建立重要性判断矩阵，使用层次分析法确定各指标的权重构成权重系数矩阵$W=\{w_1,w_2,\cdots,w_n\}$，判断矩阵均通过一致性检验。

（3）将每个风险指标分为 5 个级别，建立评语集$V=\{v_1,v_2,\cdots,v_n\}$，分别对应低风险、较低风险、中等风险、较高风险、高风险。建立评语集即确定模糊综合评价的评价标准，它可以体现出被评价因子对应各评价等级的隶属度信息。采用自然间断点法为各评价因子选取 5 个分割点如表 5-12 所示。

表 5-12 各评价因子权重及分割点

目标层	权重	a_1	a_2	a_3	a_4	a_5
极强降水量/mm	0.1472	120.87	129.92	139.47	150.23	161.49
强降雨频率/d	0.0736	7.36	8.17	9.12	10.13	11.07
地面高程/m	0.1178	309.90	113.51	49.12	28.02	12.10
坡度/（°）	0.0536	26.98	17.92	12.23	7.06	2.92
河网密度/（km/km²）	0.0946	0.17	0.50	0.88	1.31	1.79
径流系数	0.1132	0.37	0.50	0.62	0.73	0.86
生产总值密度/（万元/km²）	0.077	5491	9118	12906	16133	25406
人口密度/（人/km²）	0.1025	2840	5081	9416	16739	25856
建筑密度/%	0.0385	10.97	29.76	48.97	66.6	81.88
人均生产总值/（万元/人）	0.0962	23.3	20.39	13.25	11.09	9.43
老年人口比重/%	0.0308	3.13	3.67	4.14	5.96	7.31
排水管网密度/（km/km²）	0.055	6.80	6.10	4.26	3.89	3.1

（4）确定隶属度函数，在单个栅格单元风险的因素集 U 与评语集 V 之间进行单因素评价，隶属度是描述因子模糊性的重要指标，隶属度函数是运用模糊评价法解决实际问题的关键，直接影响评价结果的准确性。目前还没有统一的方法来确定隶属度函数，选择比较常见的升、降半梯形和三角形分布函数来确定各指标对各等级的隶属度。其中最低风险度和最高风险度选择升、降半梯形函数，中间 3 级为三角形分布函数，如式（5-9）、式（5-10）、式（5-11）所示。

$$r_{i1}=\begin{cases}1 & (x\leqslant a_1)\\ \dfrac{a_2-x}{a_2-a_1} & (a_1<x<a_2)\\ 0 & (x\geqslant a_2)\end{cases} \tag{5-9}$$

$$r_{ij}=\begin{cases}\dfrac{x-a_{j-1}}{a_j-a_{j-1}} & (a_{j-1}<x<a_j)\\ \dfrac{a_{j+1}-x}{a_{j+1}-a_j} & (a_j<x<a_{j+1})\\ 0 & (x\geqslant a_{j+1}\text{或}x\leqslant a_{j-1})\end{cases} \tag{5-10}$$

$$r_{i5}=\begin{cases}0 & (x\leqslant a_4)\\ \dfrac{x-a_4}{a_5-a_4} & (a_4<x<a_5)\\ 1 & (x\geqslant a_5)\end{cases} \tag{5-11}$$

（5）洪灾风险评价的模糊综合评价模型为 W 与 R 的合成运算，即 $B=(b_j)_{1\times m}=W\times R$，其中“×”为模糊合算子，本节选用综合程度强、利用 R 信息充分的加权平均型 $M(\bullet,\oplus)$ 算子，B 为暴雨内涝灾害风险的评判结果集，$b_j=\sum_{i=1}^{n}w_i r_{ij}\,(j=1,2,\cdots,5)$，按照最大隶属度原则，选取 $\max b_j$ 对应的评语为最终的评价结果。

基于上述步骤，在 ArcGIS 软件 Spatial Analyst 模块支持下，利用地图代数功能得到研究区每个栅格单一指标对 5 个等级的隶属度值，再根据确定的指标权重，使用地图代数功能计算 $b_j=\sum_{i=1}^{n}w_i r_{ij}$ 得到 5 个评判结果图层；最后，根据最大隶属度原则确定风险指数，得到每一栅格单元风险指数的风险等级。

5.2.5 城市内涝风险评估

按照上述步骤进行分析与计算，得到基于模糊评价法的深圳市内涝灾害风险分布图（图 5-19）。

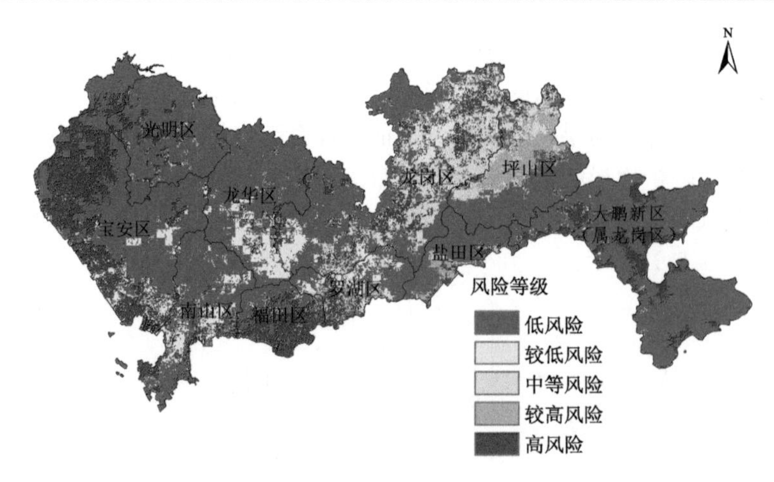

图 5-19　深圳市内涝灾害风险分布图

从图 5-19 可以看出，高风险区主要分布在宝安区西部、福田区、罗湖区西部、龙岗区和大鹏新区部分地区。较高风险区主要分布在坪山区和盐田区，中等风险区主要分布在龙岗区和坪山区，较低风险区多分布在宝安区东部、南山区和龙华区。深圳市内涝灾害风险高值区分布有集中连片的特点，各个区域的风险主导因素也各有不同，其中宝安区西部地势低平，地处沿海珠江口，受潮水顶托，积水难以自排，再加上西部工业制造业园区聚集，不透水地表比例较高、排水管网不完善，因此以其高危险性和高易损性为其主要原因。福田区是深圳市的中心城区，是深圳市原经济特区内的四区之一，也是深圳市委市政府所在地，建筑、人口高度密集，不透水比例非常高，城市建设与排水体系不配套，因此该区域以高易损性为主导。罗湖区情况与福田区类似，地势东北高、西南低，南面隔深圳河与香港的新界北区相望，是深圳市内最早建成区，经过四十年的高速发展，人口和财富大量聚集在罗湖区，同时，由于开发较早，罗湖区人口老龄化趋势较为明显，因此该区以高易损性为主导。龙岗区为极端降水高值区，城区分布于临河谷地平原，原为大工业区，产业集中，不透水比例高，致灾因子高危险性和高易损性占主导。东部大鹏新区距离海洋较近，海洋气候显著，为极端降水高值区，新区属于新开发区，区内多为山地，建成区面积较小，虽然相对全市而言属于降水高值区，但受社会经济发展原因限制，大部分地区内涝灾害风险等级为最低或较低。建成区多位于地势低洼区，建筑、人口和财富的分布较为集中，基础设施尚未跟上，一旦受到暴雨袭击，内涝损失较为严重，以致灾因子高危险性和高易损性为主导。

与深圳市应急管理局提出的 2019 年深圳市防汛预案中提到的易涝区域进行对比，防汛预案中提到的宝安区福海、松岗、沙井街道，龙岗区龙岗、坪地街道，坪山区坑梓街道、坪山街道和南山区前海等地面高程较低的片区均属于本书内涝灾害风险评估结果中的以危险性为主导的中等风险、较高风险和高风险区，两者较为一致。

深圳市作为我国南方一线城市，紧邻水域，遭遇暴雨灾害的频率也越来越高。面对日益严重的全球变暖威胁，深圳市仍在高速发展，财富和人口依然在此聚集，暴露的人口和建筑等资产也在增加。Hallegatte 等（2013）对全球 136 个沿海港口城市进行未来洪水风险评估预测中，2050 年深圳市在 136 个沿海城市内涝风险评估中排名第 5，经济平均年损失达到深圳生产总值的 0.38%。对于深圳而言，适应气候变化是必需的选择，对于人口、财富和社会资源较为集中的地区，即使现在没有面临内涝的威胁，也需做好防洪防汛的准备，否则一旦发生内涝灾害，对社会影响和破坏会更为严重。

在上述深圳市内涝灾害风险评估的基础上，可以从不同方面有针对性地考虑风险减缓和风险管理措施：①积极建设和维护城市排水系统，并对有损坏的排水设施进行维修与更新；②与时俱进，逐步完善旧城区与新城区防灾减灾基础设施建设，既不能贪快随意建设新城区，也不能忽略老旧城区的战略部署；③通过城市基础设施与住房的规划建设合理调整人口分布，改善人口结构与建筑密度；④科学进行城市规划，城市未来发展规划应避开现有的内涝灾害风险高值区；⑤编制完善的防灾、减灾预案与应急避难手册，建设有效的疏散系统，强化灾害风险教育等措施。

5.3　小　　结

本章分别以珠三角地区和深圳市为研究区域，采用危险性-易损性评估框架，构建洪涝风险评估指标体系，综合考虑降雨、地形条件和人口经济的时空分布变化对该地区进行洪涝风险评估并绘制风险区划图。主要成果如下：

（1）基于对珠三角地区的洪涝灾害特征分析，结合选用的评估框架以及前文的研究基础，选择极端降雨量、暴雨频次、地面高程、坡度作为危险性指标，人口密度、生产总值、土地利用作为易损性指标，结合阈值划分、自然间断点分级等方法对各指标进行栅格标准化处理，以 1～5 表示由低到高的危险度等级。

（2）建立层次结构模型，构造洪涝风险、危险性、易损性 3 个判断矩阵，计算各指标的权重并进行层次一致性检验，保证评估指标体系的合理性和科学性。采用风险计算公式对各指标进行叠加分析计算并进行等级划分，得到研究区域城镇化前和城镇化后的危险性区划图、易损性区划图以及洪涝灾害风险区划图。

（3）对比分析城镇化前、后的风险区划图和面积统计图，结果表明珠三角地区的洪涝风险等级结构发生了改变，低风险区的占比显著降低，较高风险区和高风险区的占比明显增加，其主要原因是高度城镇化地区的较高、高风险区面积增多。洪涝风险区划图能较好地反映珠三角地区洪涝灾害的实际情况，可为洪涝灾害风险管理提供科学依据。

（4）从深圳市暴雨内涝灾害系统出发，针对深圳市内涝灾害特征，根据危险性和易损性选取 12 个风险评估指标，建立深圳市暴雨内涝灾害风险评估指标体系。以 100m×100m 栅格为评估基本单元，利用层次分析法确定指标权重，采用模糊综合评价法进行深圳市内涝灾害风险评价，并在 ArcGIS 中绘制深圳市内涝灾害风险分布图。

（5）深圳市内涝灾害风险高值区分布有集中连片的特点，不同区内的风险主导因素不一。深圳市内涝灾害高风险区主要分布在宝安区西部、福田区和罗湖区西部、龙岗区以及大鹏新区部分地区。其中宝安区西部的高风险值由高危险性和高易损性主导，福田区和罗湖区西部的高风险值由高易损性主导，东部的龙岗区和大鹏新区的高风险值由致灾因子高危险性和高易损性主导。

（6）在深圳市内涝灾害风险分析与评估的基础上，为深圳市针对性地制定防灾减灾和风险管理措施提供依据和建议。积极建设与维护城市防洪排涝系统，逐步完善旧城区与新城区防灾减灾基础设施建设，建设有效的疏散系统，强化灾害风险教育等措施，最大程度降低内涝灾害风险。

第6章　基于情景模拟的城市洪涝风险评估

城市化发展改变了城市区域的洪涝成灾机制，利用技术发展较为成熟的水文水动力模型对洪涝过程进行模拟和分析以获取可靠性和精度较好的致灾因子数据，是开展城市洪涝灾害风险评估的重要途径。以往的风险评估采用的一维管道水力模型或二维洪水演进模拟等数值模型均存在一定的局限性，因此构建研究区域的一维—二维洪涝仿真模型，根据研究需要设置不同情景，并通过模拟获取可靠性和精度较高的致灾因子数据，可提高风险评估成果的有效性。本章以位于珠三角核心区域的广州市、深圳市和珠海市等三个典型区域为研究区域，利用其排水系统数据、下垫面数据和降雨数据等构建和验证模型所需的基础数据，基于 InfoWorks ICM 构建研究区域的城市洪涝仿真模型，开展研究区域洪涝灾害风险评估。

6.1　InfoWorks ICM 概述

InfoWorks ICM 模型是英国华霖富水力学研究公司（HR Wallingford）和 Innovyze 软件公司基于 Wallingford 模型开发的城市综合流域排水模型，其在排水管网评估（吴彦成等，2020）、降雨径流控制（Song et al.，2020）、城市洪涝灾害评估（黄国如等，2017）等方面已得到广泛应用。InfoWorks ICM 具有丰富的模块，包括旱流污水模块、降雨径流模块、管流模块、河道模块、水质模块和污水处理厂水力控制模块等。此外，InfoWorks ICM 具有较强的前后处理能力和人性化的操作界面，受到业界的广泛推崇。在城市洪涝模拟方面，InfoWorks ICM 能耦合一维管网、河道和二维地面，从而实现高精度的水力模拟。

产流计算指的是计算降雨扣除地表蒸发、土壤下渗、植物截留、地面填洼等耗损后的净雨过程。InfoWorks ICM 提供了多种产流模型供用户选择，包括固定比例径流模型、Wallingford 固定径流模型、新英国（可变）径流模型、SCS 模型、Green-Ampt 模型、Horton 渗透模型和固定渗透模型等。

汇流计算指的是将产流模型计算得到的净雨过程转换为与排水系统相关联的子汇水区出流过程线。InfoWorks ICM 提供的地表汇流模型包括双线性水库模型、大型贡献面积径流模型、SPRINT 汇流模型、Desbordes 径流模型、SWMM 径流模型、单位线模型、ReFH 模型和 SCS Unit 模型等。

InfoWorks ICM 的管网水力计算引擎采用完全求解的圣维南方程组模拟管道明渠流和压力管流，控制方程如式（6-1）和式（6-2）所示。

$$连续方程：\frac{\partial A}{\partial t}+\frac{\partial Q}{\partial x}=0 \tag{6-1}$$

式中，Q 为流量，m^3/s；A 为断面面积，m^2；t 为时间，s；x 为沿水流方向管道长度，m。

$$\text{动量方程：}\frac{\partial Q}{\partial t}+\frac{\partial}{\partial x}\left(\frac{Q^2}{A}\right)+gA(\cos\theta\frac{\partial h}{\partial x}-S_0+\frac{Q|Q|}{K^2})+0 \tag{6-2}$$

式中，Q 为流量，m^3/s；A 为断面面积，m^2；t 为时间，s；x 为沿水流方向管道长度，m；h 为水深，m；g 为重力加速度，m/s^2；θ 为水平夹角，度；K 为输水率，由 Colebrook-Whiter 或 Manning 公式确定；S_0 为管底坡度。

InfoWorks ICM 的二维计算引擎采用浅水方程，即平均深度形式的 Navier-Stokes 方程对二维流态进行数学描述，其主要考虑水流在水平方向的扩散流动，而忽略在垂直方向的变化。采用的浅水方程如式（6-3）至式（6-5）所示。

$$\frac{\partial h}{\partial t}+\frac{\partial(hu)}{\partial x}+\frac{\partial(hv)}{\partial y}=q_{1D} \tag{6-3}$$

$$\frac{\partial(hu)}{\partial t}+\frac{\partial}{\partial x}\left(hu^2+\frac{gh^2}{2}\right)+\frac{\partial(huv)}{\partial y}=S_{0,x}-S_{f,x}+q_{1D}u_{1D} \tag{6-4}$$

$$\frac{\partial(hv)}{\partial t}+\frac{\partial}{\partial y}\left(hv^2+\frac{gh^2}{2}\right)+\frac{\partial(huv)}{\partial x}=S_{0,y}-S_{f,y}+q_{1D}v_{1D} \tag{6-5}$$

式中，h 为水深，m；u、v 分别为 x 和 y 方向的流速分量，m/s；$S_{0,x}$ 和 $S_{0,y}$ 分别为 x 和 y 方向的底坡分量；$S_{f,x}$ 和 $S_{f,y}$ 分别为 x 和 y 方向的摩阻分量；q_{1D} 为单位面积上的出流量；u_{1D} 和 v_{1D} 分别为 q_{1D} 在 x 和 y 方向的流速分量。

6.2　广州市东濠涌流域暴雨洪涝灾害风险评估

6.2.1　研究区域概况

1. 地理概况

研究区域位于广州市越秀区内的东濠涌流域。越秀区位于广州中部，位于 25°52′～25°59′N，113°29′～113°46′E，东西跨度达 8.3km，南北跨度达 7.1km，总面积仅 $33.8km^2$，占广州全市的 0.45%。

越秀区是广州市历史最为悠久的中心城区，自中国实现第一个大统一朝代的秦朝以来，越秀区便是岭南地区行政中心的所在地。中华人民共和国成立后，越秀区传承其重要的行政功能，成为广东省人民政府、广州市人民政府等党政机关所在地。

2. 社会经济概况

越秀区总面积为 $33.8km^2$，其中陆地面积占 92.6%，水域面积占 7.4%。越秀区下设流花街道、农林街道、东山街道等 18 个街道，街道下设 222 个社区居委会。根据 2018 年统计数据，越秀区常住总人口高达 117.89 万人，常住人口密度为 3.49 万人/km^2，是广州市面积最小、人口密度最大的行政区域。地区生产总值为 3281.61 亿元，同比增长 3.9%，占广州市的 14.36%，生产总值排名广州市各区第三，经济密度和税收密度均排全市第一。

3. 气象条件

越秀区地处南亚热带且濒临南海，海洋性气候特征明显，温暖潮湿，多年平均气温约 22.4℃，平均湿度约 78%，每年的汛期为 4～10 月。春季的天气变化明显，气温和降水有上升趋势，春季的平均温度约 22.1℃、降雨量约占全年的 31.7%，春末暖气流和冷空气相遇形成准静止锋，容易出现极具华南地区特色的“回南天”现象。夏季气温炎热、雨水充沛，平均温度约 28.5℃，最高温度可达 38℃以上。夏季暴雨频次较多、降雨总量大，约占全年降雨量的 43.6%，遭遇暴雨时，局部路段容易发生淹没现象，当地人常把地表积水情况称为“水浸街”。受冷空气的影响，秋季的气温和降雨量均有所降低，平均气温约 23.6℃，季节降雨量约占全年的 16.5%，晴朗天气较多，气候宜人。冬季受冷高压影响，盛行北风和东南风，气温和降雨量达全年的最低值，但南下的冷空气抵达广州时，其强度已被漫长的路途削弱了不少，因此越秀区的冬季相对而言比较温暖，平均气温为 14.7℃，降雨量约占全年的 8.2%。

4. 流域水系

东濠涌是珠江广州段主要河涌之一，总长约 4.4km，发源于白云山麓湖，流经越秀区汇入珠江。东濠涌流域水系主要由东濠涌、麓湖和新河浦涌组成，全流域面积 12.39km^2，约占越秀区总面积的 1/3。由于流域内麓湖的洪水和流域的暴雨实行错峰泄洪，流域的防洪排涝主要依靠东濠涌及其支涌新河浦涌这两条河道和地下排水管网，因此需根据实际汇流情况对流域边界进行调整，扣除麓湖及其汇水面积后，流域总面积为 10.29km^2，如图 6-1 所示。

图 6-1　东濠涌流域和积水点分布示意图

5. 积水调研分析

城市洪涝灾害是由多种因素共同作用而成的，对于不同地区而言，地面积水的原因可能存在很大的差异。调查地面积水的原因可从检查井和管道负荷情况方面进行了解，但由于大部分排水管道均埋设在地下，管网的实际负荷情况难以直观显示出来，在管网施工过程中还可能存在管网错接、漏接等不符合设计图纸规划的施工情况等，查清地表积水的原因需要从实际调研结合专业理论知识具体分析。

东濠涌是越秀区内的主要内河涌之一，在降雨期间，流域内所产生的径流通过地表汇流、地下排水管网收集等方式汇入东濠涌，因此东濠涌具备截污、蓄洪和排涝等重要功能。近年来，随着流域内地面硬化率上升、管网维护较差等，加之河涌淤积、过水断面缩小等因素导致流域溢流污染和地面积水问题严峻。结合相关部门提供的积水点资料和实地走访，流域内的积水点分布及其成因分别如图 6-1 和表 6-1 所示。

表 6-1　积水点位置及其成因分析

序号	积水地点	积水原因
1	麓景路与麓湖西路路口	麓湖路附近的山水倾泻，排水口被树叶等杂物堵塞
2	下塘西路 20 号前	降水量较大，排水口被树叶等杂物堵塞
3	童心路铁路桥底	地势低洼易积水，小北水闸开启不及时
4	朱子寮	地势低洼易积水，受东濠涌水位顶托
5	黄华路	地势低洼易积水，受东濠涌水位顶托
6	北横街	受东濠涌水位顶托
7	东川路东成北街	地势低洼，受东濠涌水位顶托
8	长兴直街祖庙前片区	地势低洼，受东濠涌水位顶托
9	横枝岗肿瘤医院周边	降水量较大，排水口被树叶等杂物堵塞
10	恒福路 155 号	降水量较大，排水口被树叶等杂物堵塞
11	淘金北路铁路桥底	地势低洼，排水管道汇水处，受东濠涌、孖鱼岗渠箱水位顶托
12	环市东路光明路 16 号	降水量较大，排水口被树叶等杂物堵塞
13	环市路区庄立交	地势低洼，受孖鱼岗渠箱水位顶托，造成水浸
14	农林下路广发银行	排水设施不完善，排水管道受下游水位顶托
15	农林下路	地势低洼，排水管径小，受百子涌渠箱水位顶托
16	寺贝通津	水位顶托，地势低洼，排水不及时

由积水点的积水成因可知，除降雨量大以外，水位顶托也是主要成因之一，由此可见东濠涌的排水能力较低，主要是因为城市化过程中对河道过度改造而降低了河涌的过流能力。此外，地势低洼和排水口堵塞也是主要成因之一，由此可知城市微地形效应和排水系统缺乏维护对造成积水有较大的影响。

6.2.2　东濠涌流域城市洪涝仿真模型构建

1. 一维排水模型构建

一维排水模型的构建是指排水管道和河道的网络结构构建，此过程主要处理管网 CAD 图和河道断面资料等数据。由于研究区域的原始管网 CAD 图包含的信息量大且存在一定的误差，因此在 ArcGIS 中构建管网数据库，汇总节点和管道等信息并对管网进行概化、检查和纠错。根据 InfoWorks ICM 的河道建模资料要求，整理研究区域的河道走向、中心线和断面数据等河道资料。最后将节点、管道数据以及河道中心线、河道断面等数据导入 InfoWorks ICM 并进行检查，构建东濠涌流域的一维排水模型，共有 2917 个节点、3000 根管道、96 个河道横断面线、30 个河段和 37 个出水口，一维排水模型的概化图如图 6-2 所示。

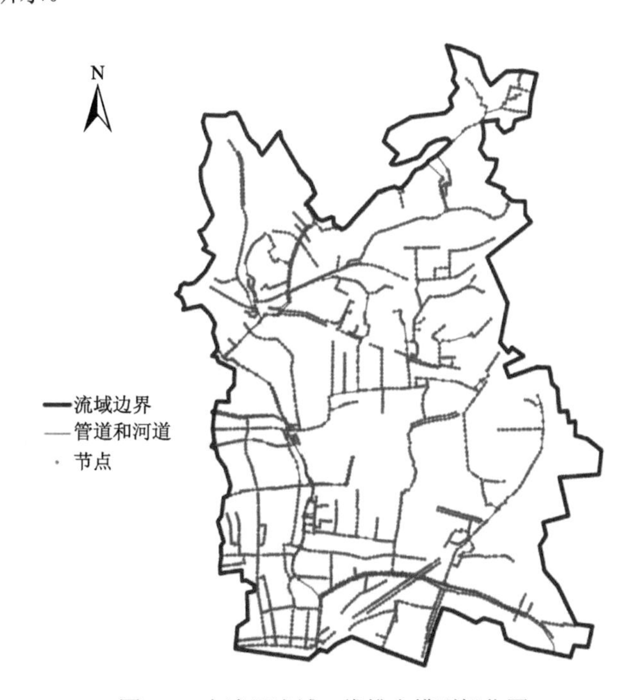

图 6-2　东濠涌流域一维排水模型概化图

2. 子汇水区划分及其参数设置

子汇水区划分与产汇流计算及管网水量分配密切相关，因此对于面积或高程变化较大的区域，其子汇水区的划分需要综合考虑地形和管网分布。对东濠涌流域的地形进行水文分析，初步划分分水岭，考虑节点分布并利用泰森多边形法划分子汇水区，如图 6-3 所示。InfoWorks ICM 可根据土地利用类型计算子汇水区内多种产流表面的面积和分布情况。东濠涌流域共划分 11 个分水岭和 2897 个子汇水区，设置屋面、道路和其他共三种产流表面，产流表面的产汇流参数参考模型使用手册和相关文献，如表 6-2 所示。

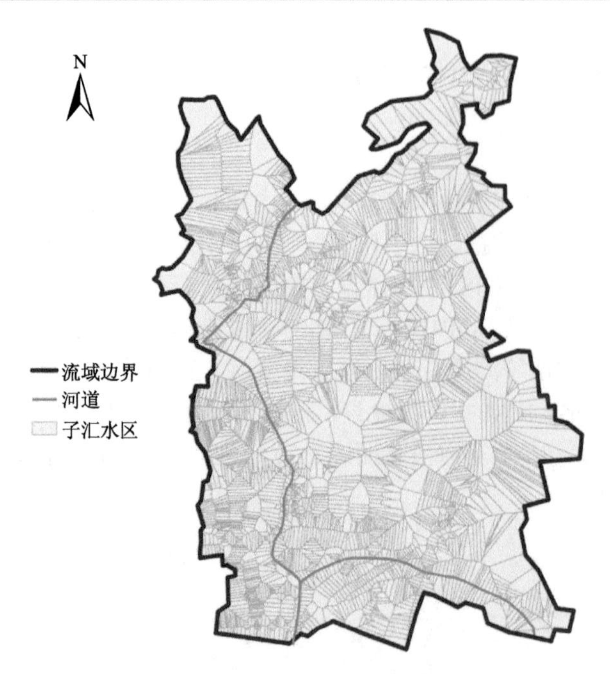

图 6-3　东濠涌流域子汇水区划分

表 6-2　子汇水区产汇流参数表

产流表面	产流模型	产流参数	初期损失/mm	汇流模型	汇流参数
屋面	固定径流模型	0.9	2	SWMM 模型	0.018
道路	固定径流模型	0.8	1	SWMM 模型	0.020
其他	固定径流模型	0.5	5	SWMM 模型	0.025

3. 一维和二维模型耦合

东濠涌流域的一维与二维模型耦合是指一维管道、河道与二维地面高程模型三者之间的耦合，即：将排放至河道的管道节点与河道中心线关联，使管道和河道之间的水流连通，设置管道节点为 2D 类型，创建河道边界使节点和河道溢流而出的水能进入二维高程模型计算。完成三者之间的耦合后，需对 2D 区间进行网格化。研究区域共划分 88506 个网格，最大面积为 1000m^2，最小可至 1m^2。

城市流域的地形特征与自然流域不同，前者受人类改造程度较大，内部地形较复杂。以往受地面高程模型的精度和土地利用资料的限制，城市洪涝二维淹没模拟中对地形特征考虑不够充分，往往将把房屋当作不可淹没的区域，未考虑水流对建筑物内部的淹没可能性。为克服该问题，根据相关文献和规范，对道路、房屋的高程分别降低、提高 15cm，使模型既能模拟出道路的行洪作用和地表积水漫过门槛或台阶后对房屋内部的淹没，提高了模型二维模拟的精度和可靠性，地面高程修正如图 6-4 所示。

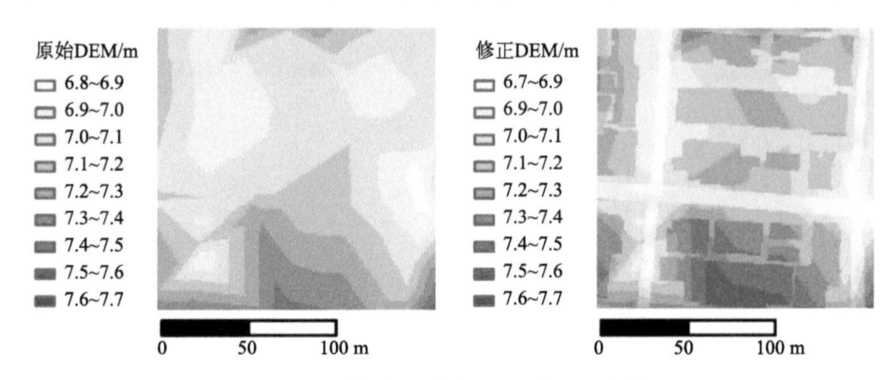

图 6-4　道路及房屋 DEM 修正示意图

4. 城市洪涝仿真模型验证

利用实测资料对模型进行验证是检验模型精度和可靠性的重要途径，考虑流域内降雨的时空分布，选取 3 个记录较完整、相距较远的雨量站作为降雨数据输入，采用泰森多边形法将流域划分成 3 个雨量监测区域。经调研分析，本节选取了两场次实测降雨记录作为降雨输入数据，通过 3 个节点的水深监测点的实测水深、调研淹没情况以及模型模拟结果对东濠涌流域城市洪涝仿真模型的模拟效果进行分析。水深监测点、雨量站及其监测区域分布如图 6-5 所示，两场次的实测降雨记录如图 6-6 和图 6-7 所示。

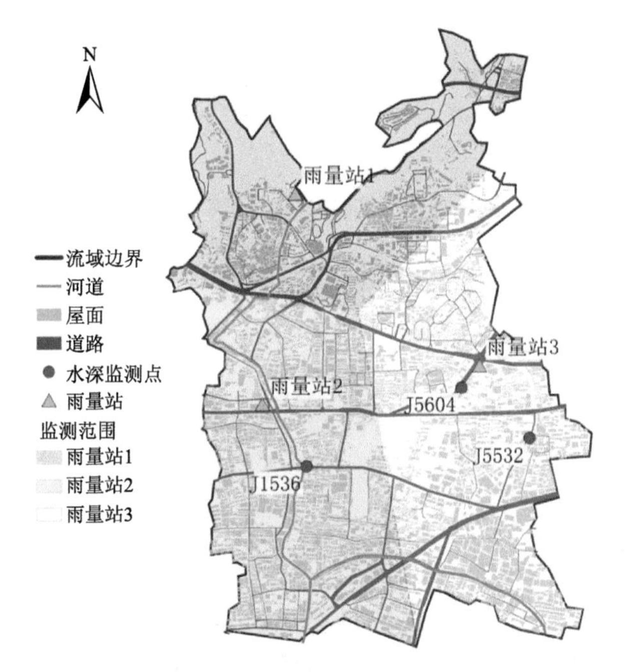

图 6-5　东濠涌流域雨量站及水深监测点布置图

注：图中 J5604、J5532、J1536 表示水深监测点编号

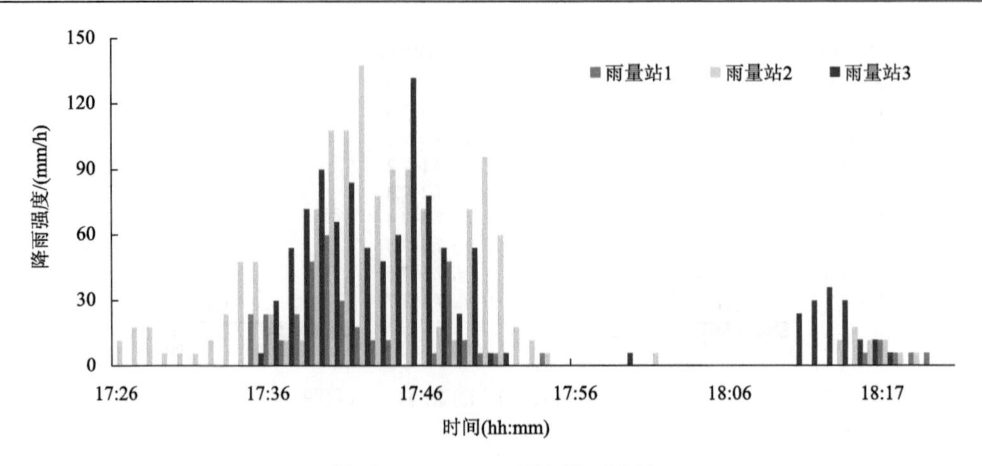

图 6-6　20170726 场次降雨过程

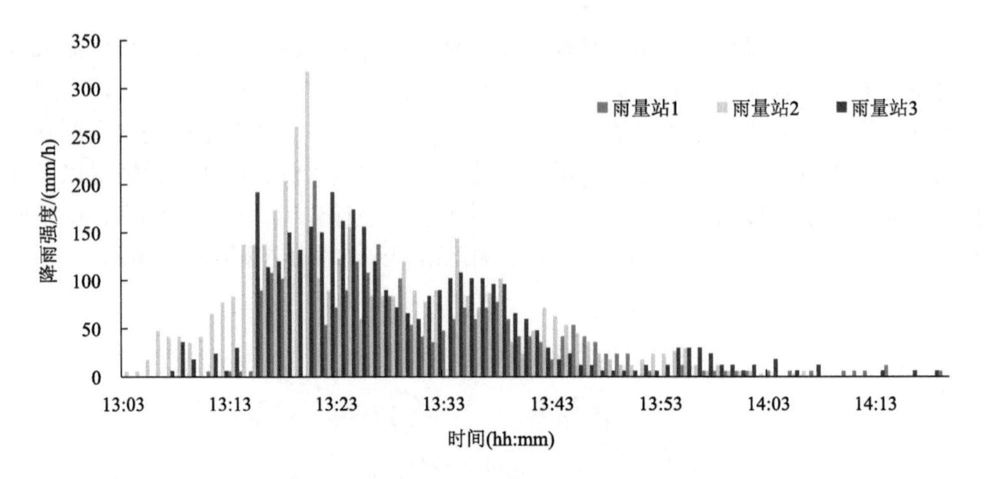

图 6-7　20170905 场次降雨过程

所构建的城市洪涝仿真模型的模拟效果选用 Nash-Sutcliffe 效率系数（E_{NS}）进行评价，计算公式为

$$E_{\mathrm{NS}} = 1 - \frac{\sum_{i=1}^{n}\left(S_i - O_i\right)^2}{\sum_{i=1}^{n}\left(O_i - \overline{O}\right)^2} \tag{6-6}$$

式中，O_i 为实测水深，m；S_i 为模拟水深，m；$\overline{O}$ 为平均实测水深，m；i 为时间步长序号；n 为时间步长总数。

由 20170726 场次降雨过程可知，本场次降雨历时较短、降雨量较少。调研结果显示，该场次降雨下流域发生溢流的节点少，地面无明显积水情况，模拟结果与调研情况相符。本场次降雨下，3 个水深监测点的实测水深和模型模拟水深对比如图 6-8 所示，由图 6-8 可知模型模拟水深和实测水深数据较相符。

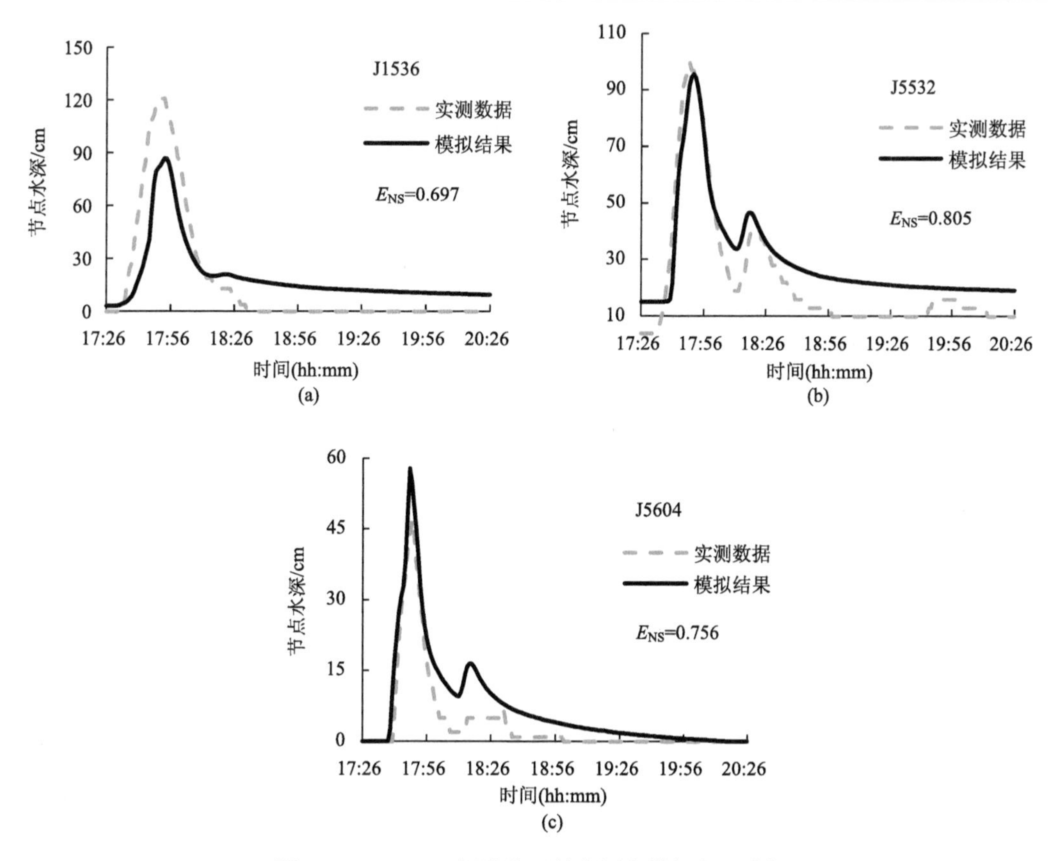

图 6-8　20170726 场次降雨的实测和模拟水深过程

由 20170905 场次降雨过程可知，本场次降雨历时较长、降雨量较大。调研结果显示，该场次降雨下流域部分节点发生溢流，部分地区发生较深的地面积水，地面积水的调研、模拟结果如表 6-3 所示，由表可知模拟结果与调研情况相符。本场次降雨下，3 个水深监测点的实测水深和模型模拟水深对比如图 6-9 所示，由图可知模型模拟水深和实测水深数据较相符。

表 6-3　20170905 场次降雨地表积水深度统计

积水地点编号	调研最大深度/m	模拟最大深度/m	误差/m
1	0.3	0.24	0.06
5	0.4	0.25	0.15
6	0.2	0.13	0.07
7	0.6	0.43	0.17
9	0.4	0.42	–0.02
14	0.5	0.46	0.04
15	0.4	0.41	–0.01

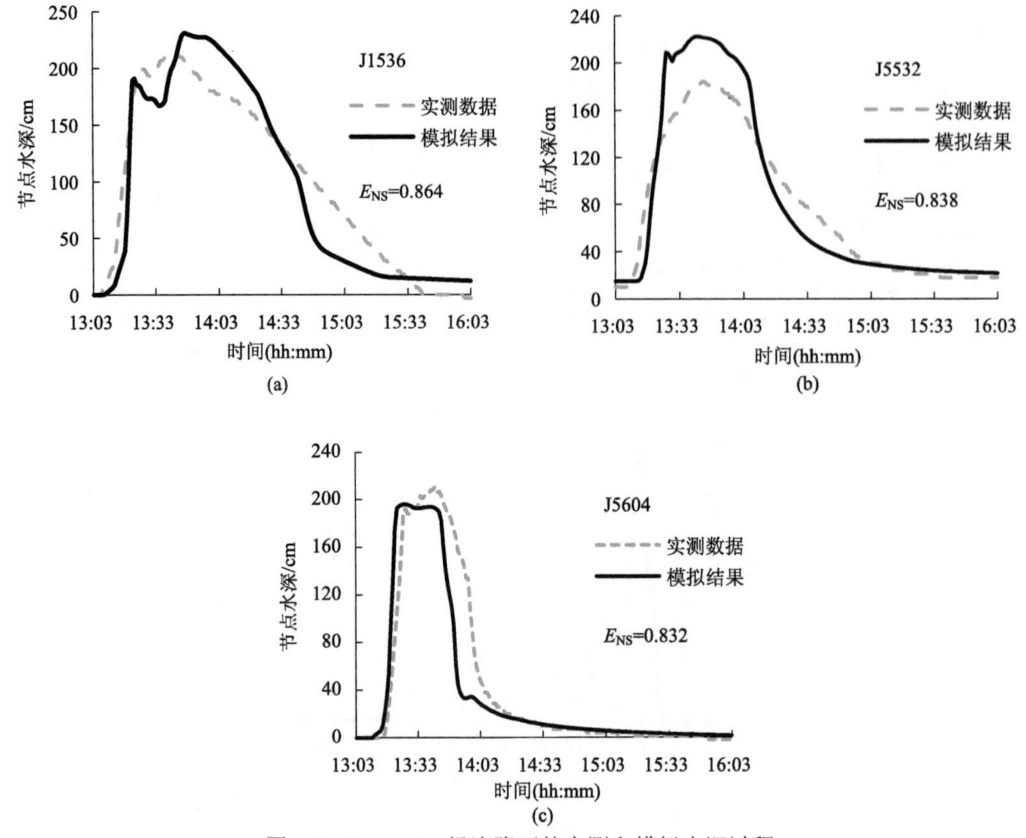

图 6-9 20170905 场次降雨的实测和模拟水深过程

两场实测降雨的模拟结果误差统计及模拟效果评价如表 6-4 所示。两场实测降雨的模拟中，三个水深监测点的 E_{NS} 均大于 0.69，平均 E_{NS} 为 0.80，最高水深误差较小，由此可认为模型模拟效果较好。由表 6-3 可知，20170905 场次降雨下二维洪涝模拟淹没深度结果误差较小，模拟结果与调研水深较符合。综上，可认为此模型在一维排水管网和二维地面淹没的模拟精度和可靠性较好，可用于后续的模拟分析研究。

表 6-4 模型模拟结果误差统计表

水深监测点	20170726 场次				20170905 场次			
	E_{NS}	实测最高水深/m	模拟最高水深/m	水深误差/m	E_{NS}	实测最高水深/m	模拟最高水深/m	水深误差/m
J1536	0.697	1.21	0.87	0.34	0.864	2.13	2.31	−0.18
J5532	0.805	1.00	0.96	0.04	0.838	1.84	2.23	−0.39
J5604	0.756	0.47	0.58	−0.11	0.832	2.11	1.96	0.15

6.2.3 城市洪涝风险评估指标体系构建

风险识别是指识别出导致城市洪涝灾害或对其产生较大影响的风险要素，本节的风险内涵为灾害系统中的危险性-易损性框架，采用情景模拟法和指标体系法对风险进行研究分析，因此选取与风险评估密切相关的评估指标是风险识别的主要内容。在选取指标数据时需综合分析和研究历史灾害资料并结合专家意见，还需考虑可行性、科学性、代表性、独立性和系统性等指标选取原则（王兆卫，2017）。首先，若获取指标数据的可行性和科学性不足时，会提高评估的难度，此时应尽可能以其他指标进行替代，避免为评估工作造成不便。其次，代表性和独立性也需重点考虑，指标之间过度相似、相关性过强等，容易叠加该指标对评估结果的影响。最后，指标体系的系统性也是需要重点考虑的，对于城市洪涝风险评估而言，需考虑水情本身的水动力特性，如淹没水深、历时、范围等，还需考虑承灾体的社会经济特征。基于对研究区域的实地调研和洪涝灾害特征分析，结合上述的指标选取原则与选定的评估框架，对东濠涌流域洪涝风险指标评估体系的危险性和易损性两方面进行指标选择。

洪涝的危险性主要指其发生的强度和位置，主要包括致灾因子和孕灾环境。淹没水深越大，淹没时长越久的地方越容易导致灾害的发生，因此致灾因子方面采用以上两个指标。暴雨是东濠涌流域发生洪涝灾害的主要原因，淹没水深和淹没历时采用不同重现期的暴雨输入到城市洪涝仿真模型进行模拟而得。地面高程较低的地方，较易汇集水流进而形成洪涝灾害，坡度较大的地方，地形变化程度较大，汇流时间较短，亦容易形成洪涝灾害，因此孕灾环境方面采用以上两个指标。

洪涝的易损性主要包括承灾体的社会经济和防灾减灾能力。同等洪涝危险性情况下，人口密度越大的地方洪涝灾害损失就越大，不同土地利用类型的经济受损价值不同，因此社会经济方面采用以上两个指标。东濠涌流域位于广州老城区越秀区内，区内分布了多间医院，各街道均设置应急庇护点可为受灾群众提供帮助，洪涝灾害中将需要医疗救助的居民及时护送到附近医院，或是将受困的居民转移到能提供住所和食物以保证其温饱的应急庇护点，这两种措施均能大大降低对群众的生命健康风险，是防灾减灾的主要内容，因此选择医院距离和应急庇护距离作为防灾减灾的指标。

指标体系共含 8 个指标，由于 8 个指标与洪涝灾害风险的相关性不尽相同，如淹没水深、历时等指标与风险为正相关，即其值越大则风险值越大，而地面高程指标与风险为负相关，即其值越小则风险越大，各指标的计量单位也存在差异，因此需要对各指标数据进行分析和标准化处理。为便于后续数据的分析计算，指标的分析与标准化采用 ArcGIS 栅格分析功能，指标危险度用 1、2、3、4 进行表示，数值越高表示危险度越高。

综合考虑东濠涌流域城市洪涝风险区划图的绘制环境和资料精度，本节的风险评估区划图的绘图地图比例尺为 1∶70000，若栅格大小取 10m×10m，即制图分辨率为 0.14mm，在 0.10～0.20mm 范围内，即该制图分辨率下的区划图精度较好且数据处理速度较快，因此以 10m×10m 的栅格作为评估的基本单元。在指标数据收集时，亦以 10m×10m 空间分辨率的数据精度作为参考，提高数据精度的利用率和保证区划图成果的精度。

1. 危险性指标

1）淹没水深和淹没历时

淹没水深及淹没历时数据的精度对风险评估结果的准确性影响较大，为保证该指标数据的精度和可靠性，以能较好反映研究区域洪涝过程的城市洪涝仿真模型进行情景模拟，分别模拟三种降雨情景下的洪涝动态过程来获取淹没水深、淹没历时两个指标数据。为提高情景设置的代表性，共设置1年一遇、5年一遇、50年一遇三种降雨强度有较大区别的三种情景进行模拟，设计降雨强度计算公式为

$$q = \frac{3618.427 \times (1 + 0.438 \lg P)}{(t + 11.259)^{0.750}} \tag{6-7}$$

式中，q 为设计降雨强度，L/（s·hm^2）；t 为降雨历时，min；P 为设计重现期，年。

除降雨强度外，降雨过程还需考虑降雨的雨型（侯精明等，2017）。本书采用国内外应用广泛、通用性较强的芝加哥雨型进行计算，设计降雨的降雨历时为 60min、降雨间隔为 1min、雨峰系数为 0.4，不同情景降雨的设计降雨过程线如图 6-10 所示。

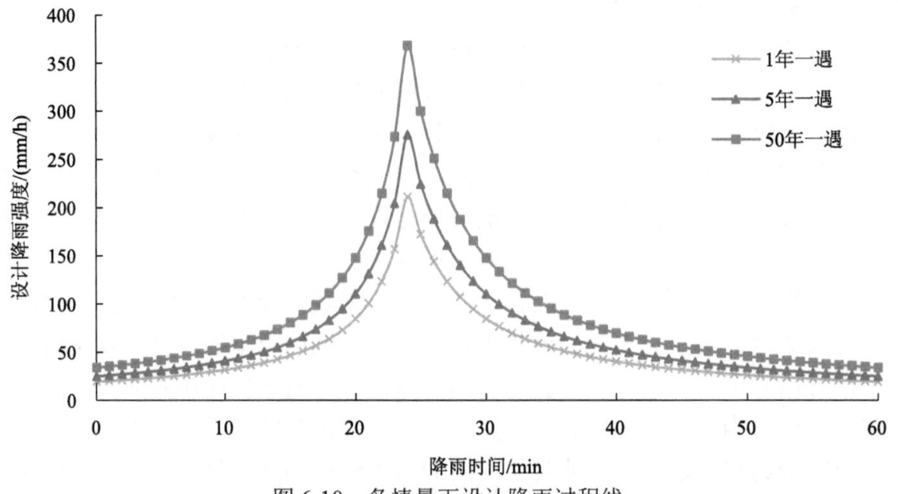

图 6-10　各情景下设计降雨过程线

由于设计降雨历时为 60min、研究区域范围较大且排水系统较复杂，因此为完整模拟洪涝过程，模型的模拟总时长设为 180min。对三种降雨情景下模拟所得的淹没水深、淹没历时数据进行分级处理，水深和历时的数值越大则其危险度等级越高，结合研究区域实际情况和相关参考文献对分级阈值进行取值（王兆卫，2017），分级的阈值如表 6-5 所示，淹没水深和淹没历时的危险度分布如图 6-11 所示。

表 6-5　各指标危险度划分与赋值

指标类型	指标名称	危险度等级			
		1	2	3	4
危险性	淹没水深/m	<0.15	[0.15, 0.3）	[0.3, 0.5）	≥0.5
	淹没历时/min	<15	[15, 30）	[30, 60）	≥60
	地面高程/m	≥48.16	[27.02, 48.16）	[14.65, 27.02）	<14.65
	坡度/%	<5.5	[5.5, 16.5）	[16.5, 34.7）	≥34.7
易损性	人口密度/（万人/km^2）	<2.46	[2.46, 3.66）	[3.66, 4.97）	≥4.97
	土地利用	大绿地	绿地及道路	主干道路	房屋
	医院距离/km	<0.29	[0.29, 0.51）	[0.51, 0.79）	≥0.79
	应急庇护距离/km	<0.41	[0.41, 0.73）	[0.73, 1.12）	≥1.12

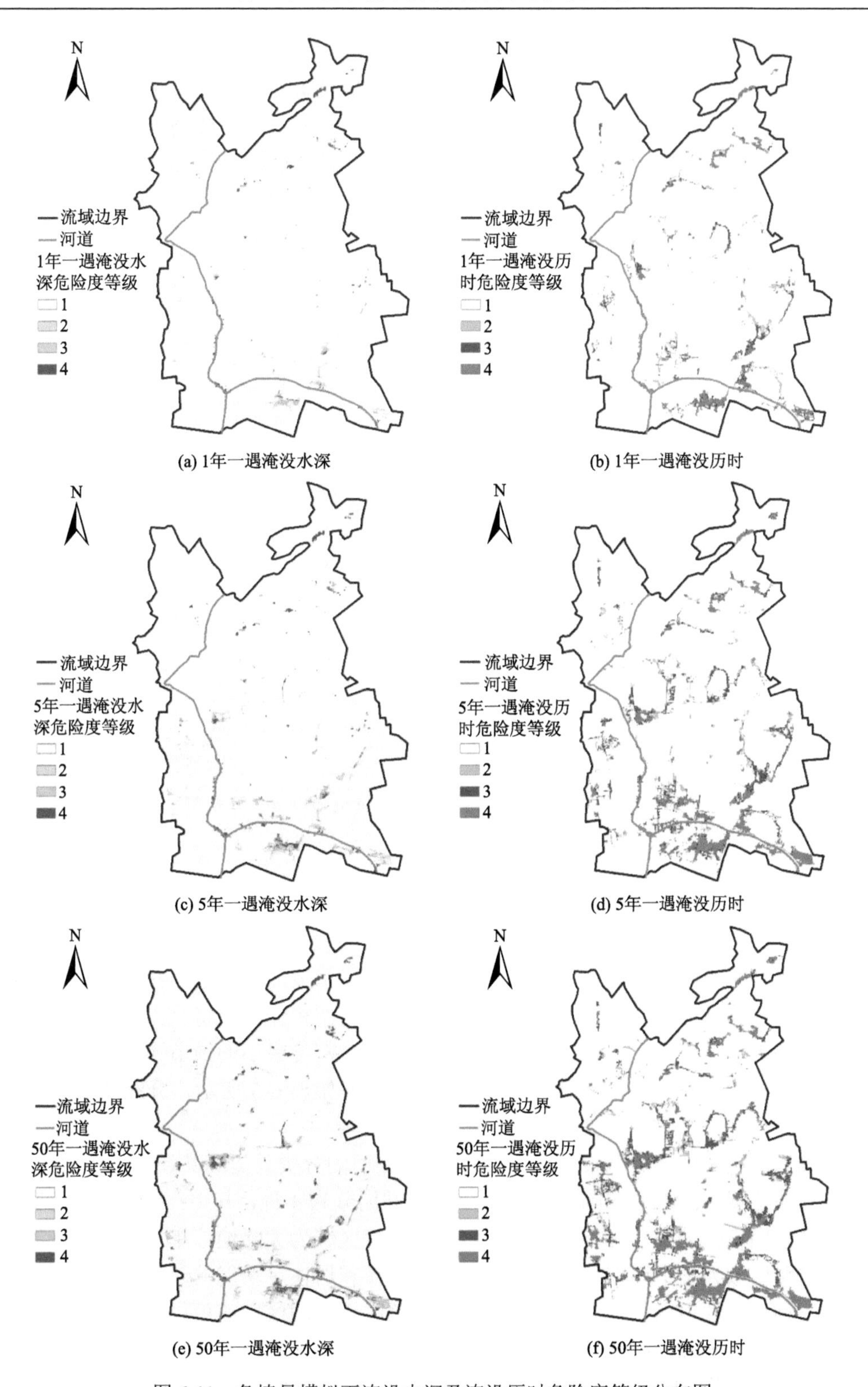

(a) 1年一遇淹没水深　(b) 1年一遇淹没历时

(c) 5年一遇淹没水深　(d) 5年一遇淹没历时

(e) 50年一遇淹没水深　(f) 50年一遇淹没历时

图 6-11　各情景模拟下淹没水深及淹没历时危险度等级分布图

2）地面高程和坡度

整理分析地形图和管网 CAD 图中包含的地形信息可知，流域东北部地势较高，属台地地貌，地面高程多在 15～50m 范围，局部地区为山丘。流域西南部地势较低，地面高程多在 5～15m 范围，地势较平坦，属平原地貌。流域的地形坡度多在 6%以下，流域西北与东北局部地区为山丘，坡度最大可达 35%以上。采用自然间断点法对地面高程和坡度进行分级，分级阈值如表 6-5 所示，分级结果图 6-12 所示。

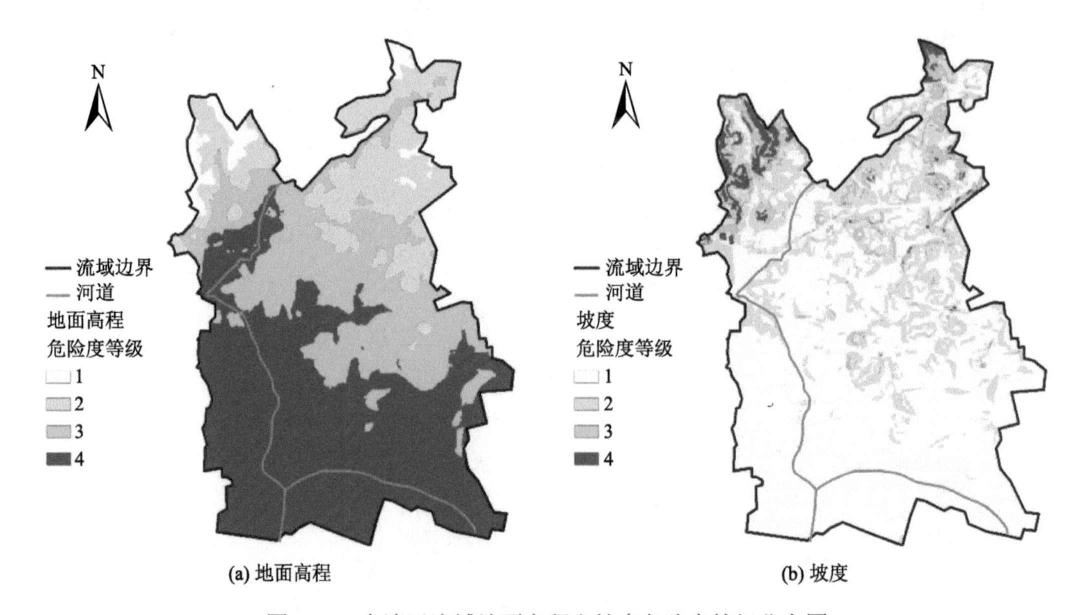

图 6-12　东濠涌流域地面高程和坡度危险度等级分布图

2. 易损性指标

1）人口密度和土地利用

整理越秀区的统计年鉴资料和对比街道范围等，东濠涌流域范围共涉及 12 个街道，人口密度的计算以街道为单位，利用常住人口和街道面积计算所得。人口密度排名前三的街道依次为建设街道、大东街道和珠光街道，人口密度最小的街道为白云街道和登峰街道。采用自然间断点法对人口密度分级，分级阈值如表 6-5 所示，分级结果如图 6-13（a）所示。

东濠涌流域的用地类型较复杂，为简化土地利用的分类并提高其社会经济的代表性，本书整理遥感图、CAD 图和调研资料，将土地利用分为 4 种，其中：植被覆盖率高、下渗能力强且面积较大的森林、公园和大型足球场等区域为大绿地；车道较多、设计车速较快的道路区域为主干道路；具备日常生活、工作和居住等功能的建筑物区域为房屋。除上述三种土地利用以外，具有植被覆盖但其范围较小的区域或可供行人或车辆通行但车道较少的区域统称为绿地及普通道路。由于不同的土地利用其社会经济性存在一定的差异，因此综合考虑研究区域的实际情况，将 4 种土地利用进行分级，分级阈值如表 6-5 所示，分级结果如图 6-13（b）所示。

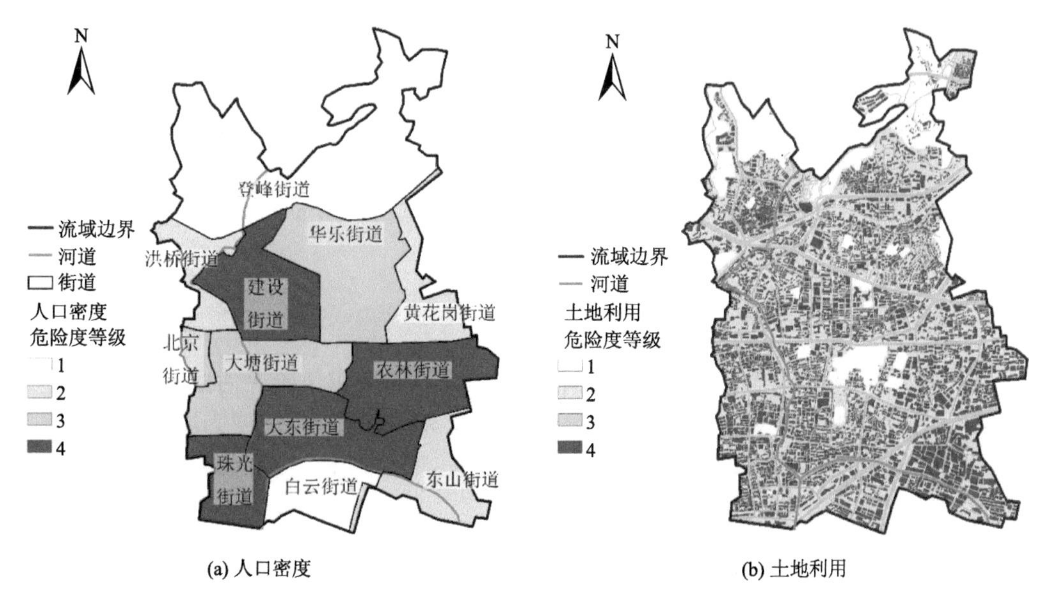

(a) 人口密度　　(b) 土地利用

图6-13　东濠涌流域人口密度和土地利用危险度等级分布图

2）医院距离和应急庇护距离

通过收集政府部门公开的已评级且设置有急诊科等能提供较完善的紧急医疗救助的一级、二级和三级医院，计算流域内各地点到医院的最短距离为医院距离；同上，通过收集整理应急庇护点分布资料，可得应急庇护距离。采用自然间断点法对医院距离和应急庇护距离进行分级，分级阈值如表6-5所示，分级结果如图6-14所示。

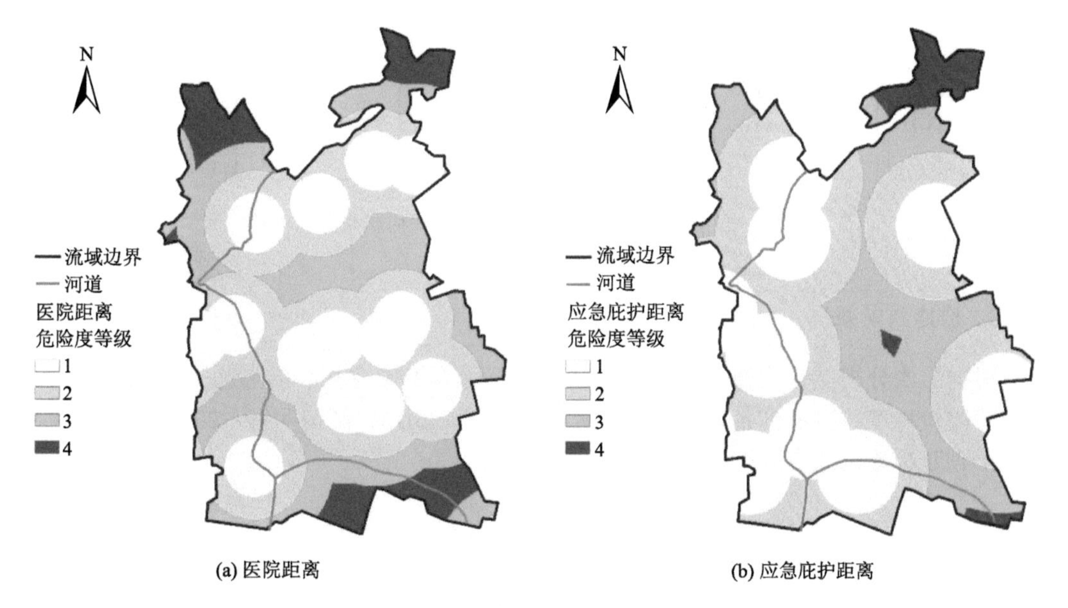

(a) 医院距离　　(b) 应急庇护距离

图6-14　东濠涌流域医院距离和应急庇护距离危险度等级分布图

6.2.4　城市洪涝风险评估指标权重计算

综合考虑东濠涌流域洪涝风险评估中采用的危险性-易损性评估框架和上述选取的指标体系，本节选取指标权重计算法中的层次分析法计算评估指标体系的指标权重。层次分析法包括建立层次分析结构、构造各层次的判断矩阵、权重计算和层次一致性检验四个步骤。

1. 建立层次分析结构

结合研究区域的危险性-易损性评估框架和城市洪涝灾害风险评估指标体系，构建了如图 6-15 所示的层次分析结构及其目标层、准则层和指标层。目标层为城市洪涝灾害风险，准则层为危险性、易损性，指标层为淹没水深、淹没历时、地面高程、坡度、人口密度、土地利用、医院距离和应急庇护距离。

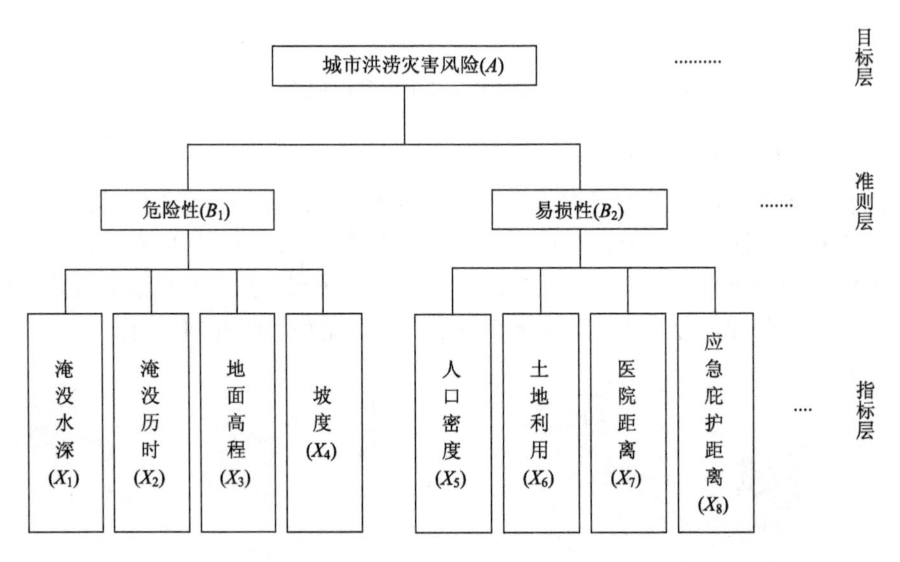

图 6-15　东濠涌流域城市洪涝灾害风险评估层次分析结构

2. 构建判断矩阵

根据层次分析结构构建各层次的判断矩阵，综合专家意见和参考相关文献中各指标之间的比较标度并赋值到各判断矩阵中（黄国如等，2015；侯精明等，2017），本节共构造三个判断矩阵，如表 6-6 至表 6-8 所示。

表 6-6　城市洪涝灾害风险判断矩阵表

指标名称	危险性	易损性
危险性	1	2
易损性	1/2	1

表 6-7　危险性判断矩阵表

指标名称	淹没水深	淹没历时	地面高程	坡度
淹没水深	1	3	4	4
淹没历时	1/3	1	3	3
地面高程	1/4	1/3	1	1/2
坡度	1/4	1/3	2	1

表 6-8　易损性判断矩阵表

指标名称	人口密度	土地利用	医院距离	应急庇护距离
人口密度	1	3	3	3
土地利用	1/3	1	2	2
医院距离	1/3	1/2	1	2
应急庇护距离	1/3	1/2	1/2	1

各层次分析结构的判断矩阵 A、B_1、B_2 如下所示：

$$A=\begin{bmatrix} 1 & 2 \\ 1/2 & 1 \end{bmatrix} \tag{6-8}$$

$$B_1=\begin{bmatrix} 1 & 3 & 4 & 4 \\ 1/3 & 1 & 3 & 3 \\ 1/4 & 1/3 & 1 & 1/2 \\ 1/4 & 1/3 & 2 & 1 \end{bmatrix} \tag{6-9}$$

$$B_2=\begin{bmatrix} 1 & 3 & 3 & 3 \\ 1/3 & 1 & 2 & 2 \\ 1/3 & 1/2 & 1 & 2 \\ 1/3 & 1/2 & 1/2 & 1 \end{bmatrix} \tag{6-10}$$

3. 计算各指标权重值

层次分析法计算指标的权重有多种方法，本节采用和法计算各指标的权重值。计算指标权重需要先对各判断矩阵的同列元素作归一化处理得到归一化矩阵 S，再对 S 的同行元素求和得到向量 C，最后对 C 作归一化处理得到向量 W 即为矩阵最大特征向量的近似解，即各判断矩阵中各指标的权重，结果如表 6-9～表 6-11 所示。

表 6-9　城市洪涝灾害风险的 C、W 表

指标名称	危险性	易损性	C	W
危险性	0.667	0.667	1.333	0.667
易损性	0.333	0.333	0.667	0.333

表 6-10 危险性的 C、W 表

指标名称	淹没水深	淹没历时	地面高程	坡度	C	W
淹没水深	0.546	0.643	0.400	0.471	2.060	0.515
淹没历时	0.182	0.214	0.300	0.353	1.049	0.262
地面高程	0.136	0.071	0.100	0.059	0.366	0.092
坡度	0.136	0.071	0.200	0.118	0.525	0.131

表 6-11 易损性的 C、W 表

指标名称	人口密度	土地利用	医院距离	应急庇护距离	C	W
人口密度	0.500	0.600	0.462	0.375	1.937	0.484
土地利用	0.167	0.200	0.308	0.250	0.925	0.231
医院距离	0.167	0.100	0.154	0.250	0.671	0.168
应急庇护距离	0.167	0.100	0.077	0.125	0.469	0.117

4. 层次一致性检验

为检验各判断矩阵中指标之间比较标度的逻辑合理性，需要对判断矩阵进行层次一致性检验。当判断矩阵均通过一致性检验时，才能保证上述对指标权重分析的合理性。当判断矩阵阶数大于 2 时，需要进行层次一致性检验，危险性和易损性判断矩阵的阶数均为 4，需要进行检验。一致性检验需先计算判断矩阵的最大特征根 λ_{max}，再计算一致性指标 CI，最后查询 RI 取值，计算一致性比率 CR 并判断是否通过一致性检验。对危险性矩阵和易损性矩阵进行一致性检验计算，分析结果如表 6-12 所示。

表 6-12 危险性和易损性判断矩阵一致性检验

判断矩阵	λ_{max}	CI	RI	CR
危险性	4.145	0.048	0.9	0.054
易损性	4.122	0.407	0.9	0.045

由表 6-12 可知，危险性和易损性判断矩阵的 CR 值分别为 0.054 和 0.045，均小于 0.1，即表明各判断矩阵有很好的一致性，指标的比较标度在逻辑上判断合理，本节构建的东濠涌流域城市洪涝灾害风险评估指标体系及其权重值如表 6-13 所示。

分析准则层和指标层的权重结果可知，在东濠涌流域的洪涝灾害风险评估中，危险性比易损性的权重更大，即洪涝水情自身的危险性更为重要，其原因是东濠涌流域位于中心城区，社会经济与人口分布等易损性指标与危险性指标相比，易损性的空间差异较小，风险分析中更关注淹没水深及历时等危险性指标的分布以提前做好风险应对措施。在危险性的 4 个指标中，淹没水深指标权重最大，这是因为淹没水深与受灾程度关系最密切，其次是淹没历时指标，坡度和地面高程指标影响较小。在易损性的 4 个指标中，人口密度指标权重最大，这反映了易损性分析中以人为本的观念，其次是与用地经济关

表 6-13　东濠涌流域城市洪涝灾害风险评估指标权重值表

目标层	准则层	准则权重	指标层	指标权重
城市洪涝灾害风险	危险性	0.667	淹没水深	0.515
			淹没历时	0.262
			地面高程	0.092
			坡度	0.131
	易损性	0.333	人口密度	0.484
			土地利用	0.231
			医院距离	0.168
			应急庇护距离	0.117

系密切的土地利用指标权重。医院距离和应急庇护距离指标较小，而前者比后者的权重值稍大，这反映了防灾减灾能力层面，对有生命危险的受灾群众提供及时的医疗帮助更为紧急。

6.2.5　城市洪涝风险区划

1. 危险性区划

危险性区划是指对危险性分析的结果根据特定的划分规则区划为不同等级的过程。其中，危险性分析主要是对城市洪涝灾害的致灾因子、孕灾环境两方面进行分析（张会等，2019），即对危险性中淹没水深（X_1）、淹没历时（X_2）、地面高程（X_3）和坡度（X_4）4 个指标进行分析，从而确定危险性的分布及其相对大小。根据上文计算得到的各指标权重，利用 ArcGIS 的空间分析方法计算三种设计降雨情景下各栅格单元的危险性（H），其计算公式为

$$H=0.515X_1+0.262X_2+0.092X_3+0.131X_4 \tag{6-11}$$

采用自然间断点法对危险性分析结果进行 4 个不同危险性等级的区划，分别用 1、2、3、4 分别代表低、中、较高、高危险性，三种情景下危险性区划结果如图 6-16 所示。

由 3 种情景下的危险性区划图可以看出，随着降雨重现期增大，东濠涌流域城市洪涝灾害危险性整体增大明显，即随着降雨强度增大，危险性也随之增大。主要原因为东濠涌的排水系统排涝能力有限，降雨强度越大，发生淹没的可能性和强度也就越大，因此提高了洪涝灾害的危险性。此外，对危险性的空间分布分析可知，在流域的北部或距离河道较远处的洪涝危险性较低，流域南部和距离河道较近的地方危险性较高，主要原因之一为北部的地势较高、南部的地势较低，南部地区更易汇集水流，排水压力大于北部；原因之二为流域的河道承担着重要的防洪排涝作用，对排水口直接排放到河道的排水管道而言，河道的水位升高容易导致排水管道受顶托而发生溢流，从而导致洪涝灾害的发生。由上可知，该区划图可较好地反映研究区域城市洪涝灾害的危险性分布情况。

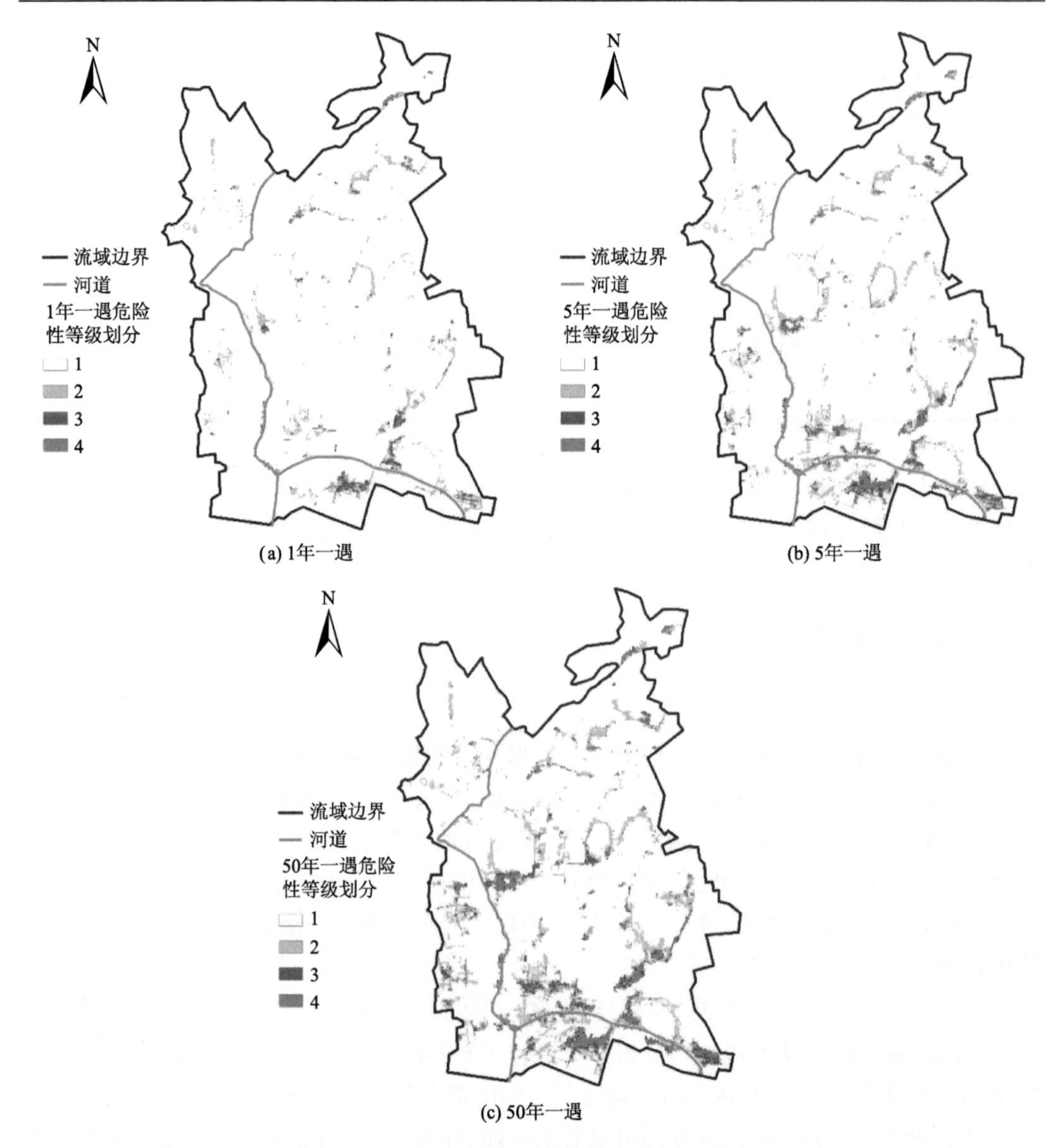

图 6-16　各情景下东濠涌流域城市洪涝灾害危险性区划图

2. 易损性区划

易损性区划是指对易损性分析的结果根据特定的划分规则区划为不同等级的过程。其中，易损性分析主要是对城市洪涝灾害承灾体的社会经济与防灾减灾能力两方面进行分析（朱静，2010），即对人口密度（X_5）、土地利用（X_6）、医院距离（X_7）和应急庇护距离（X_8）4 个指标进行分析，从而确定易损性的分布及其相对大小。根据上文计算得到的各指标权重，利用 ArcGIS 的空间分析方法计算各栅格单元的易损性（V），其计算公式为

$$V=0.484X_5+0.231X_6+0.168X_7+0.117X_8 \tag{6-12}$$

采用自然间断点法对易损性分析结果进行 4 个不同易损性等级的区划，分别用 1、2、3、4 分别代表低、中、较高、高易损性，其区划结果如图 6-17 所示。

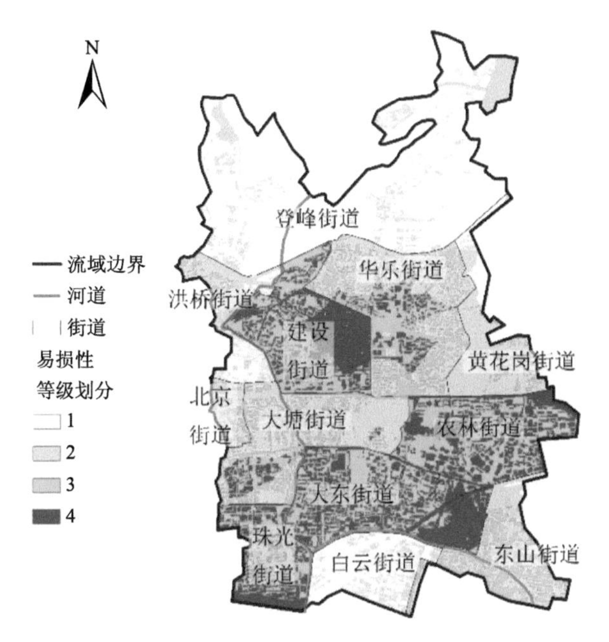

图 6-17　东濠涌流域洪涝灾害易损性区划图

分析图 6-17 可知，易损性较高区域主要集中在建设街道、珠光街道、大东街道和农林街道等区域，主要原因为以上街道的人口密度较高，因此发生洪涝灾害时受灾人口数量可能更大，灾情可能更为严重。低易损性的区域主要集中在流域北部，主要原因为登峰街道内大绿地等危险度等级较低的土地利用分布较广、街道人口密度较低，因此综合的易损性等级较低，由此可知土地利用和人口密度对易损性的空间分布差异影响较大。

3. 风险区划

城市洪涝灾害风险是洪涝灾害的危险性与承灾体的社会经济及防灾减灾能力等易损性相互作用的综合结果，采用 1989 年 Maskrey 提出的自然灾害风险表达式对东濠涌流域城市洪涝灾害风险进行分析（黄国如等，2015）。结合上文对研究区域的分析和对层次分析结构的指标权重的计算，东濠涌流域的城市洪涝灾害风险（R）与危险性（H）、易损性（V）的关系如下，即风险的计算公式为

$$R = 0.667H + 0.333V \tag{6-13}$$

利用式（6-13）可计算不同情景下各栅格的风险值大小，采用自然间断点法对风险分析结果进行 4 个等级的区划，分别用 1、2、3、4 分别代表低、中、较高、高风险，其区划结果如图 6-18 所示。

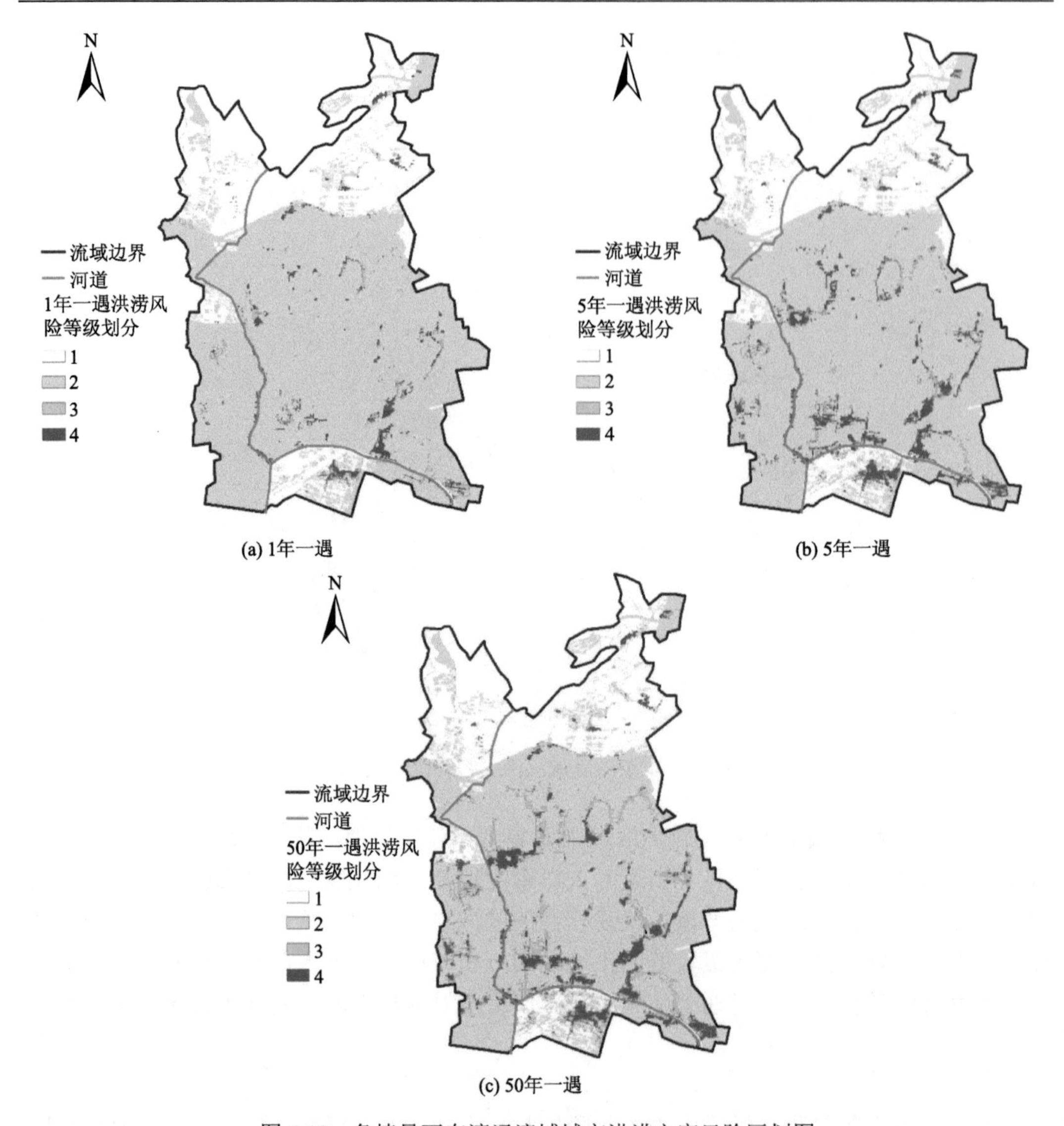

图 6-18　各情景下东濠涌流域城市洪涝灾害风险区划图

综合分析风险区划图与 8 个评估指标的分布图可知，流域风险分布与淹没水深、淹没历时、人口密度的分布密切相关。淹没水深越大、淹没历时越长、人口密度越高的区域，发生洪涝灾害的风险越高，统计各风险区面积及其比例，如图 6-19 所示。

分析风险区划图和面积统计图可知，不同重现期设计降雨情景模拟下东濠涌流域洪涝灾害风险区划图中，中风险区分布最广泛，面积占比最大，重现期分别为 1 年一遇、5 年一遇、50 年一遇降雨情景下，中风险区面积占比依次为 71.04%、68.22%、65.31%。除中风险区外，低风险区的占比最大，三种设计降雨情景下其面积占比依次为 25.56%、24.88%、24.30%，低风险区主要分布在流域的北部，结合 8 个评估指标综合分析，该地区各设计降雨情景下模拟所得结果显示淹没情况较少且地势较高、坡度较缓，因此综合的危险性较低。此外，北部主要的土地利用为大绿地等经济代表性较低的用地且人口密

度相对较小，因此东濠涌流域北部的风险等级较低。

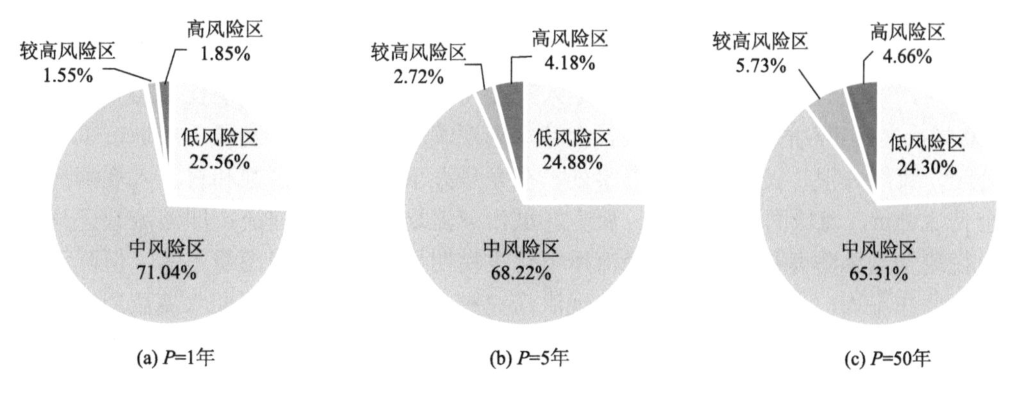

(a) P=1年　　(b) P=5年　　(c) P=50年

图 6-19　东濠涌流域洪涝灾害风险面积统计图

较高风险区、高风险区的分布与淹没水深、淹没历时分布密切相关，随着设计降雨情景的重现期增大，流域内的淹没现象更明显，较高风险区、高风险区面积也随之增加。对于较高风险区而言，在降雨重现期分别为 1 年一遇、5 年一遇、50 年一遇降雨情景下，其面积依次为 0.16km^2、0.28km^2、0.59km^2；当降雨重现期从 1 年一遇增至 5 年一遇时，面积增加 75%；从 5 年一遇增至 50 年一遇时，面积增加 111%。对于高风险区而言，在重现期分别为 1 年、5 年、50 年降雨情景下，其面积依次为 0.19km^2、0.43km^2、0.48km^2；当降雨重现期从 1 年一遇增至 5 年一遇时，面积增加 126%；从 5 年一遇增至 50 年一遇时，面积变化较小，仅增加了 12%。以上两个风险等级较高的区域主要分布在流域的中部区域和南部区域，结合 8 个评估指标综合分析可知，该区域位于流域中下游，地面高程较低，同时容易受外江顶托作用，容易发生淹没现象。此外，该区域人口密度较高、土地利用的经济代表性高，因此该区域的风险等级较高。

6.3　深圳市民治片区暴雨洪涝灾害风险评估

6.3.1　研究区域概况

1. 自然环境概况

民治街道位于深圳市龙华区南部，北邻大浪和龙华街道，东部与深圳市龙岗区相邻，南接福田与罗湖，西靠南山。民治街道位于北回归线以南，属亚热带海洋性气候。夏季较长，冬季不明显，气候温和，光照充足，雨量充沛。夏季受热带气旋控制，盛行东南风和西南风。街道辖区总面积 29.26km^2，下辖 12 个社区工作站。根据排水管网服务范围及地形资料概况分析，确定民治街道内一封闭流域作为研究区域，研究区域面积为 25.33km^2。研究区域范围内地形南高北低，南部多为丘陵山地，中部和北部地势平缓，为密集建城区。流域内雨量充沛，降雨量年际、年内间分布不均，多年平均降雨量为 1822mm，年最大降雨量为 2408.9mm（1975 年），年最小降雨量为 784.8mm（1963 年）。年内降雨量主要集中在 4～9 月，降雨量约占全年降雨量的 84%。

民治片区属于观澜河流域范围内，片区内两条主要河流上芬水和民治河都属于观澜河一级支流（图 6-20）。民治河为观澜河的上游支流，发源于民治水库、民乐水库、雅宝水库的源头大脑壳山山脉，民治河源头接民治水库溢洪道，中段有牛咀水、樟坑水二支流汇入，下游与坂田河汇合后一同汇入观澜河干流。民治河河流全长 8.8km，流域面积 20.17km^2，河床平均比降 6.6‰。上芬水为观澜河左岸支流，发源于深圳市羊台山森林公园，流经大浪、民治、龙华办事处，在龙华办事处油松社区共和村汇入观澜河，河流全长 3.9km，流域面积 8.9km^2。研究区域内河流均属雨源型河流，即河流缺乏基流补充，径流量全靠降雨补给，河道径流季节化丰枯明显。该流域虽雨量丰富，但降雨量在时间上分布不均，夏季多雨，甚至出现洪涝灾害，而冬春干旱，雨期水流湍急，非雨期干旱断流。降雨的不均匀导致河流的径流量变化较大；流量变幅也大。截至 2015 年底，流域内共有中小型水库 5 座，其中小（一）型水库 2 座，小（二）型水库 3 座。水库的修建能够进行径流调节，蓄洪补枯，使天然来水能在时间和空间上更好地满足用水的要求。但该流域水库细小、分散，调蓄能力较弱，汛期径流量难以集中利用，水库的蓄水总量也不大。

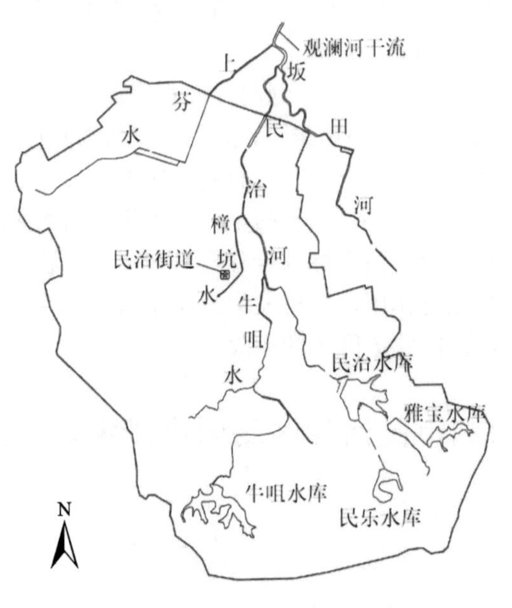

图 6-20　民治片区河流水系图

2. 社会经济概况

民治街道辖大岭、民乐、民泰、白石龙等 12 个社区工作站，2018 年民治街道常住人口 43.65 万人，实现地区生产总值 203.3 亿元，总用水量 1.95 亿 m^3。民治街道位于龙华区南部，相对龙华区内其他街道，与福田区、罗湖区等商业中心区最为接近，因此不少在原深圳经济特区内工作的人，选择在民治居住，使民治发展成一个以住宅为主的区域。近年来，民治街道注重完善城市功能，积极探索，以点带面，以提速建设深圳北站商务中心区和深圳北站交通枢纽建设为发展契机，坚持规划引领、基础先行，大力推动产业升级、增强城市功能，全面推进“六个一体化”进程。目前民治正加快产业转型升级步伐，重点打造“三个高地”，即总部经济高地、现代服务业高地、新兴产业高地。2018 年，280 亿元投入规划建设深圳北站商务中心区，深圳北站已与深圳 4 号线、5 号线、6 号线形成四通八达的交通网络，有效带动了城镇的高速发展，城市基础设施投入大、建设快。依托梅林关片区、民治大道沿线片区等四大片区和深圳北站的规划建设，民治街道将被重点建设成“一中心区四功能片区”。

2017 年全年民治街道地区生产总值 187.4 亿元，同比增长 9.1%；社会消费品零售总额达 45.1 亿元，同比增长 9.4%；固定资产投资完成额达 180.1 亿元，同比增长 6.3%，连续 10 年保持两位数高速增长；进口总额达 16.8 亿元，同比增长 19.4%；出口总额达 153.3 亿元，同比增长 3.1%；外贸形势逐步回暖。第三产业占比达 78.9%，同比增长 5.5%。

3. *历史灾情概况*

民治片区在 20 世纪 90 年代以前属于城市郊区，开发不完全，传统分散型农业较多，农田、鱼塘绿地等透水地面比例较大，内涝频次低。改革开放以来，随着深圳市迅速发展，民治街道城市建设逐步完善，地势平缓的中部和北部已成为密集建城区。原有的农田、沼泽等透水地面大都被城市道路、房屋等不透水地面覆盖，大部分河道也被改为盖板渠和箱涵，原有水田、湖泊、沼泽、水塘、水库的滞留效应减弱。同时，由于该区域属于城中村，发展过程中，排水系统缺乏全面完善的规划，旧村老城周边农田、水塘被城市化进程覆盖后，被围困形成低洼区；新城区的竖向高程未能充分考虑河渠水面线的关联性，而形成新的受涝区；城市道路的建设造成水系的隔裂、排水不畅，又扩大受涝面积。导致民治片区内涝不断，成为深圳市的内涝重灾区。2008 年深圳“6・13”特大暴雨，民治片区多处出现内涝，其中最深积水处达 1.1m，受灾人口 2700 多人，内涝造成直接经济损失 1000 万元以上。2013 年 8 月 30 日特大暴雨中，民治沙吓村、梅花山小区等多处积水严重，积水深度从 0.5m 到 2m，其中沙吓村道路泥泞不堪，积水最大深度约 2m，1 人触电死亡，住户及商铺遭受巨额损失。2014 年 5 月 11 日，龙华 24h 降雨量超 300mm，民治办事处多处发生内涝，受涝总面积 7.745 万 m^2，最大内涝面积 3 万 m^2，积水最大深度 4m，最长淹没时间 10h。2018 年 8 月 29 日特大暴雨中，民治街道局部河堤发生坍塌，多处内涝积水，最大积水深度达 1m。对民治片区进行内涝风险评估，对于防灾减灾部门应急抢险措施部署、解决民治片区内涝问题有着重要的意义。

通过对研究区域实地调研，总结出民治片区共有 8 处易涝点，内涝严重片区分布如图 6-21 所示。对历史内涝点的积水成因进行整理，可知除了降雨量大和地形条件以外，排水管道建设和维护不完善导致排水系统能力不足是内涝的主要原因。由于城市人口密集，且大多建在低洼地区，往往容易受到强降雨影响，降雨可能使城市排水系统不堪重负，并导致复杂的局部地表洪水泛滥。城市河网水系、地下排水系统的配置以及城市内的建筑物深刻地改变了城市中的水循环过程。因此，构建高精度的城市排水管网模型对城市地面的积水过程进行模拟和预测，开展民治片区城市内涝风险评估。

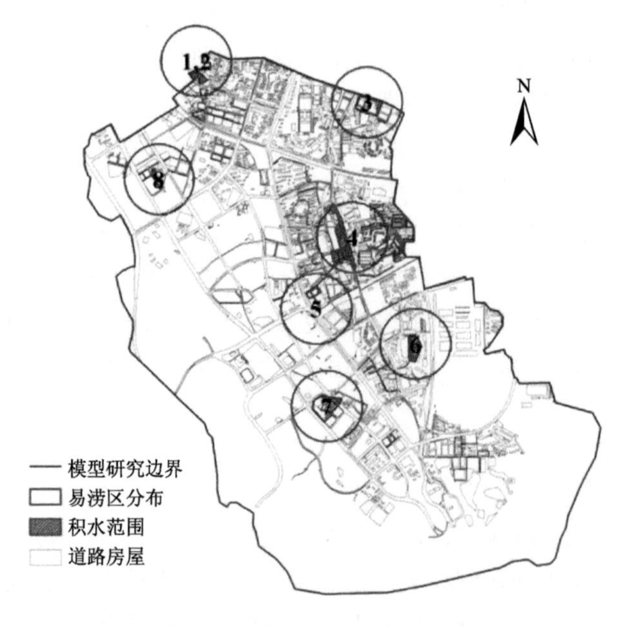

图 6-21　易涝点调研结果图

6.3.2　InfoWorks ICM 模型构建

根据已有数据构建民治片区排水管网水力模型，将排水管网数据和子汇水区数据进行整理，导入 InfoWorks ICM 模型，根据对遥感图像的分析，将研究区域的地表类型概化为五种，分别为房屋、道路、草地、荒地和水面，每个子汇水区都由上述五种类型的地表按不同比例组成。各种地表属性如表 6-14 所示。根据研究区域遥感图，确定每个子汇水区中不同产流表面的比例。至此，研究区域一维模型的搭建完成[图 6-22（a）]。

表 6-14　不同地表类型属性

地表类型	汇流模型	汇流类型	汇流参数	产流表面类型	径流量类型	初损类型	初期损失值/m	固定径流系数
房屋	SWMM	Abs	0.02	不透水	Fixed	Abs	0.001	0.8
道路	SWMM	Abs	0.02	不透水	Fixed	Abs	0.0015	0.9
草地	SWMM	Abs	0.05	透水	Fixed	Abs	0.0025	0.3
荒地	SWMM	Abs	0.03	透水	Fixed	Abs	0.003	0.5
水面	SWMM	Abs	0.025	不透水	Fixed	Abs	0	1

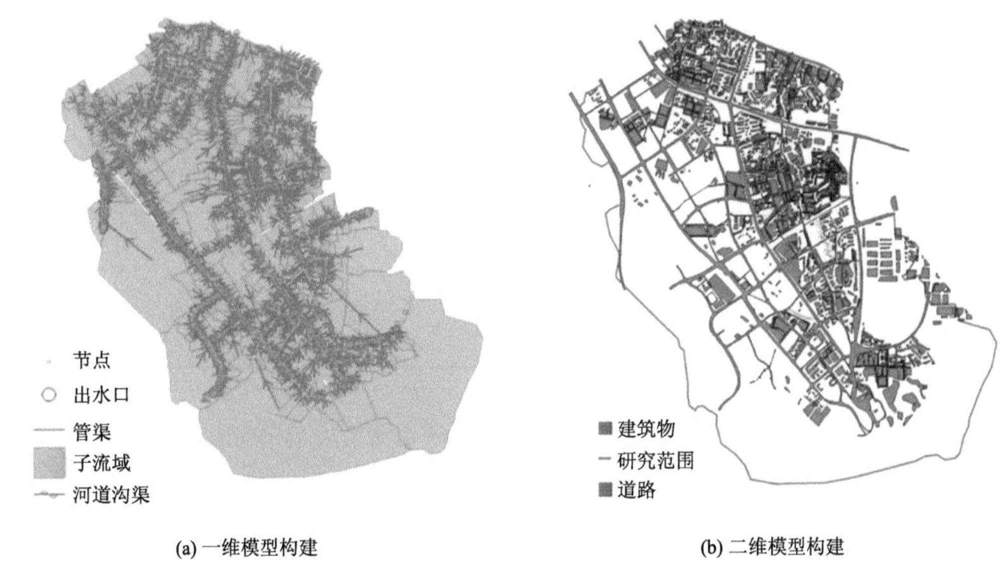

(a) 一维模型构建　(b) 二维模型构建

图 6-22　民治片区 Infoworks ICM 模型构建

InfoWorks ICM 排水系统模型中对地表洪水的流速、流向和深度进行模拟计算需要通过二维模型实现。建立二维模型首先将前述的 TIN 地面高程模型引入模型，确定二维模型计算区域，画出 2D 区间用以划分网格，每个网格从 TIN 模型中读取一个高程数据。InfoWorks ICM 除了可以添加不透水区域，还可以设置网格区域高程的增高或降低，采用改变建筑物和道路高程的方法，实现对城市内建筑物的处理。根据遥感图提取出的建筑物轮廓和城市道路，将建筑物提高 10cm，道路降低 20cm。

至此，加上前述一维模型部分，就完成了二维模型设置，如图 6-22（b）所示，将节点的洪水类型设定为 2D，就可以实现一维、二维耦合计算。利用 InfoWorks ICM 模型模拟研究区域 2013 年 8 月 30 日和 2014 年 5 月 11 日两场实测降雨洪水情况，模拟结果如图 6-23 所示。

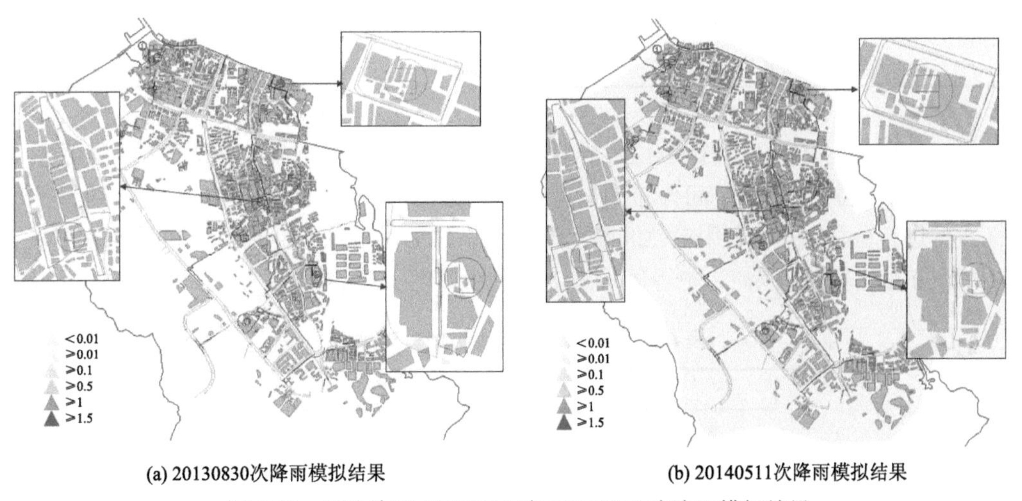

(a) 20130830次降雨模拟结果　(b) 20140511次降雨模拟结果

图 6-23　民治片区 20130830 和 20140511 次降雨模拟结果

提取结果文件中的城市地表积水分布，比较 20140511 场次暴雨主要内涝点的调研水深和模拟淹没水深（表 6-15）。

表 6-15 民治片区 20140511 场次降雨主要涝点积水统计

涝点位置	调研水深/cm	模拟水深/cm	误差/cm
民治河边梅花新园	130	118	12
布龙路与人民路交会处	60	59	1
临龙路	40	39	1
梅坂大道万家灯火	60	50	10

由图 6-23 和表 6-15 可知，模型模拟淹没范围和水深与历史内涝淹没情况较为一致，说明该模型能较好地反映该片区的内涝情况，具有一定可靠性。

6.3.3 暴雨内涝风险指标体系构建

在对研究区域进行实地考察和特征分析的基础上，综合国内外内涝灾害风险评估常用指标，从危险性和易损性两大风险要素出发，共选择 7 个指标构成民治片区暴雨内涝风险指标体系。选择淹没水深、淹没历时、地面高程、坡度作为内涝灾害危险性评估指标，采用人口密度、土地利用及到医院距离作为内涝灾害易损性评估指标。采用层次分析法（AHP）确定民治片区内涝风险评估各指标权重值，如表 6-16 所示。

表 6-16 民治片区暴雨内涝风险评估各指标权重

目标层	准则层	方案层	单位	方案层权重	准则层权重	数据来源
城市内涝灾害	危险性	淹没水深	m	0.54	0.67	城市雨洪模型模拟结果
		淹没历时	h	0.26		城市雨洪模型模拟结果
		地面高程	m	0.10		1∶2000 地形图
		坡度	%	0.10		根据高程数据
	易损性	人口密度	万人/km^2	0.63	0.33	龙华政府在线
		土地利用	—	0.26		深圳中部土地利用规划图
		到医院距离	km	0.11		深圳中部土地利用规划图

由于选取的各项评估指标单位各异且取值范围差异较大，为加强数据之间的联系并方便模型计算，将各指标空间分布图层栅格化，栅格大小为 10m×10m，并分别将各项指标数据进行分段划分，利用自然间断点法将栅格化后的各项指标数据分为四个等级并给各个等级赋值（低风险为 1、中等风险为 2、较高风险为 3、高风险为 4），如表 6-17 所示。

表 6-17 各指标风险等级划分与赋值

变量层	风险等级			
	1	2	3	4
淹没水深/m	[0,15)	[0.15, 0.5)	[0.5, 1.5)	≥1.5
淹没历时/h	[0,1)	[1, 2)	[2, 3)	[3, 4]

续表

变量层	风险等级			
	1	2	3	4
地面高程/m	[172.35, 345.47]	[113.62, 172.35）	[81.47, 113.62）	[43.87, 81.47）
坡度/%	[13.91, 53.61）	[7.53, 13.91）	[3.10, 7.53）	[0, 3.10）
人口密度/（万人/km^2）	[0, 1.967）	[1.967, 3.526）	[3.526, 4.586）	[4.586, 11.051]
土地利用	绿地	行政	住宅	商业
到医院距离/km	[0, 1.08）	[1.08, 1.88）	[1.88, 2.72）	[2.72, 3.93]

1. 危险性

选用淹没水深、淹没历时、地面高程和坡度作为民治片区暴雨内涝风险评估危险性指标。由于深圳市防御内涝标准为 100 年一遇，采用 InfoWorks ICM 构建研究区的暴雨内涝模型，输入重现期为 100 年、历时为 2h 的设计暴雨作为降雨条件进行模拟计算。对模拟结果进行统计分析，可以获取暴雨过程中研究区域内各网格的最大淹没水深和淹没历时，淹没水深越大、淹没历时越长，风险度越高。基于民治片区的区域特性对分级阈值进行取值，淹没水深和淹没历时的风险等级分布如图 6-24 所示。

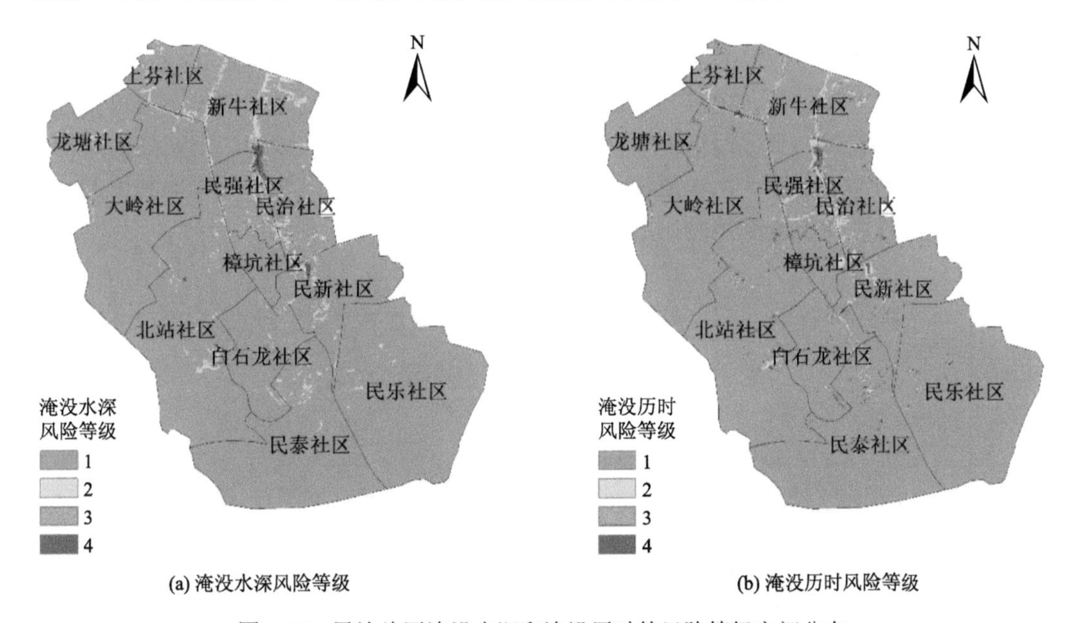

图 6-24　民治片区淹没水深和淹没历时的风险等级空间分布

地形因子一般是指地面高程和地面坡度，地形因子与内涝危险程度密切相关。一般认为，高程越低、坡度越平缓的地区，越容易形成积水且难以排出。对民治片区地形因子风险度进行等级划分，得到研究区域内地形因子的风险等级空间分布（图 6-25）。

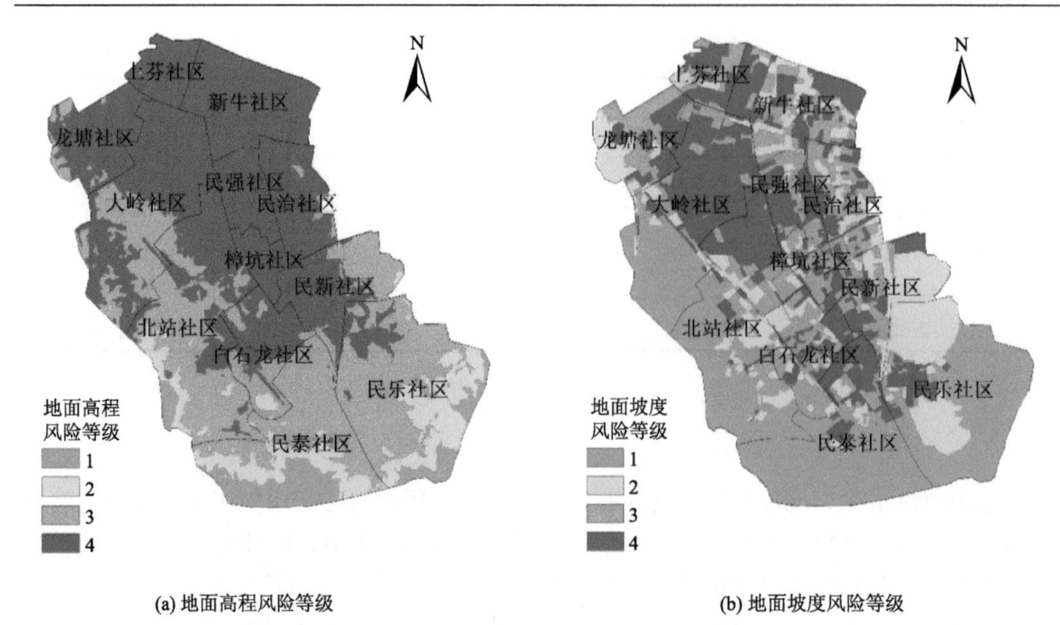

图 6-25　民治片区地形因子的风险等级空间分布

2. 易损性

选用人口密度、土地利用类型和到医院距离作为民治片区暴雨内涝风险易损性指标。一般来说，人口密度越大，内涝易损度越高。根据龙华政府在线提供的民治街道办各社区工作站信息，整理得到民治街道下辖 12 个社区人口密度（图 6-26）。不同的土地承灾体对内涝灾害的易损性不一，根据深圳中部土地利用规划图，提取不同土地利用类型图层，得到民治片区内不同土地利用类型分布（图 6-27）。

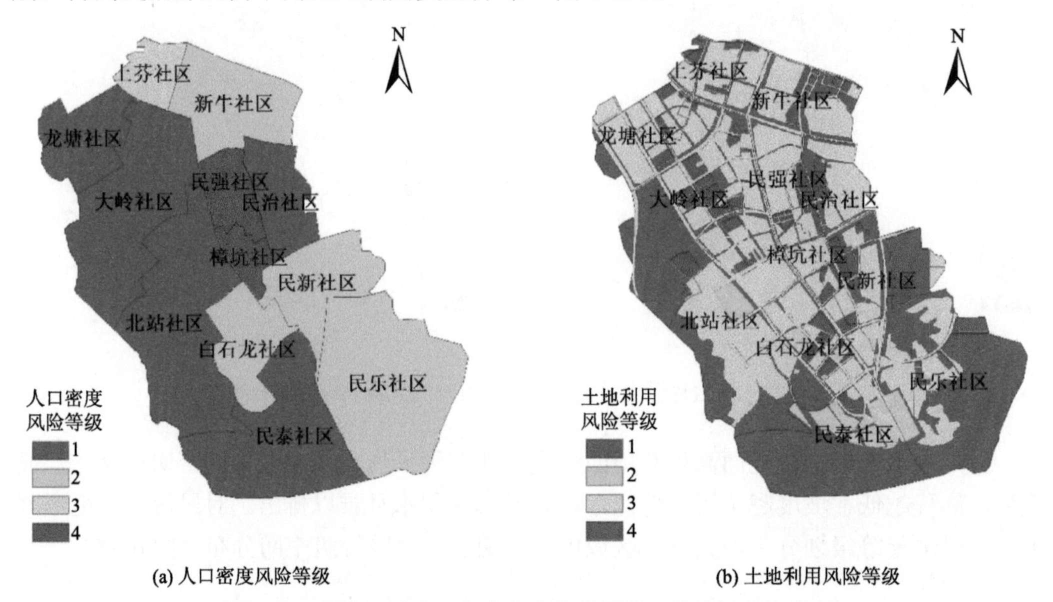

图 6-26　民治片区人口密度和土地利用的风险等级空间分布

通过结合搜集政府部门公开的医院信息，确定民治片区内有较为完善的医疗救助能力的综合医院位置。利用 ArcGIS 软件内的距离分析计算研究区域内各点到医院的最短距离，并进行等级划分，得出到医院距离指标的风险度分布图（图 5-14）。

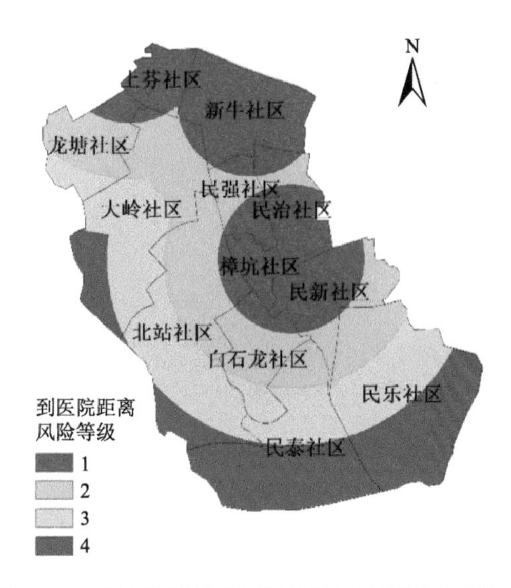

图 6-27　民治片区到医院距离的风险等级空间分布

6.3.4　城市内涝风险评估

1. 民治片区内涝危险性评估

选用淹没水深、淹没历时、地面高程和坡度作为民治片区内涝危险性评估指标，基于各指标风险等级划分结果，将各栅格单元危险性指标风险等级图层乘以相应的方案层权重，每个栅格单元的危险性 H 和各变量层风险等级 w_i 的关系如式（6-14）所示：

$$H = 0.54w_1 + 0.26w_2 + 0.1w_3 + 0.1w_4 \tag{6-14}$$

利用 ArcGIS 自然间断点法，将各栅格单元危险性计算结果分别按 1.1～1.66、1.66～2.38、2.38～3.06 和 3.06～4.00 划分为低、中等、较高、高危险性，并分别赋值 1、2、3、4 得到民治片区内涝灾害危险性分布（图 6-28）。

由图 6-28 可知，民治片区内涝灾害高危险性和较高危险性区域主要分布在民治河沿河下游附近和上芬社区布龙路一带，这是由于淹没水深为内涝灾害危险性最主要因素，影响程度所占比重最大，这些区域地下排水管网标准较低，排水沟渠断面过水能力不足，淹没情况较为严重，地势较低且坡度平缓，不利于汇集的城市洪水排出。北站社区在深圳北站附近，坡度平缓，高程偏小，有利于城市洪水在低洼地区汇集，因此发生内涝的危险性也较大。危险性较低区域主要分布在大岭社区、白石龙社区、民泰社区和民乐社区等。

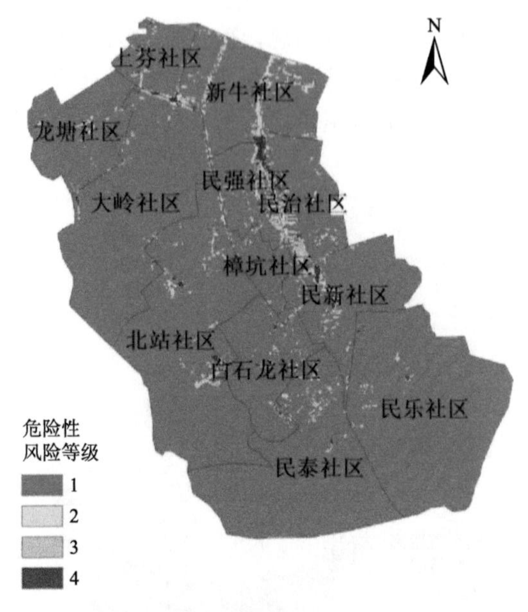

图 6-28　民治片区内涝灾害危险性分布

2. 民治片区内涝易损性评估

选用人口密度、土地利用和到医院距离作为民治片区内涝易损性评估指标，基于各指标风险等级划分结果，将各栅格单元易损性指标风险等级图层乘以相应的方案层权重，每个栅格单元的易损度 V 和各变量层风险等级 w_i 的关系如式（6-15）所示：

$$V = 0.63w_1 + 0.26w_2 + 0.11w_3 \tag{6-15}$$

利用 ArcGIS 自然间断点法，将各栅格单元易损性计算结果分别按 1～1.37、1.37～2、2～2.78 和 2.78～3.28 划分为低、中等、较高、高易损性，并分别赋值 1、2、3、4，由此得到民治片区城市灾害易损性分布（图 6-29）。

由图 6-29 可知，民治片区内涝灾害易损性较高区域主要分布在研究区域中部和北部，即民强社区、樟坑社区、上芬社区和大岭社区东部等，这主要是因为这些区域地势平缓，为密集建城区，土地利用类型主要为商业和居住用地，人口密度大；民乐社区南部有大片山地，易损性程度较低，但北部建成区的土地利用类型主要为居住和商业用地，且距离研究区域内综合医院较远，因此易损性程度也较高。

3. 民治片区内涝风险评估

在民治片区城市内涝风险评估中，根据层次分析法确定各指标权重值，可知危险性因子（H）和易损性因子（V）的权重分别为 0.67 和 0.33（表 5-10）。在 ArcGIS 平台上根据式（6-16）进行空间叠加分析可得各个栅格单元的风险度（R）：

$$R = 0.67H + 0.33V \tag{6-16}$$

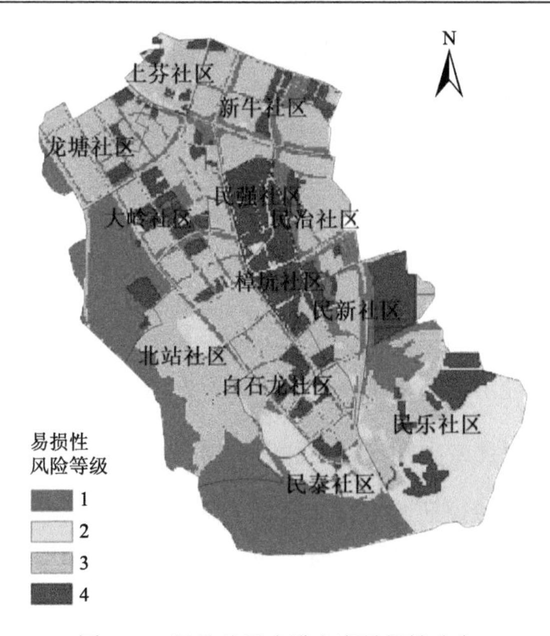

图 6-29　民治片区内涝灾害易损性分布

利用 ArcGIS 自然间断点法，将各 10m×10m 的栅格单元的风险度计算结果分别按 1.13～1.66、1.66～1.95、1.95～2.36 和 2.36～3.62 划分为低风险（1）、中等风险（2）、较高风险（3）、高风险（4）四个等级，此时得到民治片区城市内涝风险分布（图 6-30）。

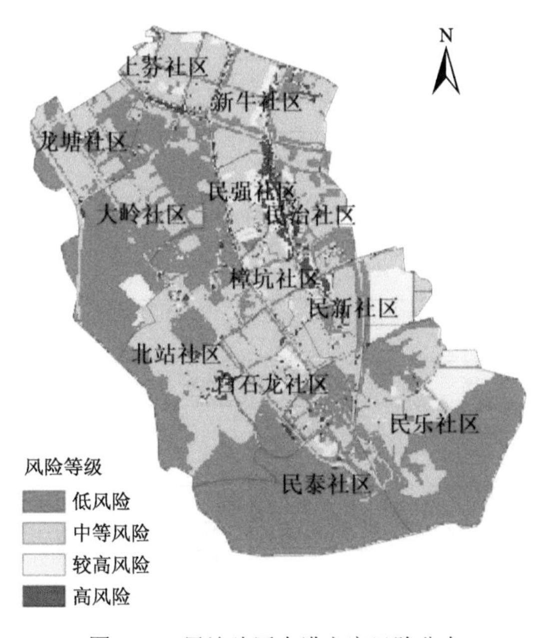

图 6-30　民治片区内涝灾害风险分布

结合民治片区内涝危险性分布图、易损性分布图及风险分布图可知，研究区域城市内涝高风险区主要集中在民强社区、民治社区、新牛社区内民治河沿河下游附近，这是由于这些地区淹没情况较为严重，地势较低，有利于地表洪水汇集，人口相对密集，居民点较为集中，城市化程度较高，土地利用类型主要为商业及居住用地，经济财产相对集中，因此发生城市内涝的风险比其他地区相对较高。较高风险区及中风险区主要集中在研究区域中部及北部，这些地区稍远离民治河，但地势较低，地形起伏度较小，同时人口密度较大，因此城市内涝风险程度较高。风险低的地区分布面积较为广泛，主要集中在地势较高及远离民治河的民乐社区、民泰社区和大岭社区，因为这些地方内涝危险性相对较低，且人口和经济分布稀疏，故整体城市内涝风险性较小。

6.3.5 深圳市内涝灾害居民室内财产损失曲线构建

城市暴雨内涝风险定量评估通常指计算特定概率下灾害所造成的破坏和损失，一般应用风险特征类模型进行计算，风险以概率和灾害造成损失的形式表现，即

$$R = P \times L \tag{6-17}$$

式中，R 为灾害风险；P 为致灾因子出现的超越概率（与重现期呈倒数关系）；L 为致灾因子可能对区域造成的破坏和损失。

通过民治片区的高精度城市雨洪模型模拟区域内单独承灾体的受灾情况，采用合成曲线法构建深圳市内涝灾害居民室内财产损失曲线，通过模拟深圳市居民室内财产的组成与分布，根据室内各财产的位置和遭淹受损情况进行水淹损失风险并建立居民室内财产损失曲线。合成曲线法的技术路线如图 6-31 所示。

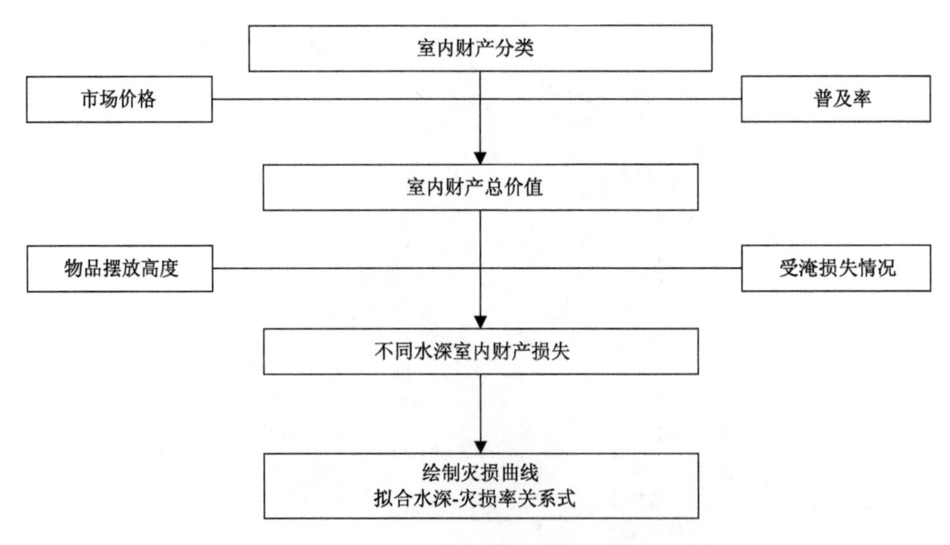

图 6-31 合成曲线法技术路线

根据深圳市统计年鉴，设计单个深圳中等收入家庭拥有一套商品房，住房面积 90m^2，其中卧室两间，书房、客厅、餐厅、厨房、卫生间各一间。室内财产根据深圳市居民基本家庭装修及家具、电器配备情况进行设计。

1. 室内财产分类及价值

室内财产分类主要为室内装修、家电用品、家具和家庭日用消费品四类，家庭财产组合中仅涉及生活必需品，不考虑额外的奢侈品。按类别对各类室内财产的数量和价值统计如下：

1）室内装修

根据《住宅装饰装修工程施工规范》（GB 50327—2001），城市住宅装修工程按照房屋结构可以综合分为地面铺装、墙面铺装、门窗、房屋结构、卫生器具及管道、电气等 7 项工程。一般来说，在房屋水淹过程中，位置较高的窗、电气与抗水较强的房屋结构、洗浴设施受淹损失风险小，位置较低的木质地板、木质门、墙漆受淹损失风险较大（廖永丰等，2017）。

设定各家庭住宅的卧室和书房以木质地板为主，其余空间以瓷砖为主，因此木质地板损失核算仅计算卧室与书房面积。根据商品房常见户型图与《2012 年中国地板行业互联网指数分析报告》，设定此 90m^2 商品房木质地板铺装面积为 33m^2，木质地板每平方花费 254 元。计算得单个深圳中等收入家庭地板铺装总成本 8382 元。

各家庭住宅的卫生间和厨房的墙面涂饰一般以瓷砖为主，其余空间以墙漆为主。水淹过后，为保证墙面颜色一致性，所有水淹墙面都会重新刷漆。设定刷漆面积=（室内面积−厨房面积−卫生间面积）×3。室内面积以建筑面积的 85%计算，厨房与卫生间面积以室内面积 20%计算，故 90m^2 家庭住宅刷漆面积为 183m^2。2012 年，深圳市包工包料的刷漆成本为 12 元/m^2，刷漆总成本 2196 元。

设定各家庭住宅的卧室门和书房门为木质，其余门以合金为主，因此木质门损失核算仅计算卧室门与书房门。查阅 2012 年深圳市装修报价，木质门一般为 1900 元/樘，标准住宅按三樘木门测算，家庭木门安装总成本为 5700 元。

2）家用电器

除少数较富裕家庭可能拥有奢侈品或贵重财产，普通居民家庭拥有的房屋财产种类差别并不大，只是在数量和价值上有一定差异。根据深圳统计年鉴的居民电器种类情况进行每户家用电器数量计算；并根据石勇（2010）对上海市、姚思敏（2016）对京津冀地区的相关研究对表 6-18 中缺少的常见家用电器数据进行补充。

表 6-18　居民家庭平均每百户拥有耐用电器（2012 年）

品名	数量	品名	数量	品名	数量
洗衣机	94.1	组合音响	41.6	移动电话	247.3
电冰箱	101.9	空调器	242	照相机	80.7
彩电	128.3	家用电脑	128.5	微波炉	68.9

由于部分电器设备较便携（如移动电话、照相机等），在发生洪涝淹没时能轻易地移动到较高的位置避免浸水损坏，该类电气设备在本研究中不予考虑。参考中国市场调查研究中心月度零售监测数据库 2012 年每月数据，对家电零售价进行估算（表 6-19）。

表 6-19　深圳市城镇居民家庭电器设备组合设计

序号	家电种类	单户家电配置/台	家电单价/元	家电支出/元
1	电冰箱	1.02	2239.3	2284.1
2	洗衣机	0.94	1685.7	1584.5
3	空调	2.42	2908	7037.4
4	平板电视机	1.28	3840.4	4915.7
5	微波炉	0.69	581.3	401.1
6	吸油烟机	1	2436.3	2436.3
7	电饭煲	0.8	243.6	194.9
8	电脑	1.29	4618.5	5957.9
9	音响	0.42	438	184
10	热水器	1	1875.9	1875.9

3）家具

大件家具是室内财产的主要部分，除沙发一般为皮质或布艺品，床垫的主体材料为布料外，其他常见家具的主要制造材料一般是木材，淹水后对结构和功能较难造成功能性巨大破坏，更换概率低，因此在这里不加以考虑（表 6-20）。

表 6-20　深圳市城镇居民家庭家具设备

序号	家具种类	单户家具配置/个	家具单价/元	家具支出/元
1	沙发	1	7200	7200
2	床垫	2	3000	6000

4）日用消费品

服装、家庭日用品和文娱用品等日用消费品也是家庭财产的一部分，且这些物品易损性高，一旦遭遇水淹立刻丧失价值，根据深圳市年鉴中给出的深圳市人均消费情况，对每个家庭这些日用消费品的价值进行统计（表 6-21）。

表 6-21　深圳市居民家庭日用消费品价值估算　　单位：元

种类	服装	家庭日用品	文娱用品
价值	5738	4897	2259

2. 室内财产内涝灾害损失风险

城市内涝灾害对房屋财产造成损害的方式主要是长期水淹。长时间的水淹导致财产发生吸水膨胀、浸水脱色等形状变异、功能破坏的情况。因此，只要财产与内涝积水长时间接触，损失将不可避免。为具体计算财产损失，模拟不同水深对财产的损失程度，必须要对各类财产的设计高度和水淹损坏情况进行调查。

墙面装修分为踢脚线与墙漆，当积水深度超过踢脚线时墙漆将遭受水淹。目前，深圳室内墙面装修以 10cm 踢脚线为主，计算水淹高度时，计入地板高度 4cm，得一层住宅墙面受损水淹高度阈值为 14cm。由于一层楼的高度一般为 3m，单位深度的刷漆成本约为 767.8 元/m。门遭受水淹的条件是水深超过门下边线的高度。由于门与地面铺装之间留空 1cm，计算水淹高度时，计入地板高度 4cm，得一层住宅门板受损水淹高度阈值为 5cm。若门板水淹深度小于 1/2，仍有部分板材完好，可以进行后期修复，此时定为损失 75%。

对于家用电器的摆放高度和水淹损坏情况，苏明道等（2002）做过台湾室内财产的高度调研和统计，以量贩店及大型家电行为调查对象，配合销售情形，求得各家电尺寸的平均值；以家具行的设计为对象，调查各家具的高度，作为摆放高度时的参考依据。以各大维修部为访谈对象，对各项设备与其淹水深度与损失的关系进行调查，得出淹没水深与各类财产损失的关系，台湾地区研究中未能包含的电器或家具损坏情况，参考石勇（2010）和姚思敏（2016）等人的研究。

室内家居受淹损失风险主要是评估沙发和床垫的损坏情况，沙发的水淹高度阈值为地板高度 4cm，床垫遭受水淹的条件是水淹深度达到床高，床高一般为 45cm，计入地板高度 4cm，床垫的水淹高度阈值为 49cm。日用消费中，服装一般放置在衣柜中，假定遭受淹没的阈值为 50cm；家庭日用品一般为床上用品或装饰品，综合考虑后假定水淹高度阈值为 60cm；文化娱乐用品一般摆放在桌面上，水淹高度阈值为 80cm，各居民室内财产水淹深度阈值如表 6-22 所示。

表 6-22　居民室内各财产水淹深度阈值

序号	项目	水淹高度阈值/cm	序号	项目	水淹高度阈值/cm	序号	项目	水淹高度阈值/cm
1	地板	4	7	平板电视机	68	13	电脑	100
2	墙漆	14	8	微波炉	82	14	沙发	4
3	门	5	9	音响	70	15	床垫	49
4	电冰箱	4	10	热水器	150	16	服装	50
5	洗衣机	10	11	吸油烟机	170	17	家庭日用品	60
6	空调	200	12	电饭煲	58	18	文娱用品	80

因不同财产水淹阈值差异较大，故以 0.1m 为间隔结合不同类财产的水淹阈值、水淹后维修或者更换的成本绘制出深圳市家庭暴雨内涝水深-损失值曲线（图 6-32），以此反映不同内涝程度下的绝对损失。

从水深-损失值曲线图中可以看出，0～0.8m 段损失随着水深上升较快，0.8～1.8m 段损失曲线爬升缓慢，损失在 1.8m 水深后逐步趋于稳定并在 2.4m 时接近最大值，后续趋于平缓。总体上损失随水深变大而增多，损失速率随水深变大而减缓，这归因于各类财产通常摆放位置较低且集中，位置越高，财产越少。

相对于绝对损失值，损失率可以忽略通货膨胀的影响，通过计算不同水深下损失值在可能最大损失中的占比，即可得各水位的深圳市居民室内财产损失率（图 6-33）。

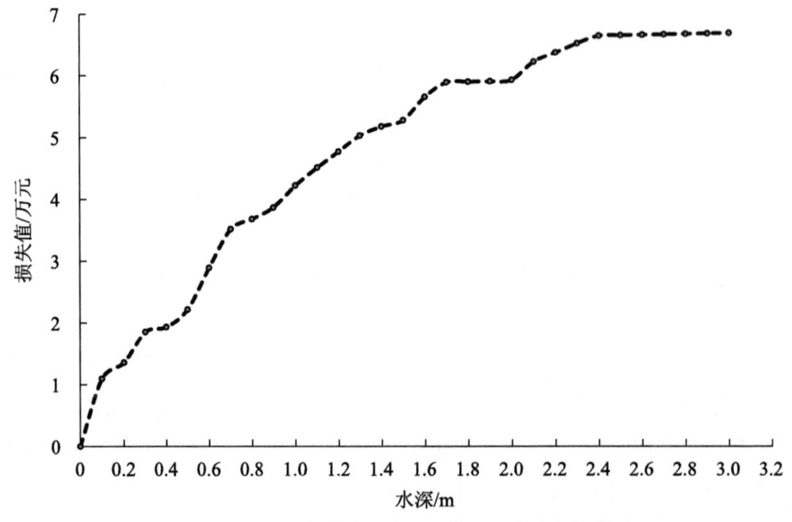

图 6-32　深圳市家庭暴雨内涝水深-损失值曲线

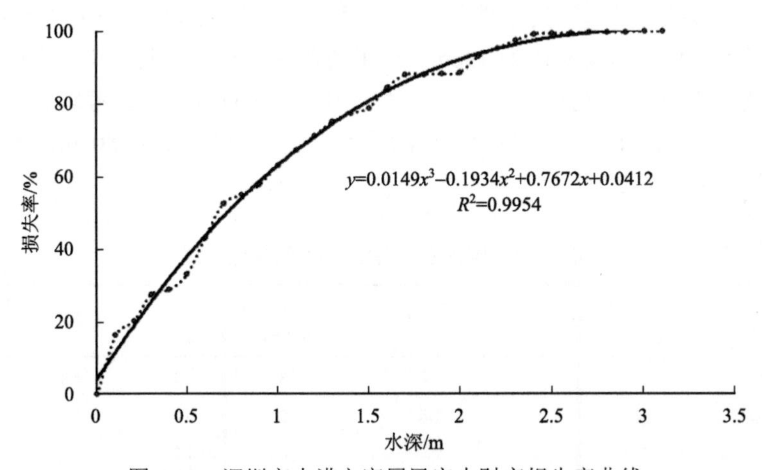

图 6-33　深圳市内涝灾害居民室内财产损失率曲线

在内涝灾害灾损曲线的建立过程中，水深-灾损率关系的拟合公式种类繁多。其中多项式对函数模型的拟合操作简便，效果较为理想，常在国内外研究中出现（姚思敏，2016）。故本节采用多项式拟合，得到损失率 y 与水深 x 的关系为

$$y=0.0149x^3-0.1934x^2+0.7672x+0.0412 \qquad 0<x,\ 0<y<1 \tag{6-18}$$

$$R^2=0.9954$$

至此，已经通过合成法得到了深圳市内涝灾害居民室内财产灾损曲线，如获得不同家庭房屋室内财产总价值数据，即可通过计算总价值与灾损曲线损失率之积，得到不同水深房屋室内财产损失的估计值。

3. 深圳市内涝灾害居民室内财产损失曲线的应用

根据遥感影像图提取出的民治片区建筑分布和深圳中部土地利用规划图确定居民住宅分布，使用前述构建的 Infoworks ICM 模型在 100 年一遇 2h 暴雨过程下的模拟计算结

果，得到研究区域 100 年一遇暴雨重现期下居民住宅内淹没水深（图 6-34）。结合深圳市内涝灾害居民室内财产损失曲线对栅格进行逐个计算并求和，得到内涝对于研究区域的破坏和损失情况。参照前文构建居民室内财产灾损曲线时的统计数据，结合深圳市人均可支配收入增长率得到深圳市 2018 年居民室内财产总价值和单位面积财产价值，求得单位面积财产价值为 1051 元。根据居民室内财产灾损曲线对淹没深度图进行栅格幂函数运算，得到研究区域 100 年一遇暴雨重现期下住宅的淹没损失分布（图 6-34）。

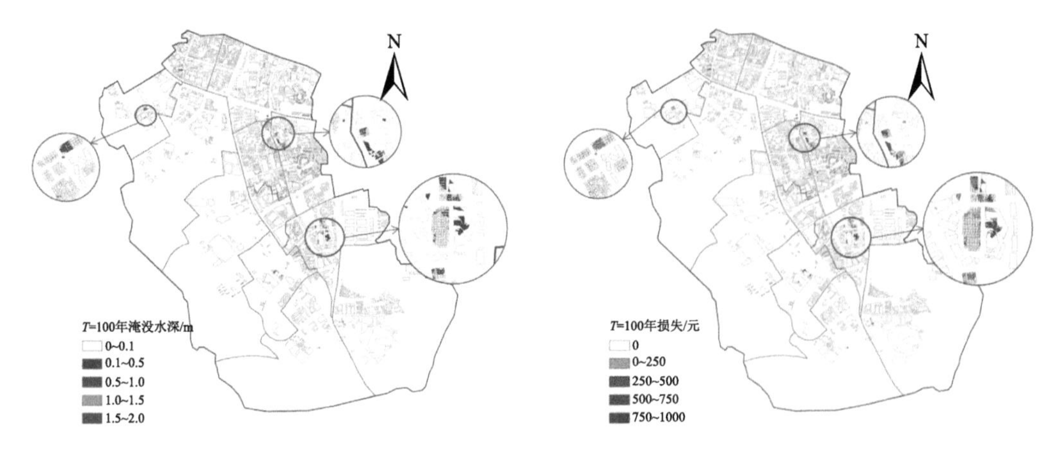

图 6-34　100 年一遇暴雨重现期下民治片区淹没损失情况

使用 ArcGIS 的统计工具，计算出研究区域 100 年一遇暴雨重现期下居民室内财产的总内涝损失为 11603458 元，即 1160 万元。

单次的内涝灾害风险评估不足以代表区域的暴雨内涝风险，一般模拟不同重现期，计算不同情景下内涝淹没情况和造成的损失，在此基础上，构建超越概率曲线，计算年平均内涝损失（AAFL），进行洪水风险评估：

$$\mathrm{AAFL} = \int x f(x) \mathrm{d}x \tag{6-19}$$

式中，AAFL 为年平均内涝损失；x 为具体情景下的内涝损失；$f(x)$ 为内涝损失为 x 时的超越概率。

年平均内涝损失可作为项目可行性分析中内涝灾害成本与效益分析的基本依据。若减灾投入比年平均内涝损失高，则说明该项目是经济不合理的；若减灾投入比年平均内涝损失低，则说明该项目在经济上科学，年平均内涝损失与减灾投入的差值，即为减灾降险措施的实际效益。

对民治片区土地利用分类图和历史内涝灾情进行分析可知，民治片区内遭受暴雨内涝的主要是一楼居民住房和沿街的商铺等，由于未能收集到沿街商铺的历史内涝损失数据，对商铺内商品的价值和摆放也无法通过合成曲线构建，暂未考虑商铺的内涝损失情况。若后续能收集到民治片区商业用地的内涝灾损情况，可进一步构建商铺财产损失曲线，利用构建的民治片区雨洪模型，计算不同降雨情景下的财产损失，建立超越概率-损失曲线，求得片区年平均内涝损失，可作为该区域暴雨内涝风险管理依据。

6.4 珠海市香洲区暴雨洪涝灾害风险评估

在建设韧性城市的背景下，将洪涝弹性和风险结合起来进行研究和分析，具有十分重要的理论研究价值，是未来的发展趋势之一。基于对弹性不同的研究角度，洪涝弹性与风险之间具有多种可能的结合方式。例如，弹性强调的是人类社会对洪涝的抵抗和灾后恢复能力，则可以将弹性作为防灾减灾能力的一部分融入洪涝风险评估之中。而如果弹性强调的是物理环境在洪涝灾害中抵抗和消除洪水的能力，那么弹性可融入危险性指标之中。基于后一种角度，将弹性融入风险评估的指标体系之中，然后利用情景模拟法对 2 年一遇、10 年一遇和 50 年一遇三种降雨重现期下的香洲城区洪涝风险进行评估、区划和分析。针对以往研究中指标数据空间精度较差和年代较为久远的缺点，结合百度热力图、夜间灯光遥感、地图兴趣点（POIs）等获取人口、经济和医院分布等脆弱性指标数据，实现城区尺度的精细化洪涝风险评估。此外，还将提出极高风险重现期区划图，为洪涝风险管理提供更多参考。

6.4.1 研究区域概况

珠海市位于广东省南部，总面积 7336km^2，是珠江三角洲的核心城市之一，亦是粤港澳大湾区的重要组成部分，其中香洲区东至珠江出海口，西临中山市坦洲镇，北靠凤凰山，南接澳门特别行政区，包含南屏镇以及拱北、吉大、狮山、翠香、香湾、梅华、前山、湾仔、凤山 9 个街道，总用地面积为 108.24km^2。香洲区是珠海市最为繁华的行政区，亦是珠海市经济、政治和文化中心。根据《珠海统计年鉴（2020）》，香洲区 2019 年年末户籍人口为 753738 人，占珠海市户籍总人口约 57%；香洲区 2019 年地区生产总值 2320 亿元，占珠海市地区生产总值约 68%。香洲城区是珠海市香洲区核心建设区域，是一个典型的城镇化地区。本研究首先利用数字高程模型（DEM）数据在 ArcGIS 中进行小流域划分，然后根据小流域划分结果和道路、河流、管网等分布情况，选取了覆盖香洲城区绝大部分区域的闭合区域为研究对象，面积为 95.27km^2，如图 6-35 所示。

香洲城区地势相对平缓，总体上呈现出西北高、东南低的特点。珠海汛期在 4 月下旬至 9 月，其中 4～6 月为前汛期，7～9 月为后汛期。区域内潮汐为不正规半日混合潮型，即在一个太阳日内有早、晚两次潮水涨落过程，各次潮高、潮差、历时均不相同，一般早潮大于晚潮。一次涨落过程中，涨潮历时短于落潮历时。通常，月大潮和小潮分别滞后于朔、望日和上、下弦日 2～3 天发生，11～12 月为年内大潮期。潮水涨落历时随时空而异。一般情况下，平均涨潮历时冬长夏短，而平均落潮历时则相反。受口门形态、近岸海域水下地形、河口入海径流等因素影响，造成海岸带各地潮势的差异，同期潮位、潮差由东向西、由内向外增大。

珠海市雨量充沛，降雨量大且较为集中，但雨量分配不均，干、湿季节较为显著。每年降雨集中在 4～9 月，占据全年降雨量 80%以上。前汛期降雨主要由于锋面低槽、低空急流、低涡或高空切变线等导致，后汛期降雨主要由于热气旋等导致。根据珠海市气象站多年降雨统计资料，该市多年平均降雨量为 1950.7mm，历年年最大降雨量为

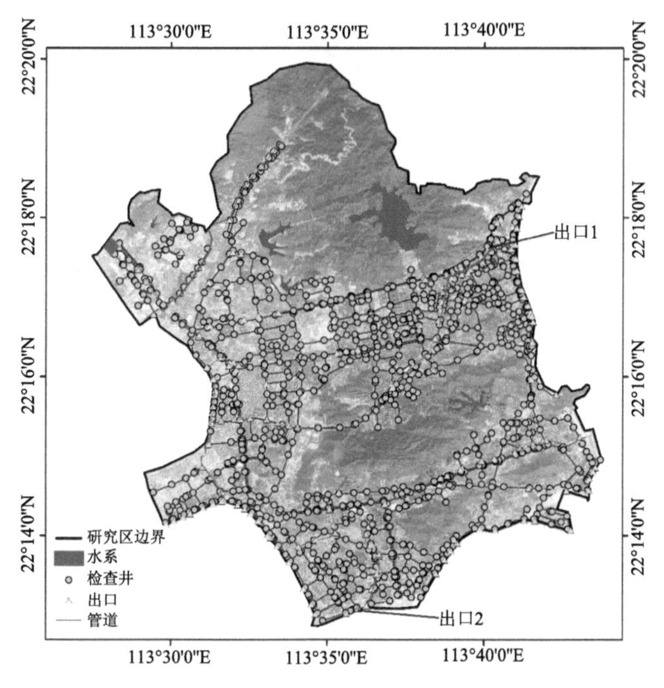

图 6-35　珠海市香洲城区水系及管网分布图

2873.9mm，历年年最小降雨量为 1200.9mm，历年月最大降雨量为 954.7mm，历年日最大降雨量为 393.7mm。然而，充足的降雨也使得暴雨成为除了台风外影响珠海的主要灾害性气候。受夏、秋季台风和冬季寒潮的影响，珠海市经常出现大风大雨天气。

6.4.2　基于 InfoWorks ICM 的珠海市香洲城区雨洪模型构建

1. 数据收集

为构建珠海市香洲城区的 InfoWorks ICM 模型，需要准备的主要资料有：研究区域排水管网、数字高程模型（DEM）、遥感影像、土地利用、建筑物和河道资料等。

1）排水管网 CAD 数据

排水管网资料中，检查井、排水口、雨水箅子、管道、蓄水设施、水泵、河流等储存在不同图层中。检查井的最高标高为 28.48m（珠江高程基准，下同），最低地面标高为 1.02m。所有检查井的地面标高在合理的范围之内，变化比较平缓。管道截面基本采用圆形或矩形，圆形管道最小的尺寸为直径 0.5m，最大为 2m；矩形管道最小的尺寸为直径 1m，最大为 6m。

2）土地利用 CAD 数据

所采用的土地利用数据中，居住用地、商业用地、道路、绿地等被细分并储存在不同图层中。经 ArcGIS 处理后，土地利用分布如图 6-36 所示。

图 6-36　珠海市香洲城区土地利用分布图

3）遥感影像资料

遥感影像数据使用谷歌地图工具进行截取并下载，采用 18 级的遥感影像图以清晰分辨研究区内道路、屋面等分布情况。

4）DEM 资料

DEM 资料下载自国家地理空间数据云（http://www.gscloud.cn/），截取到空间精度为 30m 的数据。然后利用 ArcGIS 的地理配准工具将 DEM 数据调整到相应的遥感图上。

5）建筑物资料

建筑物资料通过 ENVI 软件解译遥感影像图获取，采用 ENVI 软件中的支持向量机分类工具完成建筑物的提取。

2. 一维管网模型构建

1）排水管网 CAD 数据处理

首先对管网数据进行处理，经概化后，共有节点 1377 个，管道 1179 条。利用 ArcGIS 对概化后的管网 CAD 数据进行进一步处理，节点和管道的属性可直接从 CAD 数据中自动读取，经 AcrGIS 处理后节点 SHP 数据保存的主要属性包括节点 ID、x 坐标、y 坐标、节点顶高程和节点底高程等，管道 SHP 数据保存的主要属性包括管道 ID、上游节点 ID、下游节点 ID、管道长度、管道曼宁系数（本研究取 0.013）、管道横截面形状和大小等。

2）子汇水区划分及参数赋值

对于不同大小和性质的研究区域，子汇水区划分需采用相应的划分策略。对于自然流域，一般可采用泰森多边形法对子汇水区进行自动划分；然而在城镇化区域，城市排水以小区为单位，具有特定的规律性，因此泰森多边形法并不太适用。采用手动划分的方法对子汇水区进行划分，首先根据 DEM 数据进行水文分析，划分出研究区域内小流域。然后综合考虑研究区域边界、小流域分布、建筑物分布、道路分布、管网分布和海岸线等手动划分子汇水区，最终划分为1171个子汇水区，划分结果如图6-37所示。划分完子汇水区后，需要结合节点分布、DEM和土地利用数据计算子汇水区特征宽度、坡度和产流表面等关键参数。特征宽度采用面积除以流长的方法求得，流长假定为子汇水区边界上离子汇水区出口最远的那一点至出口的距离，然后根据子汇水区的面积除以流长从而得到特征宽度。然后利用ArcGIS的坡度工具对研究区域DEM数据进行处理，并对各子汇水区的平均坡度进行统计得到坡度参数。共划分了四种产流表面，分别为道路、房屋、裸地和绿地，其分布如图6-38所示，产流表面的相关属性如表6-23所示。

图6-37　子汇水区分布

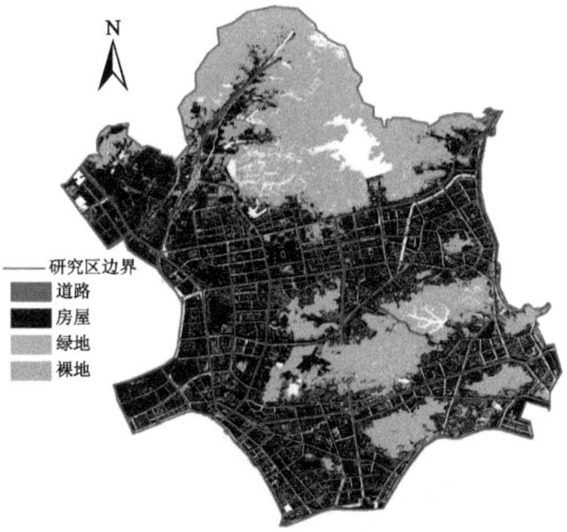

图6-38　ENVI处理后四种产流表面分布

表6-23　产流表面相关属性

产流表面编号	描述	径流量类型	固定径流系数	初损类型	初期损失值/m	汇流模型	汇流类型	汇流参数
1	道路	Fixed	0.9	Abs	0.002	SWMM	Rel	0.018
2	房屋	Fixed	0.8	Abs	0.001	SWMM	Rel	0.02
3	裸地	Fixed	0.5	Abs	0.003	SWMM	Rel	0.11
4	绿地	Fixed	0.2	Abs	0.005	SWMM	Rel	0.2

3）管网模型检查

构建好节点、管道、子汇水区等要素的SHP数据之后，通过InfoWorks ICM的“数据导入中心”导入各SHP图层数据构建一维管网模型。然后利用InfoWorks ICM的“工程检查”工具对一维模型进行检查，以修正模型中存在的错误，检查的主要内容有关键数据缺失、节点高程误差和管道拓扑关系等。对于数据缺失的节点和管道，可参考相邻的节点或管道信息进行推断。节点高程误差通常是读取CAD数据时发生错误，因此需参考CAD图进行手动修改。拓扑关系错误通常包括逆向管道、多根节点汇向一点和环状管网等，需综合考虑高程数据、遥感资料和CAD图等进行相应处理。

3. 二维地表模型构建

建立二维地表模型首先要导入地面高程数据到 InfoWorks ICM 之中。在 InfoWorks ICM 中，TIN 格式数据是划分二维网格的基础，因此其精度需得到保证才能让建立的雨洪模型更准确地反映现实情况。在排水管网数据中，节点的管顶高程较为精确，这可以在一定程度上弥补下载的 DEM 数据较为粗糙的问题。本节在 DEM 数据的基础上，在 ArcGIS 中导入约 10000 个节点的地面高程数据，两者结合生成城区加密的 TIN 数据。二维网格的划分影响模型计算的精度和效率。网格面积太大，会使模拟精度较差，模型结果无法精确反映局部积水区域；网格面积太小，容易造成模型的不稳定，且使得模拟耗时明显增加。因此，网格的大小应根据研究区域大小和局部区域特性灵活选取。本研究中，二维地表网格利用 InfoWorks ICM 的“网格化 2D 区间”工具自动生成，最终生成面积大小在 200～3000m^2 之间的三角形网格。为体现道路的行洪作用，在 InfoWorks ICM 中将道路设置为网格化区间以进行加密处理，并降低其高程 10cm。

4. 一维管网与二维地表耦合

由于河道资料较为缺乏，且珠海市香洲城区的河道在承担凤凰山、板障山等山区排洪发挥着主要作用，因此本研究采用在子汇水区手动扣除山区产汇流的方式考虑河道排洪作用，不单独建立和耦合河道模型。如图 6-37 所示，在绘制子汇水区时根据节点实际汇流情况确定各子汇水区范围，不将产流流向排洪渠、河道和调蓄湖等的山区纳入到子汇水区之中。

在 InfoWorks ICM 模型中，一维管网与二维地表的水流在节点位置交换，即耦合方式为垂向连接，采用堰流公式实现。为了实现一维管网与二维地表耦合，在 InfoWorks ICM 中将节点的洪水类型由“Stored”改为“2D”即可。

5. 模型合理性验证

参考相关文献对模型参数进行初步设置。模型合理性验证采用 6 场实测降雨，分别命名为降雨 1、2、3、4、5 和 6。首先选取研究区内位于凤凰河和前山水道的两出口（空间位置如图 6-35 所示），分别命名为出口 1 和出口 2，并绘制两出口在 6 场实测降雨下的出口流量过程线，模拟结果如图 6-39 所示。结果表明两出水口的流量过程与六场降雨的过程变化均表现出一致性，洪峰流量出现的时刻略微滞后于最大降雨强度发生的时刻，且洪峰流量随降雨强度的增大而增大，模型具有较高的稳定性。因此，可以判断此模型模拟结果符合城市洪水的基本规律，具有一定的可靠性。

由于缺乏 6 场暴雨对应的淹没深度实测和调研资料，但根据 2018 年珠海市应急管理局发布的汛期防范指引，研究区内有 15 个易涝点，易涝点如表 6-24 所示。参考《室外排水设计标准》（GB50014—2021），根据模拟积水的深度、时长和范围来判断是否为易涝点，即如果积水深度超过 0.15m、时长超过 1h 且范围超过 50m^2 的为易涝点，以此判断模型模拟精度。模拟精度定义如下：模拟得到的内涝点积水深度超过 0.15m、时长超过 1h 且范围超过 50m^2，定义为模拟精度较高（1）；满足模拟精度较高中的两个条件即

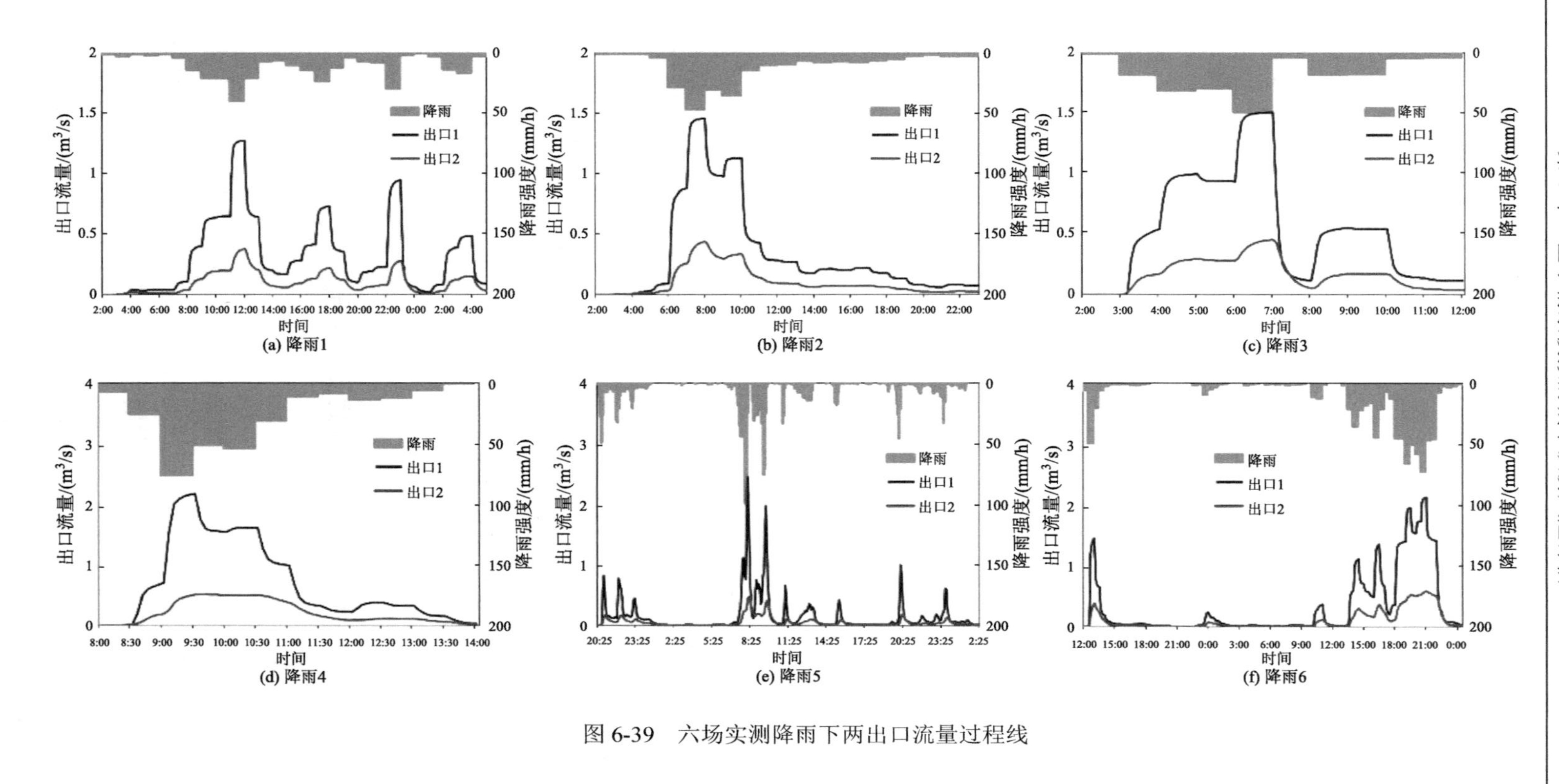

图 6-39　六场实测降雨下两出口流量过程线

为模拟精度一般（2）；否则为模拟精度较差（3）。将6场降雨情景下的模拟内涝情况与这15个易涝点进行对比，结果如表6-24所示，从中可以看出模型在降雨1、降雨2、降雨4和降雨6中均表现较好，这表明该模型的模拟结果能基本反映出不同暴雨下的内涝黑点分布，与实际情况基本吻合。

表6-24　6场实测降雨下模拟内涝与15个历史易涝点模拟精度比较

易涝点位置	降雨1	降雨2	降雨3	降雨4	降雨5	降雨6
拱北口岸	1	1	2	1	2	1
夏湾路炮台山公园路段	3	3	3	3	3	3
九洲大道地下通道	1	1	1	1	2	1
九洲大道交兰埔路路口东往西方向	1	1	1	1	1	1
白莲路旧啤酒厂路段	1	1	1	1	2	1
情侣南路龙洲湾路段	1	1	1	1	1	1
105国道	2	2	2	2	2	1
人民路交明珠路地下通道	2	2	2	2	2	2
人民路交紫荆路地下通道	3	3	3	2	2	2
隧道北地下通道	2	2	2	2	3	2
人民路交康宁路段	3	3	3	3	3	3
兴业路交银桦路段	1	1	1	1	2	1
紫荆路交翠香公汽花坛路口	1	1	2	1	2	1
梅华路华子石东路段	1	1	1	1	3	1
立文街	3	3	3	3	3	3

降雨6发生于2018年8月28日，有27个实测内涝点位置资料，因此本节应用这27个实测内涝点的位置数据与模型模拟结果进行对比来进一步验证所建模型的合理性。降雨6的模拟淹没结果与实测内涝点的对比结果如图6-40所示。由图6-40可看出模拟结果较为准确地吻合了其中19个实测内涝点，对应图中编号分别为1、2、4、5、7、10、11、12、13、14、17、18、20、21、22、23、25、26和27，精度达到70.37%，进一步证明了模型合理性。

6.4.3　基于系统性能曲线的弹性计算公式及其改进

1. 系统性能曲线

此处使用工程弹性的通用定义，即系统在极端事件中抵御并从中恢复的能力（Sen et al.，2020）。如图6-41所示的系统性能曲线被应用于量化高度城镇化地区洪涝弹性。发生暴雨时，系统性能随城市洪水的发展而变化。图中黑色虚线代表系统的原始性能，其值为1；黑色实线表示暴雨压力下系统的性能变化；t_n为模拟总时长。本研究使用InfoWorks ICM模型中的非结构化网格作为计算单元，使用式（6-20）计算单个网格的弹性，并使用式（6-21）计算区域的总体弹性。

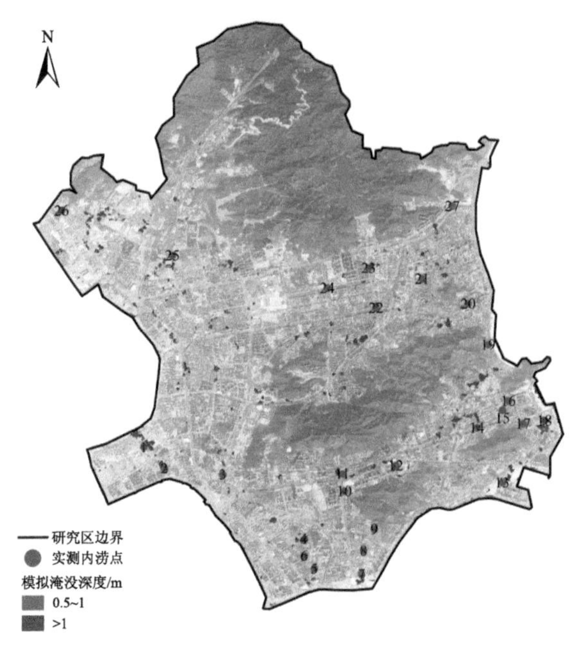

图 6-40　降雨 6 内涝模拟结果与实测内涝点对比

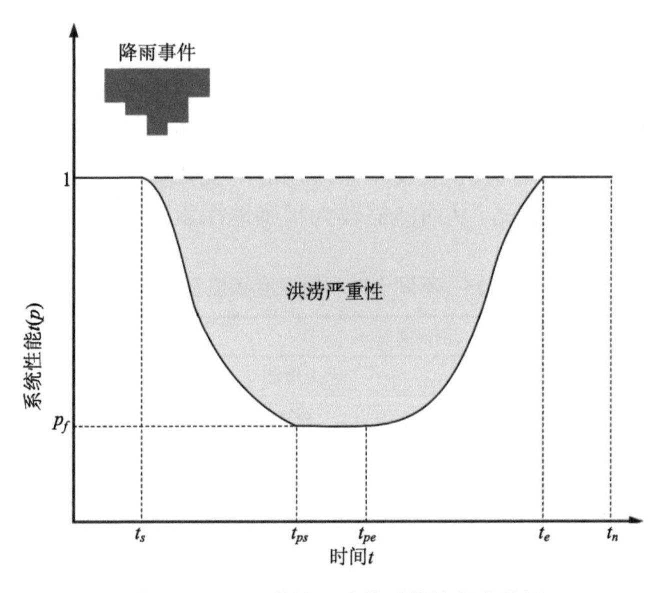

图 6-41　用于弹性评估的系统性能曲线图

$$\mathrm{Res}(i)=\frac{1}{t_n}\int_{t=0}^{t_n}p(i,t)\,\mathrm{d}t \tag{6-20}$$

$$\mathrm{Res}=\frac{1}{\sum_{i=1}^{m}A(i)}\sum_{i=1}^{m}\left(\mathrm{Res}(i)\cdot A(i)\right) \tag{6-21}$$

式中，m 为区域中栅格总数；$\mathrm{Res}(i)$ 和 Res 分别为第 i 号网格和区域的弹性；t_n 为模拟总时长，s；$p(i,t)$ 为第 i 号网格在时间点 i 的系统性能；$A(i)$ 为第 i 号网格的面积，km^2。

2. 利用两种阈值改进弹性公式

在传统的弹性计算公式中，洪涝深度阈值根据土地利用类型设定。当网格 i 的淹没深度小于淹没阈值时，网格 i 的系统性能为 1；当网格 i 的淹没深度超过淹没阈值时，网格 i 的系统性能变为 0。然而，在很多情况下网格的系统性能在遭遇较浅淹没深度即开始受到影响。例如，城市道路上 2cm 的积水深度就可使机动车发生滑移，行人通道上的较浅积水（如 5cm）即可对行人造成影响。因此传统弹性计算方法中系统性能在水深阈值处发生系统性能突变的设定不太合理。鉴于此，本书提出两种阈值去量化洪涝风险，即上阈值和下阈值。改进后的系统性能计算公式为

$$p(i,t)=\begin{cases}1 & h(i,t)\leqslant h_{\mathrm{low}}\\ \dfrac{h_{\mathrm{up}}-h(i,t)}{h_{\mathrm{up}}-h_{\mathrm{low}}} & h_{\mathrm{low}}<h(i,t)\leqslant h_{\mathrm{up}}\\ 0 & h(i,t)>h_{\mathrm{up}}\end{cases} \tag{6-22}$$

式中，h_{low} 和 h_{up} 分别为深度下阈值和上阈值，m。

各个土地利用的下阈值设定为开始影响人类、财产或设施的淹没深度，而上阈值设定为严重影响人类、财产或设施的淹没深度。各个土地利用类型的阈值及相应参考如表 6-25 所示。具有双水深阈值的系统性能计算公式相对于传统单阈值的计算公式，能够考虑到人类、财产及环境对淹没深度的最低耐受能力，避免了单元状态在达到单个淹没阈值时“活跃-不活跃”的跳跃式转换，使得系统性能的变化更加符合实际暴雨洪涝淹没中单个网格系统性能渐变的过程，从而能够较为精确地探索弹性及其变化规律。

表 6-25　不同土地利用深度阈值及参考

土地利用	深度阈值/m		参考
	下阈值	上阈值	
农业	0	0.35	当地主要农作物耐淹性
商业	0.05	0.15	建筑物门槛高度
绿化	0	2	当地树木和草地耐淹性
工业	0.05	0.15	建筑物门槛高度
公共	0	0.15	建筑物门槛高度及行人滑倒风险
居住	0.05	0.15	建筑物门槛高度
交通	0.02	0.4	机动车滑移及排气孔高度

3. 利用风险意识进一步改进弹性公式

人类依靠他们所处的生活环境以谋取生存和发展。在洪涝事件中，人类通常对不同地点有不同的关注程度，并且这种关注程度也将随着洪涝事件发生的时段不同而变化。例如在工作时段，发生在公司或学校的洪水更会引起别人关注；而在休息时段，发生在

居住用地的洪水更会引起人们的担忧。因此，有必要将人类这种关注程度（即风险意识）融入弹性评估中，以使得弹性计算结果更加综合和全面。本节将这种关注程度量化为权重，并融入弹性计算公式之中，改进后的系统性能公式如式（6-23）所示。权重的量化综合层次分析法和熵权法实现，详述如下：

$$p(i,t)=\begin{cases}1 & h(i,t)\leqslant h_{\text{low}}\\ 1-\dfrac{h(i,t)-h_{\text{low}}}{h_{\text{up}}-h_{\text{low}}}w_i & h_{\text{low}}<h(i,t)\leqslant h_{\text{up}}\\ 1-w_i & h(i,t)>h_{\text{up}}\end{cases} \tag{6-23}$$

式中，w_i 为网格 i 的关注权重。

1）层次分析法

为了确定各个土地利用类型的关注权重，三方面被纳入考虑：经济财产集中程度、各个土地利用类型对人类的服务功能和人类的活动状态。层次分析法是广泛应用于城市洪涝评估的方法之一。由于层次分析法依赖人类专家知识，很好契合了“风险意识”的主题，因此本研究利用层次分析法对关注权重进行初步量化。层次分析法的计算步骤可见相关文献（邓雪等，2012；焦瑾璞等，2015），在此不做赘述。本节中，6 位教授和 4 位高级工程师被邀请来确定两个时段的关注权重。关注权重的计算过程包括两个重要步骤：第一步是针对两个时段将各个土地利用的重要程度进行排序，第二步是在排序完成后确定层次分析法中判断矩阵的具体数值以确定各个土地利用的关注权重。然而在第二步中，由于专家知识的差异，不同专家确定的判断矩阵呈现出微弱的差异，最终针对工作时段和休息时段都有十五组关注权重。为了分辨出表达最多信息的一组关注权重，本研究应用熵权法进行进一步筛选。

2）熵权法

熵权法根据数据的离散性计算指标的客观权重，已广泛应用于权重计算和决策。熵权法的计算步骤可见相关文献（曹晓晨，2021；龚丽芳等，2021），在此不做赘述。根据 Shannon（1948）提出的信息熵理论，信息是系统的有序程度的度量，而熵则是系统无序程度的度量。系统数据的不确定性越大，则熵越大，包含的信息越多。因此，利用熵权法得分最高的权重组包含的信息最多。本研究利用熵权法分别确定工作时段和休息时段的最佳权重组。熵权法的结合减少了单纯利用层次分析法所造成的权重结果主观性过高的问题。

由于不同时段人类空间分布的差异性，有必要将一天拆分成不同时段以确定人类的分布状态来具体探究洪涝弹性。本节根据大多数人日间工作和夜间休息的两种状态将一日分成工作和休息两个时段，并在情景设置中将这两种时段与降雨情景进行组合。在工作时段，大多数人在公司、工厂工作或者在学校学习；在休息时段，大多数人在家中或学校娱乐和休息。加入风险意识的弹性量化方法与传统的方法相比，考虑到了人类在不同时段对不同淹没地点的风险感知程度，从而将物理淹没情况与社会经济相联系，有利于实现更为综合的洪涝弹性评估。

4. 弹性评估情景设置及结果分析

1）情景设置

考虑两种时段情景和四种降雨情景，组合成为八种研究情景对洪涝弹性进行评估。其中时段情景分为人类工作时段和人类休息时段，降雨情景则包括降雨重现期分别为10年一遇、20年一遇、50年一遇和100年一遇的四场降雨。根据珠海市气象局发布的珠海市暴雨强度公式（2016年实施），四种重现期的计算公式和降雨过程线如图6-42所示。降雨的持续时间为2h，步长为1min，峰值系数为0.521。考虑到降雨时长，本研究选择4h作为单场降雨的模拟总时长。

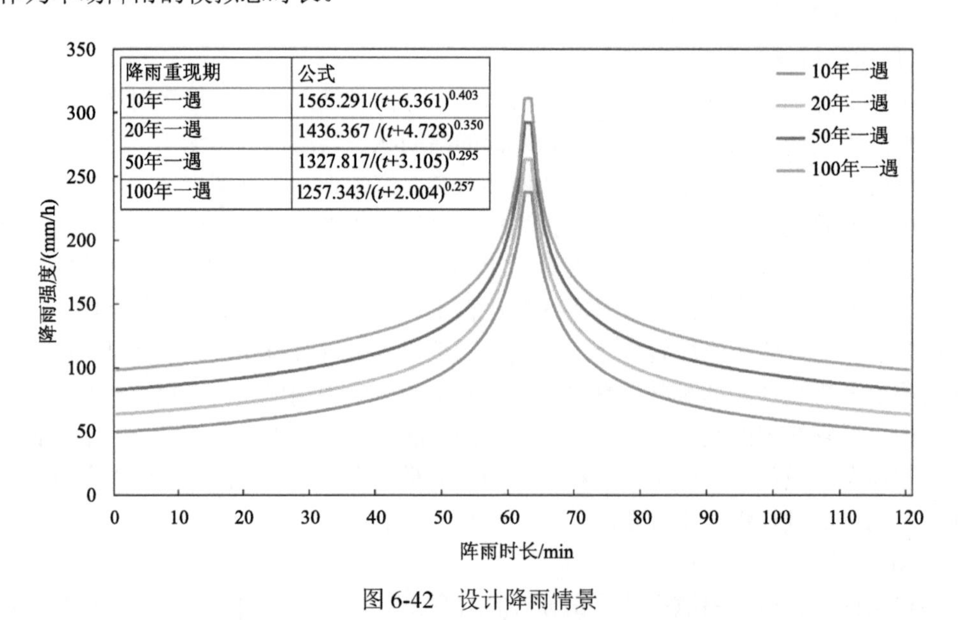

图6-42　设计降雨情景

2）权重计算结果

表6-26展示了工作时段的关注权重计算结果，其中表中最后一行的权重和最后一列的得分由熵权法求得。工作时段最佳权重组为第11组，熵权法得分0.1386。结果表明公共用地、交通用地和商业用地的关注权重占据前三。公共用地提供了水电气、医疗、行政、教育等重要基础服务，保证了城市的基本运转。交通用地不仅为工作时段人们的日常出行提供了渠道，而且为洪涝期间的紧急救援、人员转移提供了便捷通道。商业用地为人类提供了大量就业机会，并且是人们购物和商业活动的空间。

表6-26　工作时段土地利用权重计算结果

编号	农业	商业	绿化	工业	公共	居住	交通	熵权法得分
1	0.0429	0.1692	0.0245	0.0858	0.3664	0.0858	0.2253	0.1375
2	0.0408	0.1568	0.0235	0.0806	0.3226	0.0806	0.2951	0.1378
3	0.0449	0.1876	0.0254	0.0918	0.3961	0.0918	0.1624	0.1375
4	0.0408	0.1684	0.0297	0.0847	0.3665	0.0847	0.2252	0.1376

续表

编号	农业	商业	绿化	工业	公共	居住	交通	熵权法得分
5	0.0443	0.1698	0.0210	0.0866	0.3662	0.0866	0.2254	0.1375
6	0.0417	0.1610	0.0241	0.0796	0.3600	0.1187	0.2149	0.1378
7	0.0443	0.1736	0.0249	0.0936	0.3697	0.0629	0.2310	0.1374
8	0.0416	0.2242	0.0240	0.0826	0.3436	0.0826	0.2015	0.1381
9	0.0446	0.1267	0.0252	0.0905	0.3822	0.0905	0.2404	0.1372
10	0.0398	0.1538	0.0230	0.0790	0.4236	0.0790	0.2017	0.1367
11*	0.0459*	0.1875*	0.0260*	0.0931*	0.2932*	0.0931*	0.2613*	0.1386*
12	0.0559	0.1658	0.0242	0.0825	0.3658	0.0825	0.2233	0.1376
13	0.0336	0.1715	0.0252	0.0879	0.3672	0.0879	0.2269	0.1375
14	0.0417	0.1610	0.0241	0.1187	0.3600	0.0796	0.2149	0.1378
15	0.0443	0.1736	0.0249	0.0629	0.3697	0.0936	0.2310	0.1374
权重	0.1447	0.1444	0.1512	0.1468	0.1279	0.1468	0.1382	—

*表示最佳权重组。

表 6-27 展示了休息时段的关注权重计算结果，其中最佳权重组为第 7 组，得分 0.1412。结果表明公共用地、居住用地和交通用地分别占据前三位。在休息时段，人类大多数待在家中，水电等基础供应十分重要，因此公共用地占据第一位。居住用地为人类提供了重要的休息场所，因此占据第二位。作为救援生命线的交通用地为灾情救援提供了重要通道，因此其权重也较高。

表 6-27　休息时段土地利用权重计算结果

编号	农业	商业	绿化	工业	公共	居住	交通	熵权法得分
1	0.0381	0.108	0.0243	0.0651	0.2743	0.3424	0.1477	0.1399
2	0.0371	0.1032	0.0238	0.0629	0.2580	0.3225	0.1925	0.1398
3	0.0393	0.1175	0.0250	0.0683	0.2852	0.3562	0.1083	0.1400
4	0.0362	0.1066	0.0297	0.0635	0.2740	0.3432	0.1469	0.1399
5	0.0394	0.1090	0.0207	0.0662	0.2745	0.3419	0.1483	0.1399
6	0.0355	0.0990	0.0228	0.0601	0.2463	0.4020	0.1343	0.1389
7*	0.0408*	0.1180*	0.0259*	0.0704*	0.3145*	0.2668*	0.1636*	0.1412*
8	0.0374	0.1429	0.0240	0.0635	0.2657	0.3321	0.1344	0.1402
9	0.0392	0.0824	0.0249	0.0677	0.2800	0.3497	0.1561	0.1397
10	0.0365	0.1025	0.0234	0.0620	0.3385	0.2977	0.1393	0.1409
11	0.0398	0.1145	0.0253	0.0685	0.2189	0.3747	0.1583	0.1391
12	0.0483	0.1054	0.0241	0.0621	0.2723	0.3417	0.1461	0.1399
13	0.0304	0.1096	0.0250	0.0669	0.2759	0.3435	0.1487	0.1399
14	0.0375	0.1032	0.0241	0.0848	0.2707	0.3382	0.1417	0.1399
15	0.0394	0.1109	0.0249	0.0501	0.277	0.3461	0.1516	0.1399
权重	0.1414	0.1471	0.1531	0.1419	0.1496	0.1294	0.1376	—

两个时段下代表人类关注程度的各土地利用的权重对比如图 6-43 所示。由图可看出从工作时段到休息时段，人类对居住用地的关注程度具有显著提升，提升率达到 186.64%。公共用地在两个时段中均占据最高权重，这表明无论发生在什么时段的洪涝灾害，其在公共用地上相较其他土地利用对人类的威胁更大。对于交通用地和商业用地，它们在工作时段的权重大于休息时段。绿化用地和农业用地在两时段的权重都较低，这表示在发生洪涝灾害时人类对这两种土地利用的关注程度都较低。

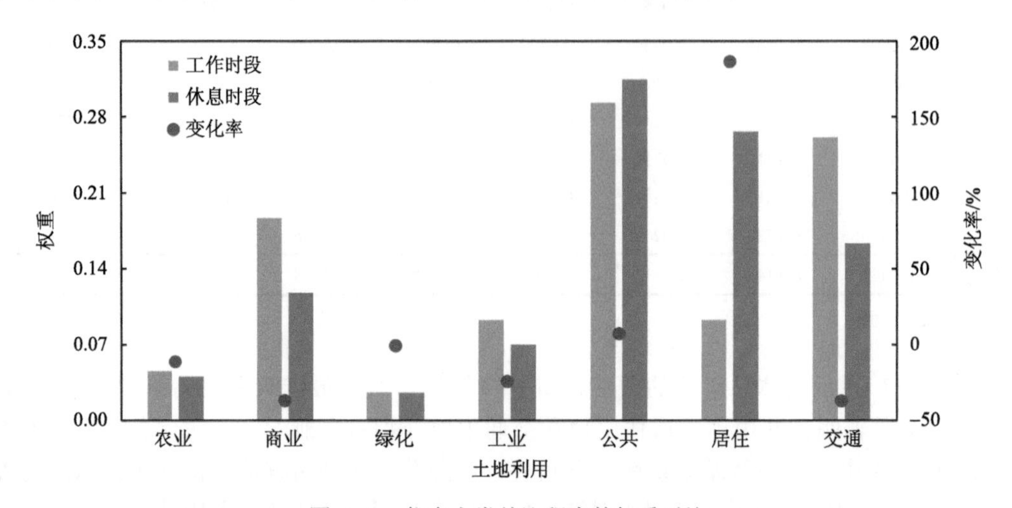

图 6-43　代表人类关注程度的权重对比

3）弹性计算结果

研究区域及三个典型局部区域在八种设计情景下的系统性能变化如图 6-44 所示。图 6-44（a）展示了整个研究区的系统性能变化。研究区域在所有情景下都展现了相同的变化趋势，即在承受暴雨压力后系统性能迅速降低至最低点，然后缓慢提升，且系统性能达到最低点的时间都在 122min，稍微滞后于降雨结束时间（120min）。对洪水量进行统计发现其在不同降雨情景下在很多方面都存在相似性（Chen et al.，2018）。经统计发现洪涝体积最大的时刻是 124min，然后是 122min。因此可以推断在 122min，洪涝量快接近最大值，并且此时权重较大的区域整体上比 124min 时淹没更严重，这两点使得研究区域在 122min 时系统性能最低。同时图 6-44（a）也表明随着降雨重现期的增加，研究区域的系统性能表现逐渐降低，这表明研究区域在面临更高强度降雨时会更加脆弱。

图 6-44（b）（c）（d）分别展示了 S1、S2、S3 三个局部区域的系统性能变化。其中 S1 为富华里商业中心，位于珠海市最繁华的商业地区之一；S2 为珠海市人民政府，位于典型的公共用地区域；S3 为平安公寓，位于典型的居住用地区域。不同于整个研究区的系统弹性，三个典型局部区域的系统弹性最低值随着暴雨强度而变化，这与局部区域的汇流时间有较大关联。而与整个研究区相同的是在两个时段系统性能的高低特征与关注权重紧密相关。系统性能和弹性的值都接近于 1，原因是所提出的弹性计算方法使得计算出来的弹性值大多趋近于 1，并且大部分区域遭遇 100 年一遇的暴雨也未被淹没。

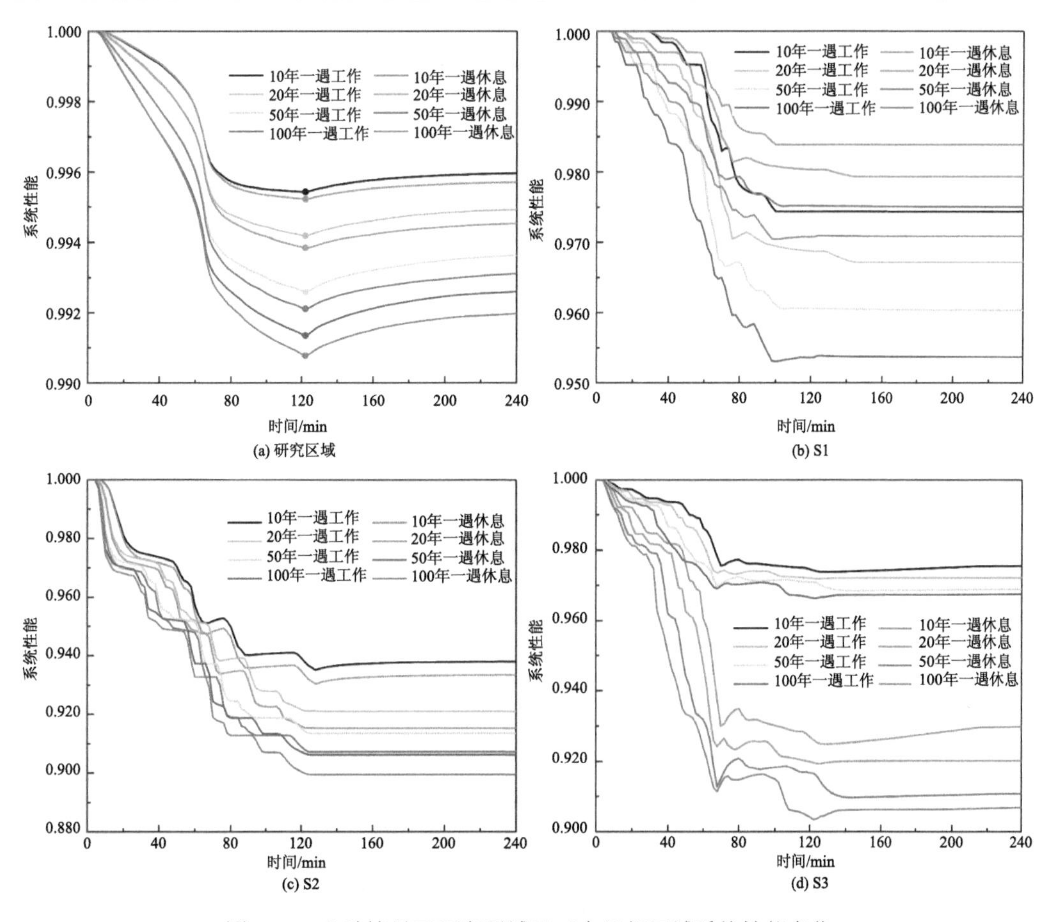

图 6-44　八种情景下研究区域及三个局部区域系统性能变化

为了更直观和深入地比较各土地利用类型的弹性结果，本研究定义弹性面积损失（RAL）指标，采用式（6-24）量化。各个土地利用的 RAL 值决定了其对于研究区域的弹性影响大小。表 6-28 展示了八种设计情景下不同土地利用的弹性和 RAL 值。不同土地利用类型的弹性和 RAL 值在两个时段展现出自己的特征。在工作时段，公共用地和交通用地的 RAL 值占据前二，而交通用地的弹性最低；而在休息时段公共用地和居住用地的 RAL 值位居前二，并且公共用地的弹性最低。

$$\mathrm{RAL}_j = A_j \times \left(1 - \mathrm{Res}_j\right) \tag{6-24}$$

式中，RAL_j 为土地利用 j 的 RAL 值。

表 6-28　八种情景下弹性及 RAL 计算结果

情景		工作时段				休息时段			
		10 年一遇	20 年一遇	50 年一遇	100 年一遇	10 年一遇	20 年一遇	50 年一遇	100 年一遇
弹性	整体	0.9967	0.9958	0.9946	0.9937	0.9965	0.9955	0.9943	0.9933
	农业	0.9997	0.9995	0.9993	0.9991	0.9997	0.9996	0.9994	0.9992
	商业	0.9950	0.9936	0.9914	0.9898	0.9969	0.9959	0.9946	0.9936

续表

情景		工作时段				休息时段			
		10 年一遇	20 年一遇	50 年一遇	100 年一遇	10 年一遇	20 年一遇	50 年一遇	100 年一遇
弹性	绿化	1.0000	0.9999	0.9999	0.9999	1.0000	0.9999	0.9999	0.9999
	工业	0.9976	0.9969	0.9962	0.9956	0.9982	0.9977	0.9971	0.9967
	公共	0.9900	0.9871	0.9834	0.9806	0.9893	0.9861	0.9822	0.9792
	居住	0.9985	0.9980	0.9974	0.9970	0.9957	0.9944	0.9927	0.9913
	交通	0.9884	0.9858	0.9824	0.9795	0.9927	0.9911	0.9890	0.9871
RAL /km^2	整体	3.0768	3.9114	4.9915	5.8433	3.2143	4.1354	5.3093	6.2308
	农业	0.0146	0.0216	0.0309	0.0390	0.0130	0.0192	0.0274	0.0346
	商业	0.2884	0.3717	0.4965	0.5863	0.1815	0.2339	0.3125	0.3690
	绿化	0.0170	0.0228	0.0309	0.0379	0.0169	0.0227	0.0308	0.0377
	工业	0.1249	0.1582	0.1948	0.2235	0.0944	0.1196	0.1473	0.1690
	公共	1.2093	1.5636	2.0103	2.3496	1.2973	1.6774	2.1566	2.5205
	居住	0.3215	0.4248	0.5532	0.6549	0.9214	1.2178	1.5856	1.8772
	交通	1.1012	1.3487	1.6749	1.9522	0.6897	0.8448	1.0491	1.2228

RAL 是土地利用类型的重要属性，因为可通过比较每种土地利用类型的 RAL 与整个研究区域的 RAL 来对弹性损失贡献进行分析。因此，对 RAL 的分析是研究不同土地利用类型的特征和规律的必要步骤。为了直观展示各土地利用的 RAL 对总体 RAL 的贡献，本研究提出 ALC 指数，如式（6-25）所示。弹性计算结果表明不同土地利用类型的面积、关注权重、深度阈值与 ALC 之间可能存在某些关系。对于特定的土地利用类型，较高的 ALC 可能对应于较大的区域面积、较高的关注和较低的深度阈值。

$$\mathrm{ALC}_j = \frac{\mathrm{RAL}_j}{\mathrm{Total\ RAL}} \tag{6-25}$$

式中，Total RAL 为各土地利用类型的总 RAL 值。

图 6-45 展示了各土地利用类型的面积占比（A）、关注权重（W）、上阈值的倒数（T）与 ALC 之间的关系。七种土地利用类型和两个时段组合为 14 组标记，每组标记包含四个点，代表四个降雨重现期。如图 6-45（a）所示，由于代表相同土地利用类型的点位于相同的横坐标上，因此可较为方便地观察两个时段之间所有土地利用类型的 ALC 的差异。在同一时段内，特定土地利用类型的 ALC 值在四种降雨重现期之间几乎没有差异。相比之下，ALC 值在两个时段之间则表现出较大差异。图 6-45（b）显示 A、W 和 ALC 之间的关系，这意味着大多数点可能具有相同的线性分布。在除去代表居住用地在休息时段的四个离群点之后，将一条回归线拟合到其他点[图 6-45（c）]。回归线表明 A 和 W 的乘积与 ALC 之间的具有较好的线性关系（R^2=0.8978），这说明大多数城市土地利用类型的 ALC 与其面积和权重密切相关。

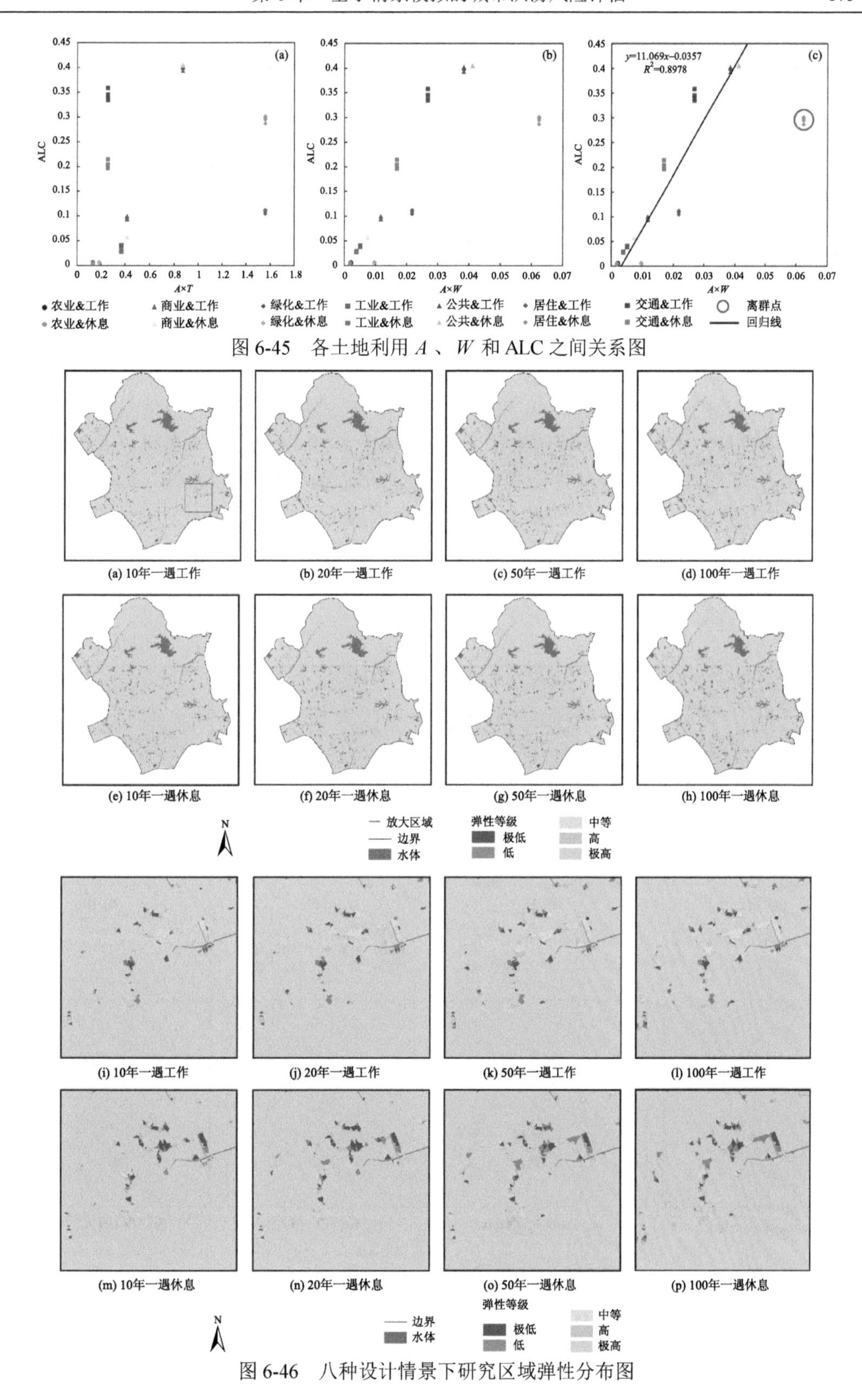

图 6-45　各土地利用 A 、W 和 ALC 之间关系图

(a) 10年一遇工作　(b) 20年一遇工作　(c) 50年一遇工作　(d) 100年一遇工作

(e) 10年一遇休息　(f) 20年一遇休息　(g) 50年一遇休息　(h) 100年一遇休息

(i) 10年一遇工作　(j) 20年一遇工作　(k) 50年一遇工作　(l) 100年一遇工作

(m) 10年一遇休息　(n) 20年一遇休息　(o) 50年一遇休息　(p) 100年一遇休息

图 6-46　八种设计情景下研究区域弹性分布图

5. 弹性区划

将基于网格的弹性按照数值高低分为五类：极低、低、中等、高和极高，八种设计情景下研究区弹性分布如图 6-46 所示。结果表明拥有极高弹性的区域占绝大多数，并且其他弹性等级的区域面积随着降雨重现期增加而增长。由于两时段各土地利用类型关注权重的差异，研究区域在两时段的弹性分布呈现出各自的特点。此弹性区划图为在不同时段实施洪涝减灾救援和整个区域的弹性加强规划提供了直观指导。

6. 模拟总时长对弹性的影响

本书模拟总时长主观初定为 4h，可能会带来一些不确定性，为了探究模拟总时长对弹性的影响，分别选取 3h、4h、6h 和 10h 并与 50 年一遇降雨工作时段情景结合进行研究。不同总时长方案下弹性计算结果如图 6-47 和表 6-29 所示。从结果可以看出随着模拟总时长由 4h 增加到 10h，弹性低和极低区域逐渐增加。同时可以推测，如果模拟总时长采用一个极大的值，那么研究区域的弹性将会很接近于 1，这是因为很多淹没区域的灾情将会在排水设施和人类影响下逐渐减弱，从而在后期网格的系统弹性值恢复为 1。由以上结果可以总结出，随着模拟总时长从 2h 逐渐增加，研究区域的弹性先逐渐减小后逐渐增加，直到弹性为 1。

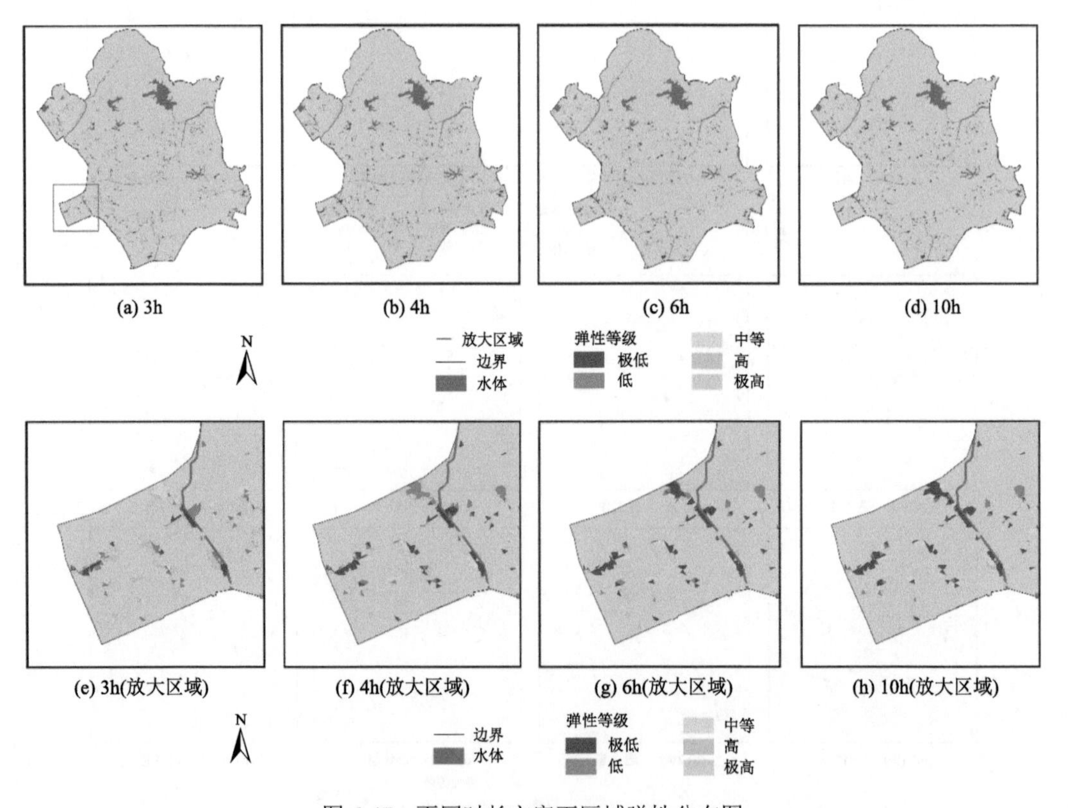

图 6-47 不同时长方案下区域弹性分布图

表 6-29　不同时长方案下弹性及面积

时长/h	弹性	不同弹性等级面积/km²				
		极低	低	中等	高	极高
3	0.9950	0.545	0.826	0.603	1.623	89.079
4	0.9946	1.079	0.795	1.293	0.819	88.690
6	0.9943	1.240	0.621	1.273	0.750	88.791
10	0.9941	1.272	0.43	0.237	1.422	89.314

从表 6-29 可以看出在一定范围内，随着模拟总时长的增加，拥有极低弹性的区域面积逐渐增加，而拥有低弹性的区域面积逐渐减少。值得注意的是，在不同时长方案下低和极低弹性的区域面积之和分别为 1.371km^2、1.874km^2、1.861km^2 和 1.702km^2。因此，选择 4h 作为模拟总时长相对合理，因为它揭示了更多弹性低和极低的区域，将为工程规划和建设提供更多参考。

7. 深度阈值对弹性的影响

提升深度阈值可能是提升洪涝弹性的一种有效方法。考虑到实际情况，提升交通用地、农业用地和绿化用地的深度阈值是不合理的，因为机动车排气孔高度、农作物种类和植被类型不太可能被改变。然而，通过提高建筑物门槛高度来提高公共用地、居住用地、商业用地和工业用地的深度阈值则是比较切实可行的。本研究通过提高 0.2m 的门

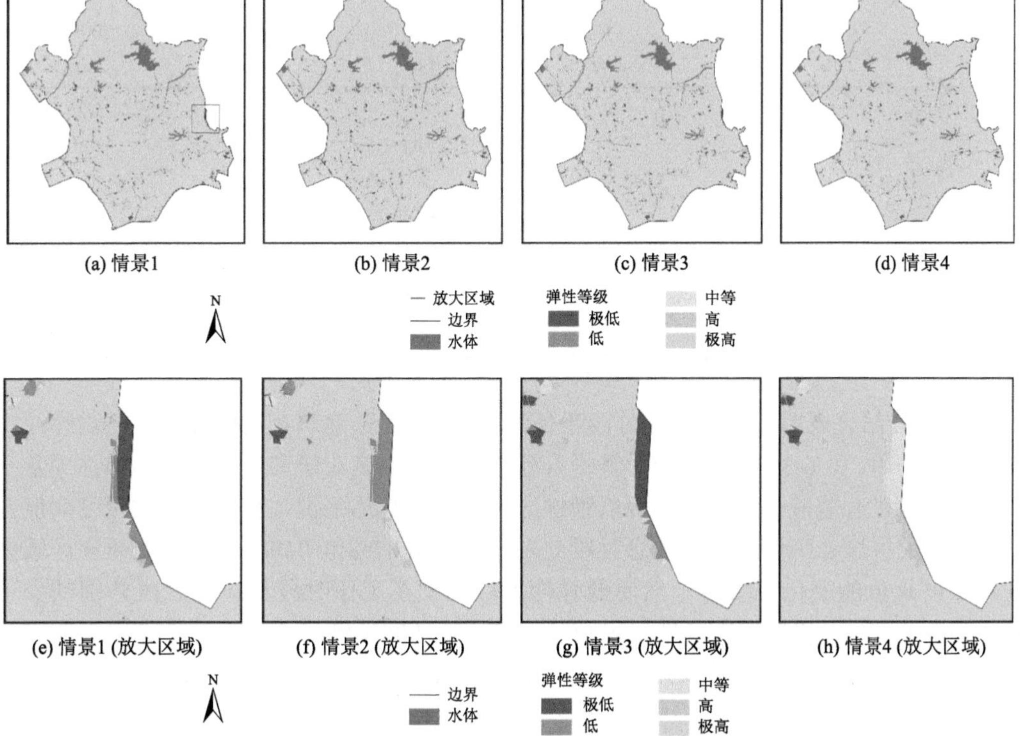

图 6-48　不同水深阈值情景下研究区域弹性分布图

槛来探究深度阈值对弹性的影响，选择的研究情景为在工作时段和休息时段的 50 年一遇暴雨。在这种考虑下，公共用地、居住用地、商业用地和工业用地的深度阈值范围分别变为 0～0.35m、0.25～0.35m、0.25～0.35m 和 0.25～0.35m。应用原来方案和新方案下的洪涝弹性结果如图 6-48 和表 6-30 所示，其中情景 1 和情景 2 分别代表在工作时段采用初始阈值方案和提升阈值方案，而情景 3 和情景 4 则代表在休息时段分别采用初始阈值方案和提升阈值方案。

表 6-30　不同水深阈值情景下弹性、面积和 RAL 统计

类别	情景	1	2	3	4
	弹性	0.9946	0.9953	0.9943	0.9952
面积/km^2	极低	1.079	0.994	0.903	0.719
	低	0.795	0.720	0.797	0.714
	中等	1.293	1.053	0.930	0.878
	高	0.819	0.726	0.986	0.896
	极高	88.69	89.18	89.06	89.47
RAL/km^2	农业	0.031	0.031	0.027	0.027
	商业	0.496	0.392	0.312	0.247
	绿化	0.031	0.031	0.031	0.031
	工业	0.195	0.152	0.147	0.115
	公共	2.010	1.661	2.157	1.782
	居住	0.553	0.417	1.586	1.195
	交通	1.675	1.675	1.049	1.049
	总计	4.991	4.359	5.309	4.446
RAL 变化率/%	农业	—	0	—	0
	商业	—	−21.02	—	−21.02
	绿化	—	0	—	0
	工业	—	−22.09	—	−22.09
	公共	—	−17.36	—	−17.36
	居住	—	−24.61	—	−24.61
	交通	—	0	—	0

图 6-48 结果表明无论是工作时段还是休息时段，提升建筑物门槛高度对洪涝弹性均具有加强作用。表 6-30 结果表明尽管提升建筑物门槛高度对研究区域的总体弹性提升不大，但它可以有效减少低弹性和极低弹性区域面积。具体来说，在采用新的深度阈值方案后，研究区域在工作时段和休息时段分别提升了 0.07%和 0.09%，这表明研究区域弹性对深度阈值的变化不敏感。然而低弹性区域面积在工作时段和休息时段分别减少了 9.43%和 10.41%，极低弹性区域面积则分别减少了 7.88%和 20.38%。这个结果表明提升建筑物门槛高度可以有效减少人类所面临的极端风险，并且这种削减作用在休息时段更为明显。

RAL 值及其变化率见表 6-30 所示，各土地利用类型的 RAL 变化率在两时段均相同，同时从结果也可看出居住用地的 RAL 及其变化率最大，这表明建筑物门槛的提升对居住用地的弹性提升作用最大。

商业用地、工业用地和居住用地的 RAL 变化率均高于公共用地。值得注意的是商业用地、工业用地和居住用地的不透水率均高于公共用地。因此可以判断提升门槛高度对不透水区域的影响大于透水区域，这个结果与前人研究（Wang et al.，2019）所得出的结论相同。

6.4.4　融合弹性的城市洪涝风险评估

1. 指标体系构建

评价指标选取应基于科学性、完整性、独立性和可获取性等原则，基于“危险性-脆弱性”的评价框架选取指标，整个评价指标体系如图 6-49 所示。其中危险性包括致灾因子和孕灾环境，脆弱性指承灾体的易损性（黄国如等，2019；李碧琦等，2019）。改进后的弹性计算公式能综合考虑到不同土地利用条件下洪涝水深变化对人类、设施等的影响，属于致灾因子危险性范畴。弹性越大，则致灾因子危险性越小。相比之前研究中选取最大淹没深度、淹没历时等作为危险性指标（黄国如等，2019），弹性的优势在于能够识别几乎整个淹没过程中淹没深度的变化，能够更准确地量化不同淹没曲线下的危险性大小，从而使洪涝风险评估结果更加合理。

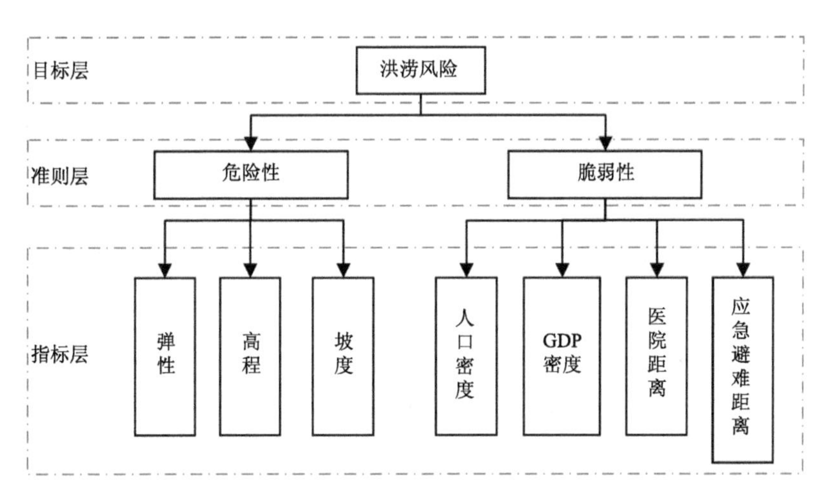

图 6-49　洪涝风险评估指标体系

孕灾环境选择高程和坡度两个指标。区域高程越低，则其面临更大的潜在洪涝威胁；坡度越大，则越有利于区域排水。承灾体脆弱性则选取人口密度、生产总值密度、医院距离和应急避难距离四项指标。在城市区域，区域人口和生产总值密度越大，则洪涝灾害造成的潜在人口伤害和经济损失越大。医院在自然灾害中承担着拯救伤员的重要作用。应急避难场所为转移难民和财产提供了重要空间。

本节采用危险性与脆弱性相乘的方式计算洪涝风险，危险性和脆弱性则采用指标加权乘积再加和的方式计算，风险计算如式（6-26）所示。同样采用层次分析法和熵权法赋予风险指标的权重。

$$风险=危险性\times脆弱性=\sum_{i=1}^{3}(H_i \cdot w_i)\times\sum_{j=1}^{4}(V_j \cdot w_j) \quad (6\text{-}26)$$

式中，H_i 为第 i 个危险性指标；w_i 为第 i 个危险性指标的权重；V_j 为第 j 个脆弱性指标；w_j 为第 j 个脆弱性指标的权重。

2. 基于多源数据的指标数据获取

1）弹性、高程和坡度

对于弹性指标，依据 InfoWorks ICM 模型和式（6-23）对弹性进行计算。高程数据来源于地理空间数据云（http://www.gscloud.cn/），结果如图 6-50（a）所示。坡度数据利用 ArcGIS 的“坡度”工具对高程数据计算得到，结果如图 6-50（b）所示。

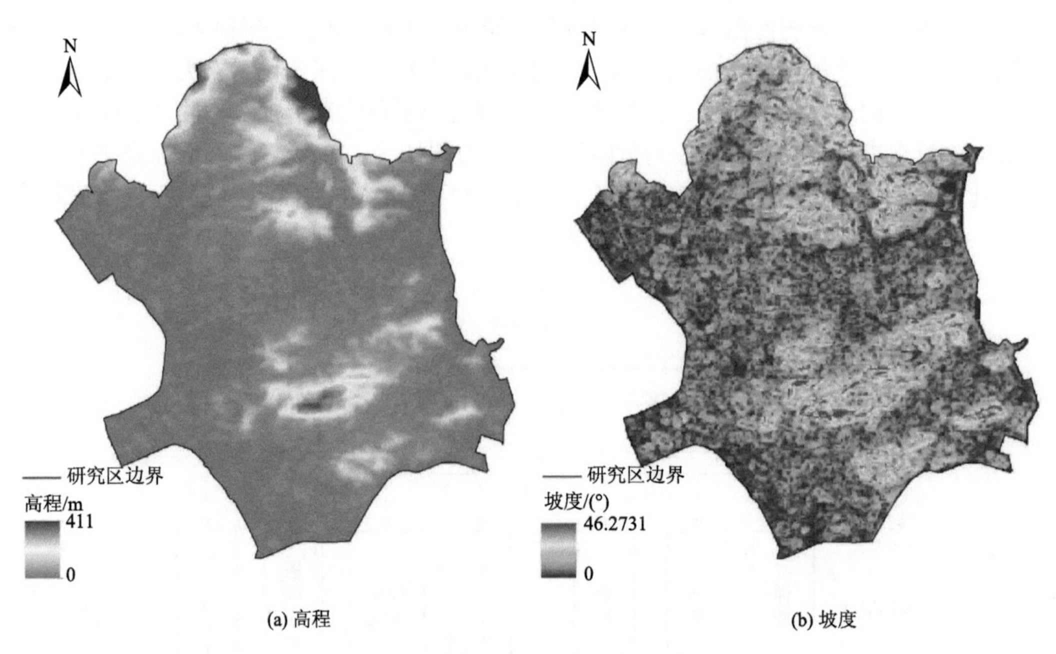

图 6-50　高程与坡度空间分布

2）人口密度

在传统研究中，人口密度数据一般采用统计年鉴、统计公报等数据源（Darabi et al., 2019），而这些数据源的空间精度最高达到乡镇级别，在城区尺度下空间差异不大，甚至无法区分开山区与周围城镇区的人口密度差别。并且由于官方发布的统计年鉴、统计公报等需要耗费较多的时间资源去调研、统计和出版，因此获取到的人口密度数据一般是两年以前的数据。

人口密度指标数据采用百度人口热力图获取。百度人口热力图是百度公司开发的一项可以显示实时人口密度相对大小分布的应用，其在获取人口密度数据上的准确性和科学性已得到一些学者的验证（吴志强和叶锺楠，2016）。在百度热力图中，地图颜色依据人口密度的相对高低分为由红到白的八种颜色，查看和处理均较为直观方便。

由于一天中不同时刻的人类空间分布也具有较大差异性，所以应对多个时段的人口分布情况进行综合考虑。本研究利用爬虫技术获取到2020年6月22日（工作日）6h、12h、18h和24h的研究区域人口热力图数据，空间精度达到4m。利用ENVI软件对人口热力图不同色块进行分类和赋值。将颜色最深的红色赋值为1，颜色最浅的白色赋值为0，其他六种颜色的数值则依据相等间隔法赋值为0到1之间的数。然后利用ArcGIS软件，取这四个时段的栅格平均值作为人口密度指标数据，结果如图6-51（a）所示。热力图结果表明人口密度与建筑密度关系密切，密度高值区域基本位于建筑密集的城区，与基本认知相同，可初步表明数据具有较高可信度。

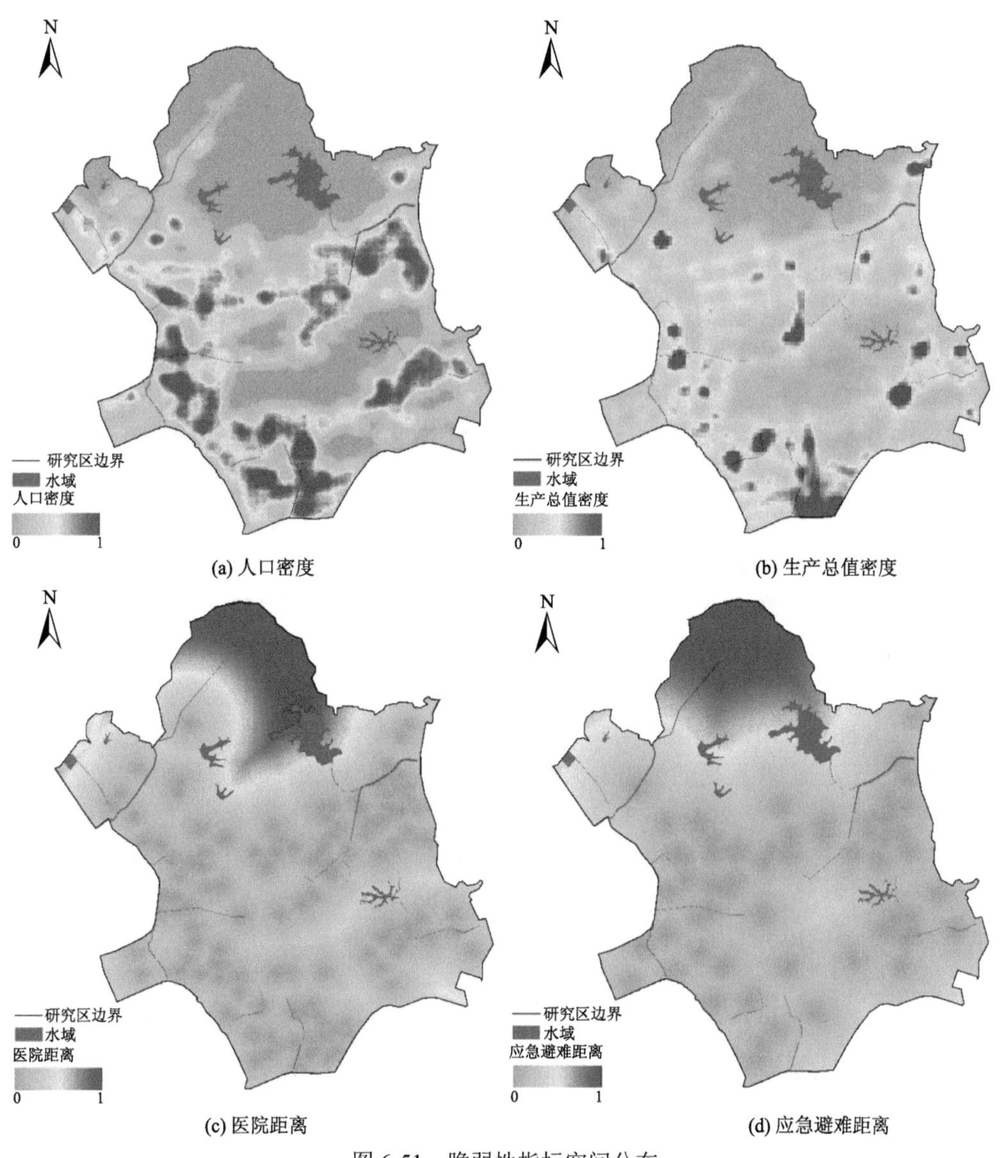

(a) 人口密度　(b) 生产总值密度

(c) 医院距离　(d) 应急避难距离

图6-51　脆弱性指标空间分布

3）生产总值密度

生产总值密度反映经济的集中程度。在理论情况下，洪涝灾害对经济水平高的城镇化地区造成的经济损失更大。总的来说，目前生产总值密度数据的获取途径主要有两种：第一种是依据相关的统计年鉴、统计公报等（刘薇薇和张小红，2021）。这种方法得到的数据较为准确，但是空间精度一般只能达到区县级尺度，且时间上也具有一定的滞后性，不适用于城区尺度的洪涝风险评估。第二种是从相关数据库中下载生产总值密度数据，这些数据基于相关学者的研究（刘玉湖，2019），根据统计年鉴、土地利用、建筑物分布等加权计算得到，具有一定的可靠性。然而，这种数据虽然空间精度相比统计年鉴更高，但也只能达到 1km×1km，不适用于城区尺度的洪涝风险评估，并且通过这种途径获取到的数据时间滞后性更为严重，如在 2021 年 2 月 17 日最多只能获取到 2015 年的数据。而且这种数据在空间上不能覆盖边缘区域，不适用于近海区域的洪涝风险评估。

夜间灯光数据已应用于生产总值密度的估算（柏茂杨和唐斌，2020）。目前主要有两种夜间灯光影像应用较为广泛：DMSP-OLS 影像和 NPP-VIIRS 影像（Li et al.，2013；Liang et al.，2020）。DMSP-OLS 夜间灯光卫星是美国国防气象卫星计划的成果之一，该卫星数据为美国空军所拥有，由美国国家海洋和大气管理局（NOAA）发布。第一颗 DMSP-OLS 卫星于 1972 年发射，直到 1992 年才有了电子格式的卫星影像数据，于 2013 年停止服务。DMSP-OLS 卫星影像数据空间精度较差，为 30 弧秒网格。并且其灰度范围小，在城市中心区域容易出现饱和现象。为了克服 DMSP-OLS 影像的部分缺陷，2013 年美国国家地球物理数据中心发布了 NPP-VIIRS 影像数据，其灰度范围更大，克服了像元饱和像元冲突的缺点，更适用于城市中心区域的相关估算。并且其空间分辨率达到 500m，相比 DMSP-OLS 卫星已有较大进步。尽管 NPP-VIIRS 影像数据空间分辨率达到 500m，但是其仍不适用于较小区域的生产总值密度估算。本研究利用夜间遥感灯光数据获取生产总值密度数据，相关研究（柴子为等，2015）表明对于珠三角地区，地区生产总值与 NPP-VIIRS 影像强度有较好的线性关系（R^2=0.798）。“珞珈一号”是由武汉大学领衔开发的全球首颗专业夜间遥感卫星，其空间分辨率达到 130m，能较好满足较小区域生产总值估算空间精度要求。对比 2019 年 1 月“珞珈一号”与 NPP-VIIRS 影像数据（图 6-52），可发现两卫星获取的研究区域夜间灯光影像高低值分布规律较为一致，“珞珈一号”相比 NPP-VIIRS 影像数据具有更宽大的数值变化范围，能较为清楚地反映道路上车辆的灯光情况，并且更能突出吉大九洲城、老香洲商业街等繁华地段。本节获取了研究区域 2018 年 8 月至 2019 年 3 月中 7 个时段的“珞珈一号”灯光数据，挑选出其中受云层等因素干扰较小、数据较清晰 4 个时段数据，然后利用取均值的方法对研究区生产总值密度进行赋值并归一化处理，如图 6-52（b）所示。结果表明生产总值密度高值区主要有拱北关口岸、吉大九洲城等，与事实情况较为吻合。

4）医院距离

医院分布应用百度地图兴趣点（POIs）获取。POIs 为抽象为空间点的现实世界实体，如学校、餐厅、医院等。通过关键词“医院”“卫生服务站”等获取到珠海市香洲城区及周围的医院空间坐标、名称、级别等信息。值得注意的是，并不是所有的医院都能承担伤员的救助工作，因此需要去除其中美容、宠物等专科医院，最终获取到了研究区域及其附近 148 个医院数据点。使用 ArcGIS 的欧几里得距离工具对数据进行处理，并将代表各医院距离的栅格值归一化处理后，得到研究区医院距离的分布如图 6-51（c）所示。

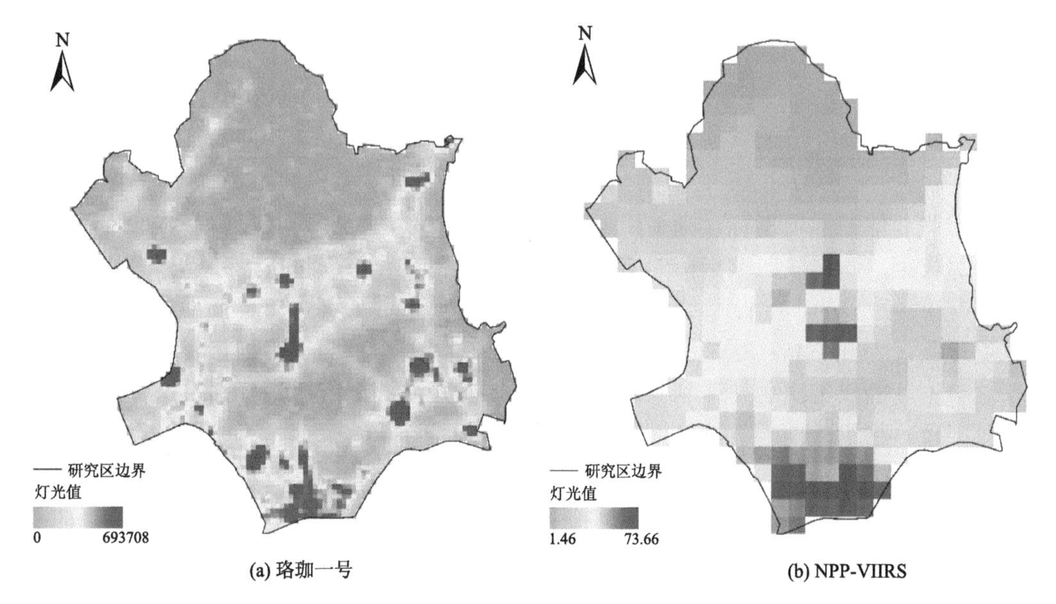

图 6-52　2019 年 1 月“珞珈一号”与 NPP-VIIRS 影像对比

5）应急避难距离

应急避难场所为人类应对公共突发事件提供了重要的人员、财产安置地点，这些公共突发事件包括地震、疫情、火灾、洪涝等。在未发生公共突发事件时，应急避难场所也能为周围居民提供很好的应急演练场所，能促进提高居民的洪涝应急意识和能力。根据香洲区应急管理局发布的《2020 年珠海市香洲区自然灾害应急避难场所信息表》，获取到香洲区 101 个应急庇护场所位置，然后在 ArcGIS 中进行距离分析并归一化处理，得到应急避难距离分布如图 6-51（d）所示。

3. 指标权重计算结果

由于研究区域各网格的弹性（致灾因子危险性的一部分）随着暴雨重现期的不同而变化，而熵权法只能依据静态的指标数据计算各指标权重，因此危险性三项指标的权重只采用层次分析法量化。危险性三项指标的判断矩阵如表 6-31 所示，权重计算结果如表 6-32 所示。权重计算结果的一致性系数小于 0.1，符合层次分析法要求。从结果可看出弹性权重最高，达到 0.714；而高程和坡度权重相等，都为 0.143。

表 6-31　危险性指标判断矩阵

指标名称	弹性	高程	坡度
弹性	1	5	5
高程	1/5	1	1
坡度	1/5	1	1

表 6-32　风险评估指标权重计算结果

准则层	危险性			脆弱性			
指标层	弹性	高程	坡度	人口密度	生产总值密度	医院距离	应急避难距离
层次分析法	0.714	0.143	0.143	0.546	0.232	0.084	0.138
熵权法	—	—	—	0.323	0.215	0.227	0.235
综合权重	0.714	0.143	0.143	0.4345	0.2235	0.1555	0.1865

对于脆弱性的四项指标，则采用层次分析法和熵权法分别对其赋值，并取权重均值作为计算权重。脆弱性四项指标的判断矩阵如表 6-33 所示，权重计算结果如表 6-32 所示。权重计算结果的一致性系数小于 0.1，符合层次分析法要求。对于脆弱性，人口密度的权重最大，为 0.4345，这是因为在洪涝风险评估中人类是需要得到首要考虑的要素。生产总值密度的权重次之，达到 0.2235。应急避难距离和医院距离分别占据权重的第三位和第四位，权重分别为 0.1865 和 0.1555。

表 6-33　脆弱性指标判断矩阵

指标名称	人口密度	生产总值密度	医院距离	应急避难距离
人口密度	1	3	5	4
生产总值密度	1/3	1	3	2
医院距离	1/5	1/3	1	1/2
应急避难距离	1/4	1/2	2	1

4. 风险评估情景设置

设置三种设计暴雨情景对洪涝风险进行研究，降雨重现期分别是 2 年一遇、10 年一遇和 50 年一遇。降雨时长设置为 2h，时间间隔为 1min。依据珠海市暴雨强度公式（2016 年实施）确定设计降雨过程线，峰值系数取 0.521，三种设计降雨过程线如图 6-53 所示。

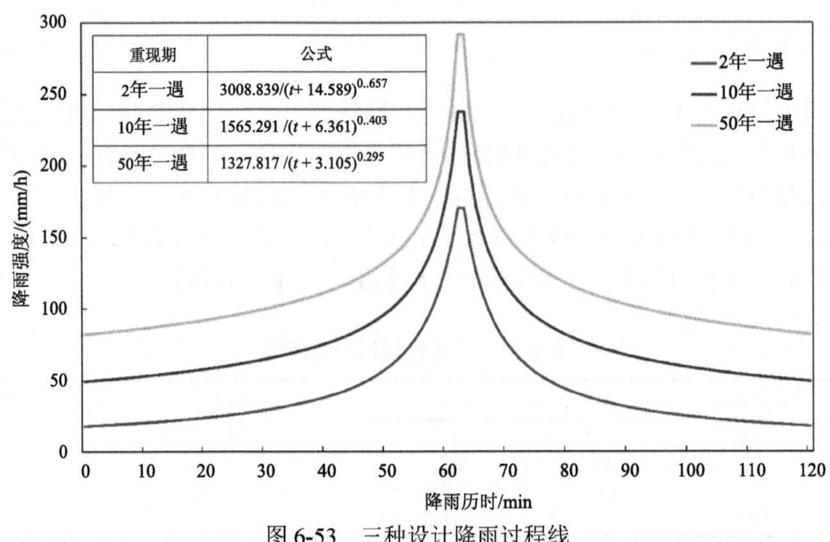

图 6-53　三种设计降雨过程线

5. 危险性评估结果

应用式（6-26）对危险性进行评估，并利用自然断点法确定等级划分阈值，将危险性分为四个等级：低、中等、高和极高。三种设计暴雨情景下的危险性分布如图 6-54 所示。危险性评估结果表明三种设计暴雨情景下低危险性区域均占大多数，这是因为即使遭遇 50 年一遇的降雨，这些区域没有被淹没或只存在少量积水。随着重现期增大，研究区内的中等、高和极高危险性区域逐渐增加。高和极高危险性区域主要位于九洲大道中、105 国道、造贝路等区域，这些区域高程较低、地势较平坦，同时排水管网标准偏低，容易形成持续性的内涝灾害。并且这些区域基本位于城市区域，内涝对人员和财产的潜在威胁较大。

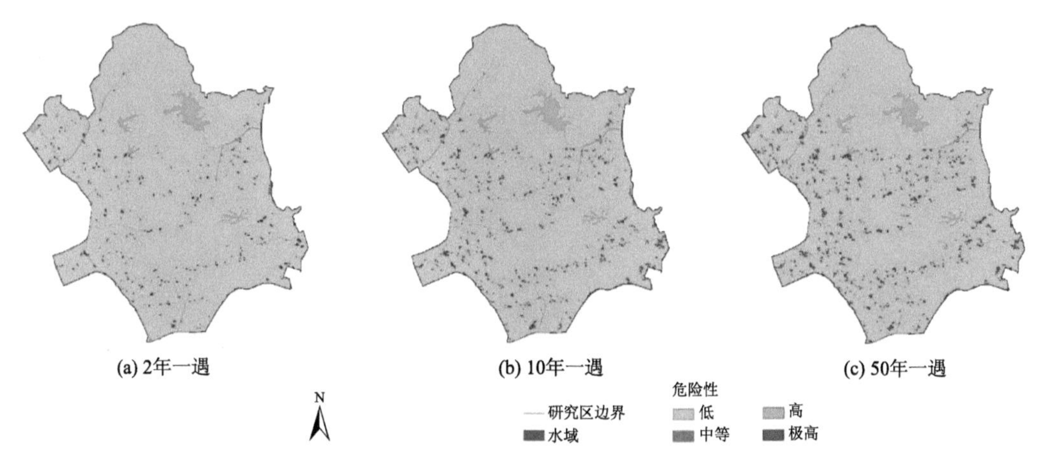

图 6-54　不同降雨重现期下危险性评估结果

6. 脆弱性评估结果

利用式（6-26）量化研究区栅格脆弱性，然后使用自然断点法将脆弱性等级划分为四类：低、中等、高和极高，最终得到不同等级脆弱性的空间分布如图 6-55 所示。结果表明脆弱性高值区主要位于人口密集、资产集中区域。

7. 风险评估结果

应用式（6-26）对三种暴雨情景下内涝风险进行计算，并将内涝风险分为 4 级：低、中等、高和极高。风险区划图和相应的面积统计结果分别如图 6-56 和表 6-34 所示。结果表明在三种设计暴雨情景下大部分区域处于低风险或中等风险，且低风险面积占比最大。随着暴雨重现期增加，低和中等风险区域逐渐减少，而高和极高风险区域逐渐增加。极高风险区面积增长率最大，从 2 年一遇到 10 年一遇和 50 年一遇，极高风险区面积增长率分别达到 127.84%和 245.18%，这些区域需得到重点关注。另外，极高风险区域主要位于拱北口岸、前山路、105 国道、珠海市政府、板障山隧道北等区域，这些地点本身地势较低洼，排水管网的行洪能力不足，在暴雨压力下容易产生内涝，危险性较高；

同时大都位于城市中人群和资产相对密集的区域，涝灾对人类身体安全和财产安全容易形成较大威胁，脆弱性较大。

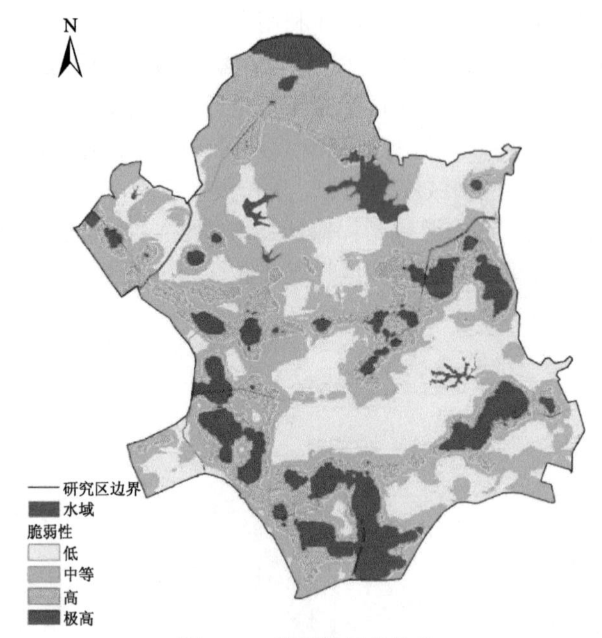

图 6-55　脆弱性评估结果

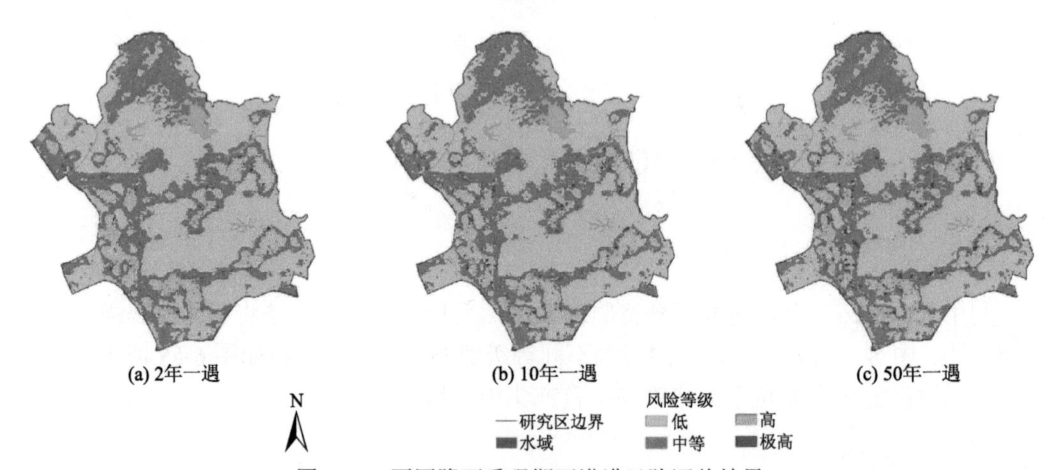

图 6-56　不同降雨重现期下洪涝风险评估结果

表 6-34　不同风险等级面积及增长率统计

情景	面积/hm²				增长率/%			
	极高风险	高风险	中等风险	低风险	极高风险	高风险	中等风险	低风险
2 年	41.98	1318.47	3216.48	4689.20	基准	基准	基准	基准
10 年	95.65	1345.35	3187.98	4637.15	127.84	2.04	–0.89	–1.11
50 年	144.91	1371.15	3151.67	4598.41	245.18	4.00	–2.02	–1.94

8. 极高风险重现期区划图

极高风险区域对人类生产生活造成的威胁较大，是城市防洪抗涝的重点关注区域。鉴于此，本节提出极高风险重现期区划图以便对工程规划和减灾调度提供有效指导。极高风险重现期的定义为：对于一个区域，其极高风险重现期值为 n 表示当暴雨重现期达到 n 时其内涝风险正好由高风险转变为极高风险。在三场设计降雨的基础上，本研究模拟了更多场次降雨下的研究区域洪涝情况并计算相应的风险值。整合所有情景下的风险计算结果，得到极高风险重现期分布如图 5-38 所示。极高风险重现期区划图较为直观和细节地展示了对于特定区域，当遭遇多大的降雨时其处于极高风险状态，需要得到紧急救援。因此，在内涝灾害发生前，可根据降雨预报和极高风险重现期区划图对可能的极高风险区域进行预警，为抢险救援工作做好准备。另外，从图 6-57 中可看出城市不同区域对风险的承受能力具有差异性，可针对它们极高风险重现期的不同，制定相应等级的工程规划，从而为防灾减灾工作提供有效指导。

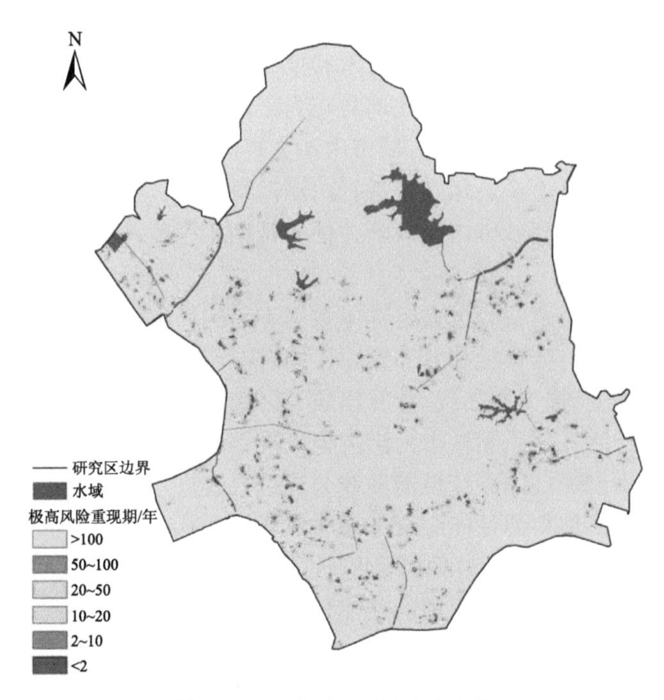

图 6-57　极高风险重现期区划图

6.5　小　　结

本章以地处珠三角地区核心城市广州市、深圳市和珠海市三个研究区域为例，构建研究区域 InfoWorks ICM 城市洪涝模型，综合考虑流域洪涝灾害特性构建基于危险性-易损性评估框架的评估指标体系，采用指标体系法和情景模拟法相结合进行风险分析和区划，主要结论如下：

（1）以广州市东濠涌流域的城市洪涝灾害特征为基础，选取淹没水深、淹没历时、地面高程、坡度、人口密度、土地利用、医院距离、应急庇护距离共 8 个指标构建评估指标体系，采用情景模拟法获取致灾因子指标数据，利用区划图分辨率相关内容确定区划单元大小，结合自然间断法等阈值划分方法对指标数据进行标准化处理，采用层次分析法构建层次结构并确定指标权重。

（2）对东濠涌流域城市洪涝灾害的危险性、易损性和风险分布进行分析和区划，绘制三者的区划等级图以反映危险性、易损性和洪涝风险的分布。由危险性区划图可知，随着降雨重现期增大，危险性整体增大明显，流域北部和距离河道较远处的危险性较低，南部和距离河道较近的危险性较高。由易损性区划图可知，人口密度高的地区或土地利用经济价值高的地区易损性较高。洪涝风险区划图表明，中风险区分布最广泛，低风险区次之；较高风险区和高风险区两者的分布与淹没水深及历时密切相关，随着降雨重现期增大，较高和高风险区的面积增大明显，是防洪排涝中需要重点防范的区域。

（3）构建基于一维、二维耦合的深圳市民治片区城市雨洪模型，建立民治片区暴雨内涝灾害风险指标体系，基于 ArcGIS 技术和层次分析法开展民治片区暴雨内涝灾害风险评估，民治片区高风险区主要集中在地势较为平缓、人口较多、经济较为发达、内涝灾害危险性高的民治河下游沿河区域。城市内涝灾害风险评估中淹没水深为最主要因素，因此将城市雨洪模型与风险理论相结合进行内涝情景模拟，模拟分析城市区域积水淹没情况，可以较大程度地提高城市内涝风险评估的精细化程度，使城市内涝灾害风险管理事半功倍。

（4）为有效地突破城市中心区灾害样本数据不足的局限，采用合成曲线法，基于调查资料获得的居民室内财产数量和分布规律，结合财产的水淹损坏情况，拟合出深圳市居民室内财产淹没深度-损失率曲线，计算出研究区域 100 年一遇暴雨重现期下居民室内财产的总内涝损失，为开展后续城市内涝灾害风险评估提供技术支持。

（5）对应用于洪涝弹性的系统性能曲线公式进行改进，加入了下阈值和人类对不同土地利用的关注权重，使得弹性能综合考虑自然环境和社会环境对洪涝灾害的抵抗和恢复能力。应用改进后的弹性公式对香洲城区不同情景下的洪涝弹性进行研究。结果表明：在工作时段，公共、交通和商业用地的关注权重占据前三位。在休息时段，公共、居住和交通用地则占据前三。在相同暴雨压力下，研究区域在休息时段表现出更低弹性。选择 4h 作为模拟总时长是相对合理的，因为它相比其他方案揭示了更多具有低或极低弹性的区域。尽管提升建筑物门槛高度对增强研究区弹性的作用不大，但它能显著减少弹性低和非常低的区域，并且这种削减作用在休息时段更为明显。此外，提升建筑物门槛高度能够显著提升居住用地的弹性，深度阈值变化对不透水区域的弹性影响更大。

（6）将弹性作为指标融合到洪涝风险评估指标体系之中，并利用多源数据对指标数据进行获取，探究了香洲城区在 2 年一遇、10 年一遇和 50 年一遇三种设计暴雨情景下的区域风险及其变化规律。结果表明：利用百度热力图、夜间遥感灯光等多源数据能获取到近两年内 4m 精度的人口分布、130m 精度的生产总值分布等脆弱性指标数据。这些多源数据相较传统手段能够改善指标数据的空间分布粗糙性和时间滞后性，在未来精细化研究方面具有很大潜力。

（7）珠海市香洲区脆弱性高值区主要位于人口和资产聚集区域。随着暴雨重现期增大，研究区内风险显著增加，高风险和极高风险的面积均有增长，其中极高风险区域面积增长幅度最大。相比 2 年一遇暴雨重现期情景，10 年一遇和 50 年一遇情景下极高风险区域面积分别增长了 127.84%和 245.18%。极高风险重现期区划图能够快速识别特定情景下高风险值区域，可为内涝预警、灾害救援等提供指导。

第7章 基于机器学习方法的城市洪涝风险评估

对于城区尺度的洪涝风险评估，可以借助雨洪模型获取精细的危险性指标数据。然而在现有技术条件下，对于类似珠江三角洲这种较大的研究区域，构建精细的水文水力学模型不仅需要大量的精细资料，而且需要耗费大量的计算资源，从理论和实践角度均不具有很强的可行性。随着近年来计算机技术的发展和各种机器学习算法的进步，机器学习模型层出不穷（Mojaddadi et al.，2017），但在洪涝风险评估中鲜有应用。此外，之前的研究大多未深入研究不同等级的洪水风险和高风险区域的特征（Lin et al.，2020）。因此，这些研究仅适用于特定区域，不能为其他区域的高风险识别提供直接指导，也不能为理解洪涝风险的内在规律提供足够的帮助。

有鉴于此，珠江三角洲洪涝风险评估应用六种机器学习模型（图7-1），包括支持向量机、随机森林、梯度提升树、XGBoost、多层感知机和卷积神经网络。不同于以往研究，本章采用包括香洲城区在内的洪涝风险评估成果对机器学习模型进行训练和测试，并利用历史内涝黑点对模型的风险评估结果进行验证。此外，本章还将对不同风险等级区域的指标分布特点、极高风险区域特征和洪涝风险驱动因子进行深入探究。

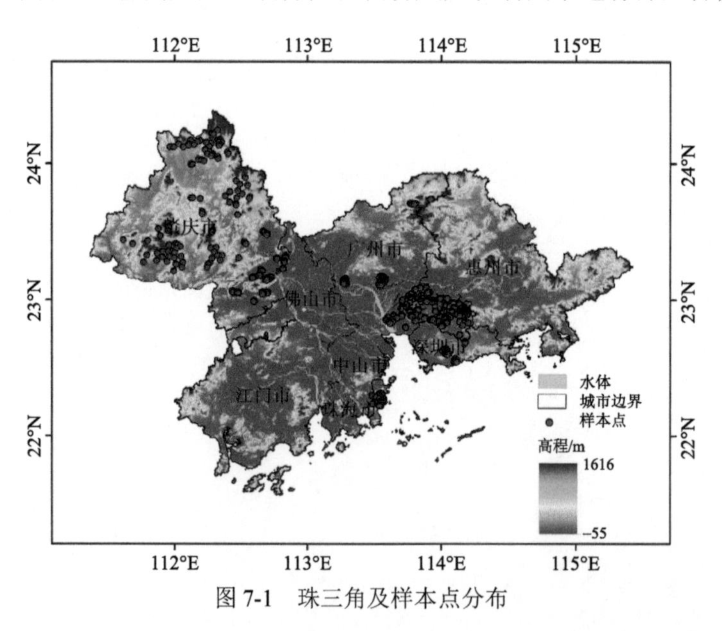

图7-1 珠三角及样本点分布

7.1 基于机器学习的珠三角洪涝风险评估模型构建

7.1.1 机器学习模型在洪涝风险评估方面的应用

机器学习模型是一个黑箱模型，即无法基于物理机制对洪涝风险的形成做出解释，而需要去学习驱动因子输入与风险输出之间的关系（余凯等，2013）。机器学习模型最初应用于河流的洪水预报方面，近年来被引入洪涝模拟和风险评估领域（Campolo et al.，1999）。目前应用于洪涝风险评估的机器学习模型主要包括支持向量机、随机森林、粒子群算法等。Zhao 等（2019）提出了弱标记支持向量机模型（WELLSVM），并将其在洪涝风险评估方面的性能与逻辑回归、人工神经网络和传统的支持向量机相对比，结果表明弱标记支持向量机模型所生成的风险评估结果更适用于实现有效的洪涝风险管理。Sadler 等（2018）将降雨、潮汐和风速作为输入条件，应用泊松回归和随机森林两种模型对美国诺福克地区的洪涝高发区进行预测，结果表明随机森林模型预测结果的假阴率（false negative rate）相比前者更低，表现更优。Jahangir 等（2019）将坡度、流向、土壤类型等 7 个指标作为模型输入，应用人工神经网络对洪涝深度进行预测。随着计算机算力的进步和人工智能的发展，深度学习模型开始在洪涝风险评估领域得到应用。Zhao 等（2020）从降雨、地形和人为因素三方面选取了 9 项指标作为两种卷积神经网络模型的输入，对北京大红门流域的洪涝风险进行了评估。

无论传统的机器学习模型还是新兴的深度学习模型，它们在洪涝风险评估方面应用的基本都是有监督的模型，即需要从已知的指标-风险关系之中寻找两者之间的规律，然后根据其他区域的指标值情况预测其洪涝风险（Wagenaar et al.，2020）。而为了构建已知风险的训练样本数据库，以往研究通过两种方式来构建：一是对历史淹没数据进行统计（Lai et al.，2016），二是通过数值模拟结果（Zhi et al.，2020）。然而，这两种建构方式基本只能考虑到洪涝的危险性因素，缺乏对经济社会方面因素的综合考虑，导致机器学习模型所学习到的目标值并不是真正的洪涝风险。基于这种考虑，本研究将基于已有的洪涝风险评估成果去构建样本数据集，使得机器学习模型对指标与洪涝风险之间关系的学习更为准确，为风险机制探究提供更坚实的基础。

7.1.2　机器学习模型选取

本研究选取六种机器学习模型对珠三角洪涝风险进行评估，详述如下：

1. 支持向量机（support vector mechine，SVM）

支持向量机的核心在于利用支持向量所构成的超平面对不同样本进行分类。支持向量机模型具有诸多优点：由于模型的分类器只依靠支持向量，因此支持向量机具有较好的鲁棒性，即改变非支持向量的样本点不会对分类效果造成影响；训练后不易出现过拟合情况，模型具有良好的泛化能力；同时它不会随着训练样本维度的增加而提高计算复杂度，能避免“维度灾难”的发生（Kuś et al.，2021）。这些优点使得支持向量机成为风险评估领域广泛应用的机器学习模型之一（Tehrany et al.，2015）。

2. 随机森林（random forest，RF）

随机森林的核心思想在于应用多棵决策树的投票机制来实现样本的分类或预测。随机森林具有运行效率高和预测准确率高的优点，能够高效处理高维度、大体量的数据，并且其参数调校相比支持向量机模型更为方便。随机森林模型在分类和回归分析等方面均有较优表现，也是广泛应用于自然灾害风险评估的机器学习模型之一（Wang et al.，2015）。

3. 梯度提升树（gradient boosting decision tree，GBDT）

梯度提升树是一种集成学习（ensemble learning）模型，它通过结合多个弱分类器来构建一个强分类器实现分类问题的解决。梯度提升树的特点之一在于损失函数中负梯度值的使用，使其具有高效率的特点，已被证明在洪涝淹没预测方面具有良好的应用能力（Zhi et al.，2020）。

4. XGBoost

XGBoost 最先由 Chen 和 Guestrin（2016）提出，是由 GBDT 发展而来的集成学习模型。GBDT 模型在求解损失函数中使用一阶导技术，而 XGBoost 模型则使用一阶导和二阶导结合的技术。此外 XGBoost 还可自定义损失函数，并且在损失函数中加入了正则项来防止过拟合。在理论上，XGBoost 模型相比 GBDT 具有更强的分类能力，在洪涝风险评估方面亦具有较大潜能。

5. 多层感知机（multi-layer perceptron，MLP）

多层感知机是一种由全连接网络构成的至少含有一个隐藏层的人工神经网络，其中每个隐藏层的输出都需经过激活函数的转换。作为传统人工神经网络的代表之一，多层感知机模型是深度学习模型的奠基者，并已在自然灾害风险评估领域得到一定应用（Ahmadlou et al.，2020）。

6. 卷积神经网络（convolutional neural network，CNN）

卷积神经网络是一类具有深度结构并包含卷积计算的前馈人工神经网络模型。作为深度学习的代表模型之一，卷积神经网络由于其优异的特征捕捉和学习能力已在计算机视觉领域取得重要突破。卷积神经网络起源于 Waibel 等（1989）提出的时间延迟网络（time delay neural network），现在已发展为很多结构，如 LeNet、AlexNet、ResNet 等。由于这些卷积神经网络主要用于处理二维数据（如图片、音频等），因此它们也被称为二维卷积神经网络。当处理一维数据时，目前为止传统的机器模型仍是首选。然而，Kiranyaz 等（2015）成功提出了一种一维卷积神经网络来处理一维数据，从此一维神经网络在一些领域取得了重要的研究成果（李道全等，2020）。由于模型输入是 12 个指标数据构成的一维数据，因此本研究选用了一维卷积神经网络。

在本研究中，支持向量机、随机森林和梯度提升树模型基于 Python 的 Scikit-learn 模块构建；XGBoost 模型基于 Python 的 XGBoost 模块构建；多层感知机和卷积神经网络基于 Python 的 Tensorflow 2.3 框架构建。

7.1.3　珠三角洪涝风险评估模型构建

珠三角洪涝风险评估模型构建主要有以下步骤：指标数据收集、数据预处理、模型框架构建、模型训练与测试。模型构建的技术路线如图 7-2 所示。

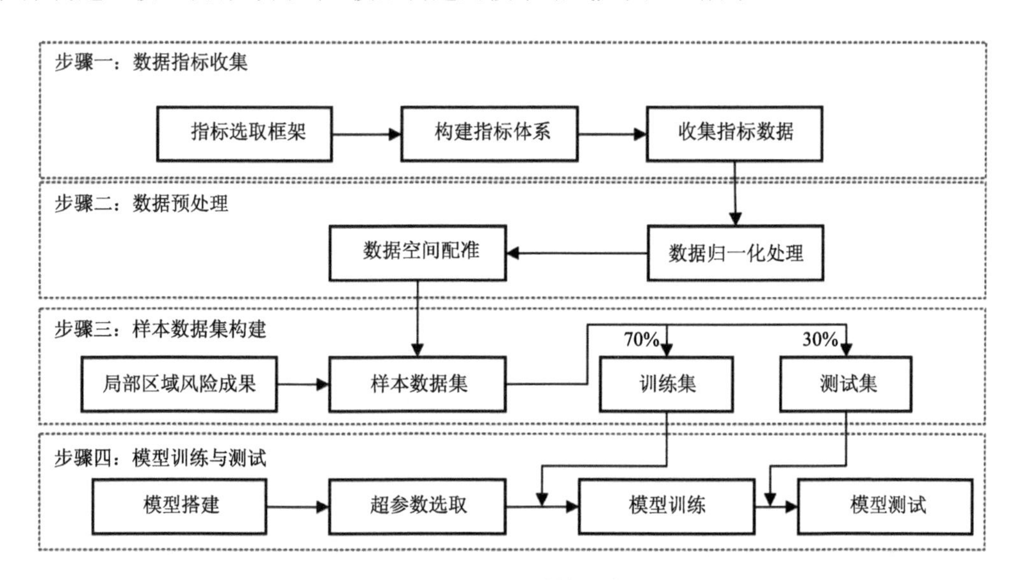

图 7-2　风险评估构建步骤

1. 数据指标收集

评价指标的选取应基于科学性、完整性、独立性等原则。本章基于“致灾因子-孕灾环境-承灾体”的洪涝风险评估框架选取了 12 项指标。在本章中，致灾因子包含四个指标：最大三小时降雨、最大一日降雨、降雨量大于 25mm 日数和台风频率；承灾体包含两个指标：生产总值密度和人口密度；剩下六个指标属于孕灾环境。这些指标的空间分布如图 7-3 所示，其获取方式分述如下：

（1）最大三小时降雨（M3HP，mm）、最大一日降雨（M1DP，mm）、降雨量大于 25mm 日数（DG25，d）。洪涝灾害有洪水和内涝两种表现形式，需要考虑短历时降雨和长历时降雨等特征，因此选取这三项指标来综合描述各地的降雨特征差异。本节从 multi-source weighted-ensemble precipitation（MSWEP，http://hydrology.princeton.edu/data/hylkeb/MSWEP_V220/）数据库获取了 1988～2017 年间 3h 精度的降雨数据。考虑到突变年份可能出现降雨极端分布，导致某些地区降雨数据出现区别于绝大部分年份的极大值，因此将这三个指标取按照年份来统计，并取这 30 年数据的平均值。

（2）台风频率（TF，次/a）。台风的侵袭经常引发强降雨等次生灾害，从而引发沿海地区造成较为严重的洪涝灾害。本节从日本气象厅（http://www.jma.go.jp/jma/index. html）获取到 1949～2010 年的台风轨迹数据。根据 Lee 等（2012），确定台风中心线周围 200km 为台风影响范围。然后应用 ArcGIS 叠加分析等工具计算得到珠三角地区的台风频率分布数据。

（3）数字高程模型（DEM，m）。DEM 是描述地形的关键指标之一。DEM 低值区域面临更大的潜在洪涝威胁。本节从地理空间数据云（http://www.gscloud.cn/）获取到空间精度为 30m×30m 的 DEM 数据。

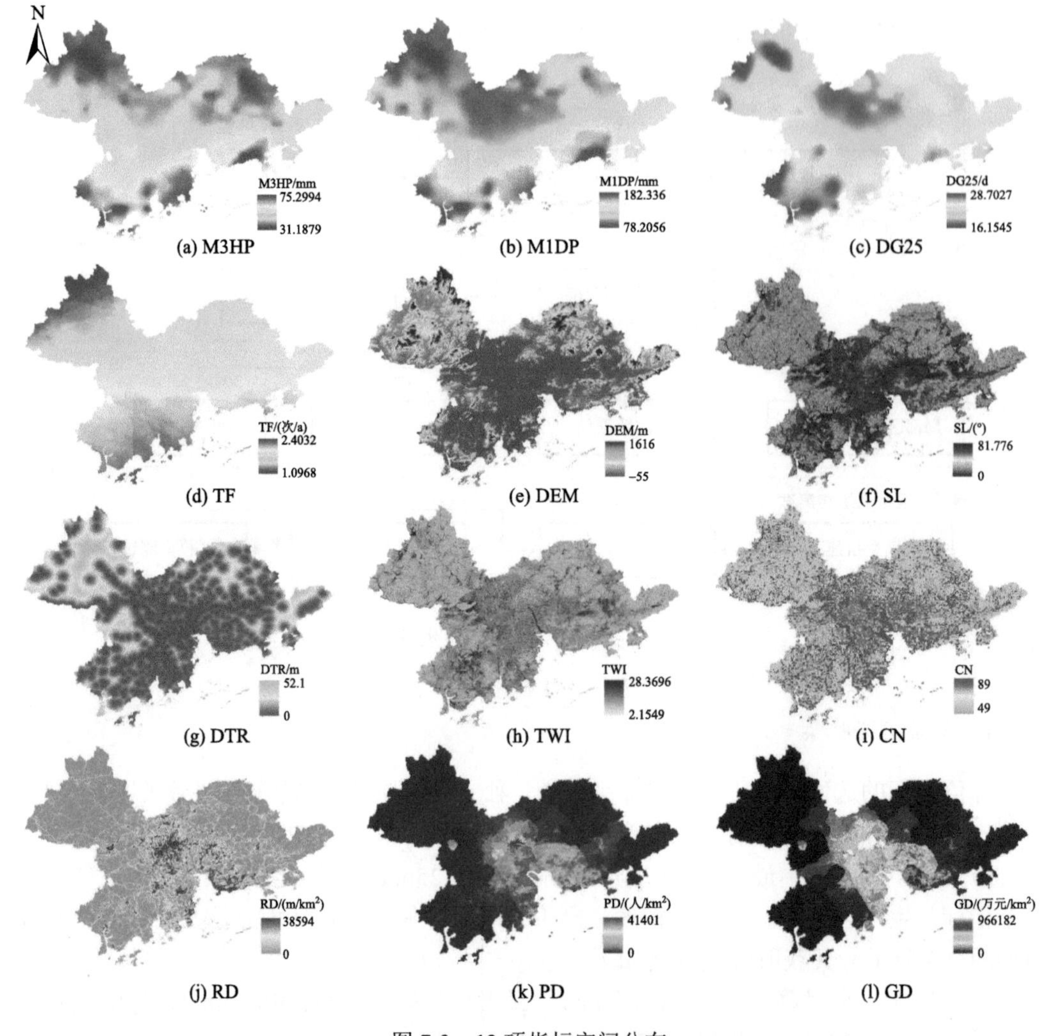

图 7-3　12 项指标空间分布

（4）坡度（SL，°）。坡度指标反映了所在局部区域的表面排水能力，坡度高值区域一般能够较快速地将洪涝排至其他区域，从而会受到较少的潜在洪涝威胁。该数据应用 ArcGIS 的坡度工具从 DEM 数据得到。

（5）到河道距离（DTR，m）。在长历时强降雨事件中，河道漫堤会导致洪水事件发生，因此离河道近的区域会受到更多的洪涝灾害威胁。本研究利用 BIGEMAP 软件（http://www.bigemap.com/）从谷歌地图中提取珠三角的面状河道数据，并利用 ArcGIS 的欧几里得距离工具求得该指标数据。

（6）路网密度（RD，m/km^2）。道路在城镇化地区行洪中发挥着重要作用，并且路网密度与排水管网往往具有较密切的联系。因此，路网密度是衡量城镇化地区排水能力的重要指标之一。本研究的道路数据来源于 OpenStreetMap（http://download.geofabrik.de/）。

（7）地形湿度指数（TWI）。该指数综合考虑了地形和土壤特性对土壤水分分布的影响，能够反映流域土壤水分的空间分布。TWI 数据根据 Sørense 等（2006）提出的计算公式在 ArcGIS 中计算。

（8）径流曲线数（CN）。该指数能反映降雨前流域的表面和土壤特征。根据 Hong 和 Adler（2008），径流曲线数据可利用土壤类型和土地利用数据求得。本研究从 HWSD（Harmonized World Soil Database）获取到 2005 年的土壤类型数据，指标空间精度为 1km×1km；并从清华大学发布的数据库（http://data.ess.tsinghua.edu.cn/fromglc2017v1.html）中获取截至 2017 年的土地利用数据，指标空间精度为 30m×30m。

（9）人口密度（PD，人/km^2）、生产总值密度（GD，万元/km^2）。这两项指标反映了人口和经济的集中程度。发生在人口和资产集中区域的洪涝灾害会对人类社会造成更大威胁，造成更多经济损失，对人类造成更多伤亡。本节从国家地球系统科学数据中心（http://www.geodata.cn/）获取到 2015 年的人口和经济密度数据。

2. 数据预处理

在完成指标数据收集后，还需在 ArcGIS 中将指标数据的空间分布配准到相同坐标系下，以获取到不同空间位置的指标值。由于不同指标的单位不同，造成各指标之间数值范围具有较大的差异，因此需要对指标进行归一化处理，即将各个指标的数值转化为 0～1 之间的数。

3. 样本数据集构建

样本数据库是机器学习模型训练的基础，直接关系到模型对于洪涝特征的学习量和风险评估结果的合理性。之前的研究通常利用历史洪涝事件的淹没统计资料来创建样本数据库，这只考虑了洪涝的致灾因子危险性特征，会导致风险评估结果存在一定的不合理性。本节基于珠三角部分地区的洪涝综合风险评估成果构建样本数据库，以保证数据源的科学性和合理性。这些成果所覆盖的区域包括广州市、肇庆市、深圳市和珠海市的几个流域，并且部分已发表在期刊上（黄国如等，2019；李碧琦等，2019）。值得注意的是，由于不同流域大小和结果精度的差异，样本点在空间上并不是呈均匀分布。例如，在广州市主要是东濠涌流域和凤凰城的风险结果图，因此样本点较少。而东莞市则有全市的洪涝风险成果图，因此样本点较多。如图 6-1 所示，最终构建了 2000 个样本点组成样本数据库，这些样本点拥有 12 个特征值（12 个指标）和 1 个目标值（风险值），其中目标值（风险值）分为四类：低风险、中等风险、高风险和极高风险。对于洪涝风险的评估方法，目前为止仍没有统一的规范，因此这些局部区域的评估结果会根据地区特点选用不同的风险评估指标，具有一定的主观性和不一致性，导致这些样本点的目标值存在一定的不确定性。为了消除样本数据库中存在的不确定因素影响，本研究利用 2014 年的历史内涝黑点（黄铁兰等，2017）对机器学习模型的风险评估结果进行验证。

4. 模型训练与测试

模型训练的目的在于优化机器学习模型内部参数，使模型自动从驱动因子输入和洪涝风险等级输出之间建立联系。模型测试的目的在于验证模型所学习到的风险特征和风险评估结果的合理性。在完成样本数据集构建后，需要随机选择 70%的样本作为训练集，剩余 30%作为测试集。模型搭建在对模型原理进行了深入了解的基础上，严格按照模型结构手动搭建模型或利用已有模块导入。

7.1.4 机器学习模型性能评价方法

除了测试集精度，ROC 曲线及 AUC 指数也普遍应用于机器学习模型性能的评价。ROC 曲线全名为接受者操作特性曲线（receiver operating characteristic curve），又名感受性曲线，是机器学习领域评价模型性能的通用标准之一。在 ROC 曲线中，假阳率绘制在横坐标，而真阳率绘制在纵坐标。假阳率与真阳率之间的二维分布可以较直观清晰地反映机器学习的表现。AUC 指数（the area under the ROC curve）是 ROC 曲线下面积，是定量评估 ROC 曲线的综合性指数（Darabi et al.，2019）。当 AUC 指数为 0.5 时表示机器学习模型分类的结果为完全随意的，而 AUC 指数为 1 时表示机器学习模型进行了一次完美的分类。因此，AUC 指数越接近于 1，表示模型的分类表现越好。由于 ROC 曲线所对应的是评估二分类问题，因此有必要确定正例和反例（Lin et al.，2020）。本节将极高风险和高风险设为正例，表示风险较高；将中等风险和低风险设为反例，表示风险较低。

7.2 模型超参数选取及比较

7.2.1 超参数优化

机器学习模型中的超参数表示模型训练之前预设的参数，这些参数不能通过训练过程自动调整。选择不同的超参数组合会对模型的表现产生极大的影响，因此有必要确保每个模型的超参数都尽量最优，以确保模型比较的公平性。然而，超参数优化的过程在以往的研究中大多被忽视。在本章中，支持向量机、随机森林、梯度提升树和 XGBoost 模型的超参数优化基于网格搜索算法并采用五折交叉验证方案，主要超参数的优化后结果如表 7-1 所示。对于多层感知机和卷积神经网络模型，本节参考 Kabir 等（2020）的模型结构并做了进一步优化，使之适用于洪涝风险评估问题。优化后的多层感知机和卷

表 7-1 超参数优化结果

模型名称	超参数名称	值
支持向量机	惩罚系数	16
	核函数参数	13
随机森林	基础模型数量	300
	模型最大深度	20
	节点处最大分割样本量	2
	最小节点样本量	4
梯度提升树	基础模型数量	600
	模型最大深度	7
XGBoost	基础模型数量	250
	模型最大深度	4

积神经网络结构分别如图 7-4 和图 7-5 所示，其中多层感知机模型的隐藏层包括三个全连接层，而卷积神经网络的隐藏层则包括三个卷积层、一个展平层和三个全连接层。多层感知机和卷积神经网络模型中卷积核和神经元个数采用贝叶斯优化算法，通过 Python 的 Hyperas 和 Hyperopt 模块实现。

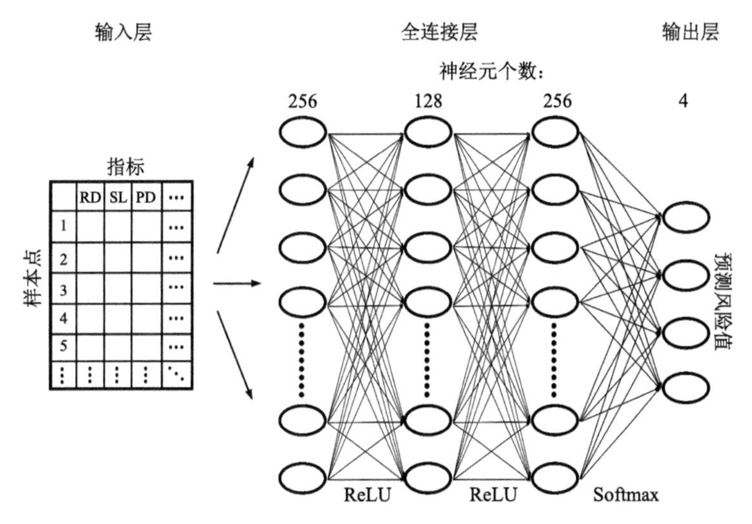

图 7-4　多层感知机结构

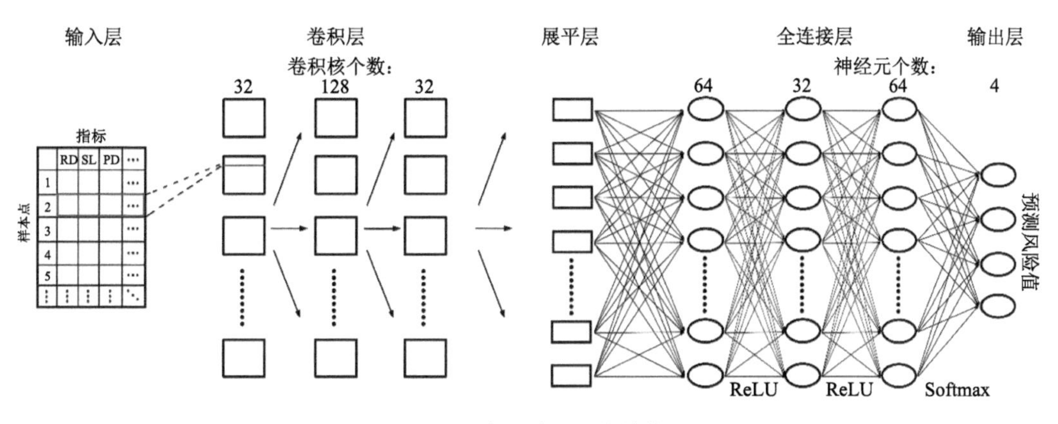

图 7-5　卷积神经网络结构

7.2.2　测试集上模型表现

采用经过超参数优化后的模型进行模型的训练和测试，样本数据集中的 1400 个点用于训练，600 个点用于测试。6 个模型在测试集上的预测精度如表 7-2 所示，在测试集上的 ROC 曲线如图 7-6 所示，各机器学习模型 ROC 曲线所对应的 AUC 指数亦如表 7-2 所示。综合测试集精度和 AUC 值结果，模型在测试集上表现的优劣顺序为：GBDT > XGBoost > RF ≈ CNN > MLP > SVM。GBDT 模型由于在测试集上的预测精度达到 96.83%，并且 AUC 值达到 0.9727，因此是 6 个模型中表现最好的模型。然而，表现最好的四个模型差距并不大，最多只相差 3.33%的预测精度和 0.0215 的 AUC 值。在本研究中，样本数据集的构建基于一些局部区域的洪涝风险图，而生成这些风险图的评价标准由于地区的不同选择的评价指标体系也会有一些差异，这造成了样本数据集具有一定的不协调性和不准确性。由于样本数据集上这种不确定性的存在，无法根据测试集上梯度提升树模型的微弱优势而确定其为最优模型。为了进一步对模型进行比较，使用 2014 年的实测内涝点数据对表现最优的四个模型进行验证，以对比这些模型捕捉到的洪涝风险特征与实际风险之间的合理性。

表 7-2　测试集上模型准确率

模型	支持向量机	随机森林	梯度提升树	XGBoost	多层感知机	卷积神经网络
准确率/%	84.67	93.83	96.83	96.17	90.17	93.5
AUC 指数	0.9046	0.9512	0.9727	0.9714	0.9422	0.9669

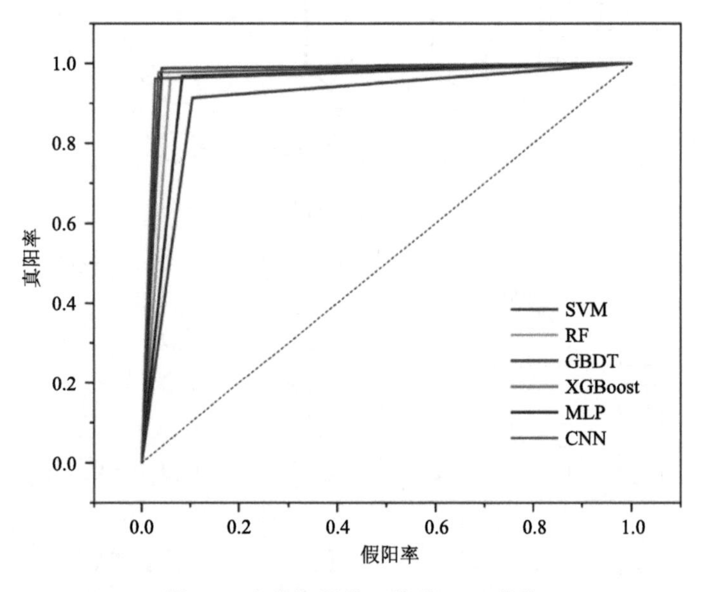

图 7-6　六种机器学习模型 ROC 曲线

7.2.3　利用内涝黑点验证模型合理性

利用在测试集上表现较优的梯度提升树、XGBoost、随机森林和一维卷积神经网络模型生成珠三角洪涝风险图，如图 7-7 所示。黄铁兰等（2017）统计了珠三角地区在 2014 年的 693 个内涝黑点（图 7-8），这些内涝黑点经常在暴雨情景下受淹，并且严重影响着人类的生产生活，因此可认定为极高风险区域。本研究利用这 693 个内涝黑点与生成的洪涝风险图进行对比，以判断模型所学习到的风险特征与实际的吻合程度。内涝黑点在这四张洪涝风险图中落在各风险等级的数目比例如图 7-9 所示，由此可以看出 GBDT 模型在所有模型中表现最佳，有 54.77%的内涝黑点处于极高风险区，28.76%的内涝黑点处于高风险区，尽管 XGBoost 模型在测试集上的表现优于随机森林模型（测试集上预测准确率高 2.34%），但通过验证可以表明 XGBoost 所学习到的有效洪涝特征与随机森林模型差不多。相比其他三个模型，卷积神经网络模型所获取到的洪涝风险特征与现实吻合程度较低，因为只有不到 31%的内涝黑点处于极高风险区域。

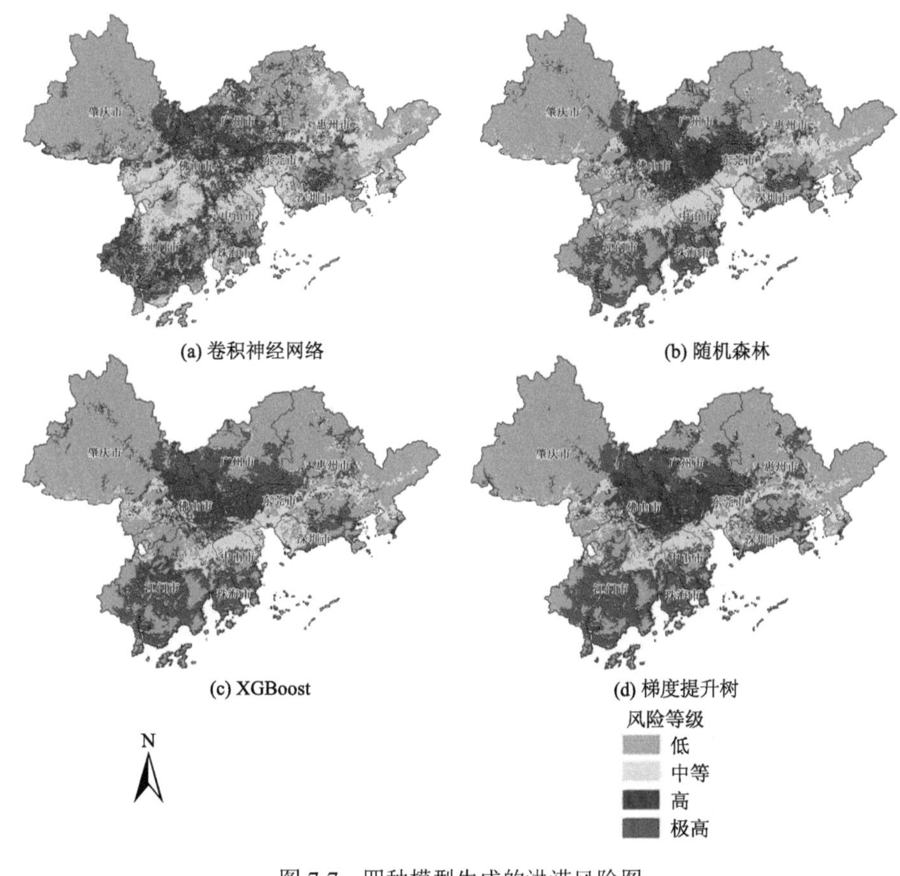

图 7-7　四种模型生成的洪涝风险图

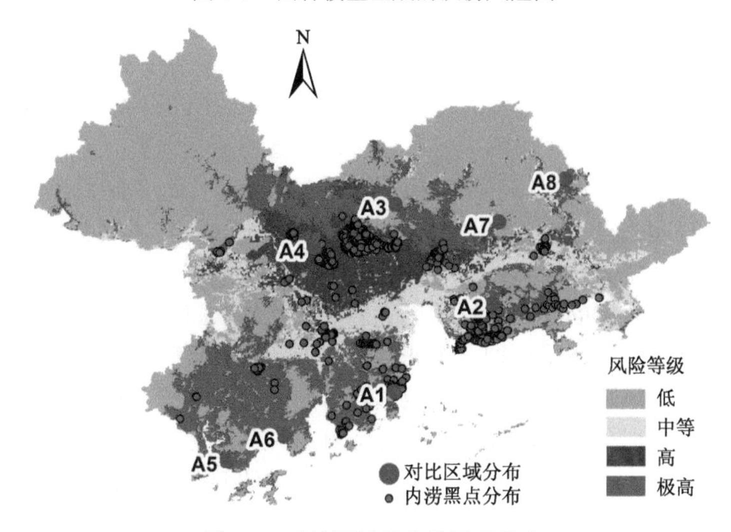

图 7-8　对比区域及内涝黑点分布

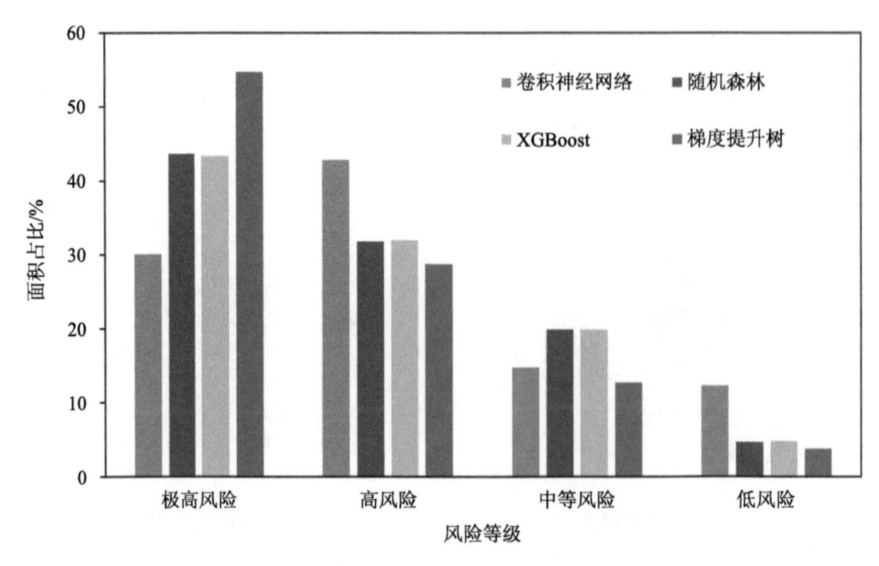

图 7-9 四种模型不同风险等级的面积占比

以上结果表明 GBDT 模型是六个模型中最适用于洪涝风险评估的模型，它不仅在测试集上拥有最强的风险特征学习能力，并且它所学到的洪涝风险特征与现实更为吻合。

7.3 风险内在规律及驱动因子分析

7.3.1 洪涝风险评估结果风险

由于 GBDT 模型表现最优，因此对其生成的洪涝风险图进行进一步分析。如图 7-7（d）所示，拥有极高风险的区域位于广州市的花都区、天河区、越秀区、黄浦区和白云区；深圳市的南山区、龙岗区、福田区和罗湖区；佛山的南海区和三水区；珠海市；中山市的中南部；江门市。此极高风险成果与之前的成果一致。Lyu 等（2018）应用间隔层次分析法（I-AHP）对广州地铁洪涝风险进行评估，其结果表明广州市的花都区、天河区、白云区和越秀区的大部分地区处于极高风险。Wang 等（2017）的研究表明，珠海，深圳市、佛山市和东莞市等沿海地区处于极高风险。Li 等（2020）发现江门市、珠海市、中山市、东莞市和深圳市的大多数地区极易遭受洪涝灾害。

各个洪涝风险等级下各指标的平均值如表 7-3 所示。由表可知低风险区域具有较高的 DEM、SL 和 DTR 值，较低的 PD 和 GD 值。这表明低风险区域主要位于经济落后和人口稀疏的山区。将中等风险和低风险区域的指标进行对比，可发现中等风险区域承受更严重致灾因子、更恶劣的孕灾环境和更脆弱的承载体。将中等风险和高风险区域进行对比，结果表明高风险区域虽然拥有更恶劣的孕灾环境和更脆弱的承灾体，但它的致灾因子压力更小。将高风险和极高风险区域进行对比，可发现极高风险区域虽然承受着较大的致灾因子压力，但孕灾环境没那么恶劣，且承灾体没那么繁华。从以上结果可总结出随着洪涝风险的恶化，致灾因子、孕灾环境和承灾体并不是朝着有利于洪涝风险加剧的方向持续发展的。

表 7-3　不同风险等级的指标平均值

风险等级	M3HP/mm	M1DP/mm	DG25/d	TF/（次/a）	DEM/m	SL/（°）
低	44.93	110.99	21.49	1.71	215.56	14.40
中等	49.18	119.26	21.14	1.93	20.33	3.16
高	44.65	104.05	19.97	1.87	14.50	2.74
极高	51.76	124.85	21.77	1.94	20.29	3.08
风险等级	DTR/km	TWI	CN	RD/（m/km^2）	PD/（人/km^2）	GD/（1000 元/km^2）
低	8.24	6.56	76.53	544.06	446.79	2728.68
中等	3.73	8.95	82.70	2857.90	1935.99	14386.19
高	3.13	9.49	80.75	4723.52	2485.88	26147.80
极高	4.42	9.28	79.86	3359.44	1540.31	14607.02

7.3.2　极高风险区分析

极高风险区域对人类生活、财产安全和环境保护有着极大威胁，因此对这些区域进行重点分析有利于更有效的洪涝风险管理。本研究根据极高风险区域的自身特性和空间分布将其分为四类，即城市沿海区、城市内陆区、乡镇沿海区和乡镇内陆区，分别对应图 7-8 中的 A1 和 A2、A3 和 A4、A5 和 A6、A7 和 A8。

归一化处理后区域 A1-A8 的指标平均值如图 7-10 所示。A1/A2 和 A3/A4（或 A5/A6 和 A7/A8）的比较表明在极高风险区，沿海地区比内陆地区面临更大的暴雨和台风压力。对 A1/A2 和 A5/A6（或 A3/A4 和 A7/A8）的比较表明在极高风险区，城市地区比乡镇地区拥有更高的人口密度和更多的资产（PD 和 GD 的值更高），而城市地区的孕灾环境不

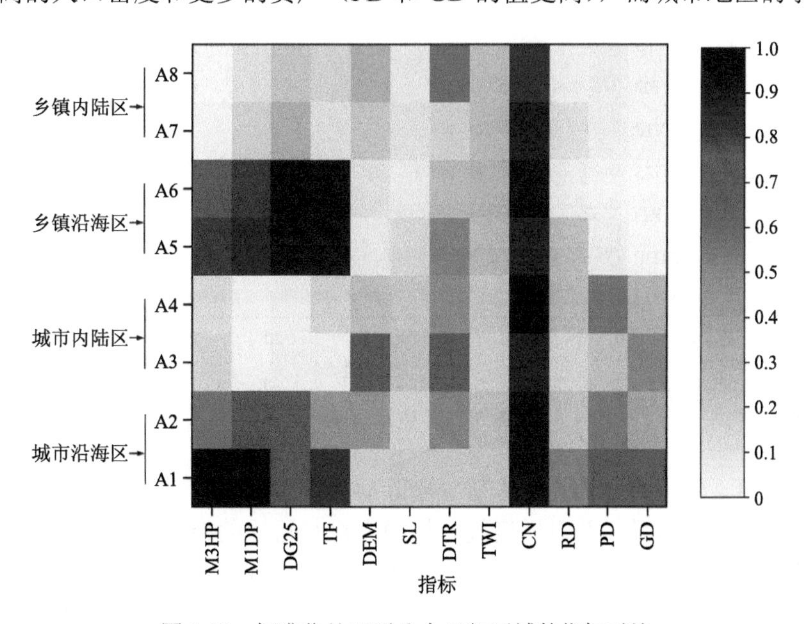

图 7-10　标准化处理后八个局部区域的指标对比

如乡镇地区严重（DEM 和 SL 值较高，TWI 值较低）。这一发现表明，即使在不太严峻的孕灾环境下，城市地区也将面临最高的洪水风险，这使得城市中最高风险地区的比例大于乡镇地区。在内陆地区，城市地区的 M3HP 指标值大于乡镇地区，而 M1DP 和 DG25 的指标值情况则相反。这一发现表明：与乡镇内陆地区相比，城市内陆地区更容易遭受短历时暴雨的影响，而这可能与城市地区的雨岛效应密切相关。

7.3.3 洪涝风险主要驱动因子分析

梯度提升树基于基尼（Gini）指数量化驱动因子的贡献率，从而可识别出洪涝风险的主要驱动因子。如图 7-11 所示，梯度提升树模型计算出的指标贡献率由强到弱分别是：高程（DEM）、最大 1 日降雨（M1DP）、道路密度（RD）、降雨超过 25mm 日数（DG25）、最大 3 小时降雨（M3HP）、人口密度（PD）、生产总值密度（GD）、径流曲线数（CN）、到河道距离（DTR）、坡度（SL）、台风频率（TF）和地形湿度指数（TWI），其中前七项指标的贡献率达到 88.45%。这个贡献率的结果跟之前的一些研究相似，Wang 等（2015）将随机森林模型应用于东江流域的洪涝风险评估，驱动因子分析结果表明最大三日降雨对洪涝形成贡献率最大。Wu 等（2020）的研究表明在导致形成洪涝灾害的一系列驱动因子中，道路密度是孕灾环境中最重要的驱动指标。

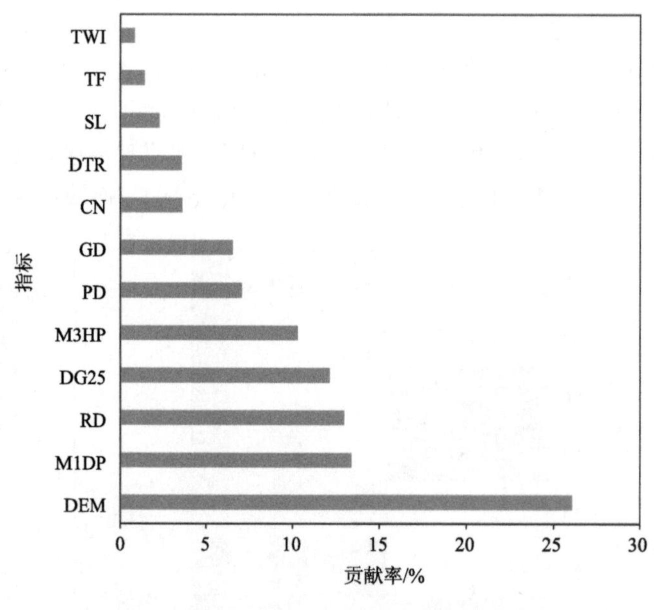

图 7-11 指标贡献率

为了验证驱动因子的合理性，本研究剔除后五个贡献率较小的指标，选取前七项指标组成新的评估指标体系，并对梯度提升树模型进行再次的超参数选取和训练。利用新的梯度提升树模型生成珠三角地区洪涝风险图，结果如图 7-12 所示。为了验证新模型的合理性，将此风险图与 2014 年的 693 个内涝黑点进行对比，结果表明 48.70%的内涝黑点位于极高风险区，24.57%的点位于高风险区；进一步将此风险图与梯度提升树模型之前生成的洪涝风险图对比可发现 85.19%的区域风险等级相同。以上分析说明驱动因子的结果较为合理可靠，利用该成果可减轻今后研究指标选取和数据处理的负担，以节省计算和人力资源。

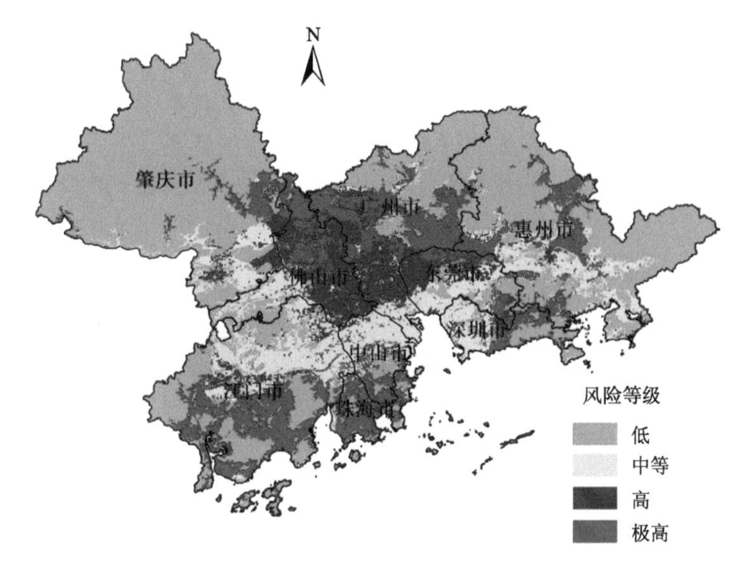

图 7-12　七项指标生成的洪涝风险图

7.4　讨论分析

7.4.1　机器学习模型的选取

理论上特征捕捉与学习能力更优的模型实际表现不一定更好。在本研究中，XGBoost 模型从梯度提升树模型优化而来，但它的表现却不如后者。卷积神经网络模型作为深度学习模型的典型代表之一，理论上具有强大的特征捕捉与学习能力，但它在洪涝风险评估上的表现仅与随机森林模型类似。值得注意的是，这些结果局限于本研究的 12 维输入数据和 1600 个样本点，卷积神经网络的优势更多地表现在高维度和大样本数据集上。随着样本数据量的增加，卷积神经网络的预测精度理论上会逐渐提升，而这个规律并不适用于浅层的机器学习模型。在本研究中，梯度提升树模型的预测精度达到 96.83%，已达到较为完美的分类结果。由于机器学习模型尤其是深度学习模型往往需要数量很大的样本集，但在洪涝风险评估领域，实际淹没数据、风险成果图等获取较为困难，另外数据本身可能存在不确定性，因此，试图构建一个应用于洪涝风险评估的大样本数据集并不太现实，而小样本数据更为常用。

基于决策树的机器学习模型在洪涝风险评估领域通常具有较好的表现，例如本研究中的随机森林、梯度提升树和 XGBoost 模型。相关研究（Khosravi et al.，2018）也表明基于决策树的机器学习模型对于洪涝风险评估是一种很好的选择。

相比浅层神经网络，深层神经网络更适用于洪涝风险评估。在本研究中，卷积神经网络的表现优于多层感知机，这可能得益于卷积神经网络独有的三层卷积层，卷积层的存在使得洪涝特征被挖掘得更为充分。

7.4.2 洪涝风险应对策略

珠三角极高风险区域主要位于沿海城区，这些区域面临着较大的暴雨和台风威胁，因此沿海城市的防洪问题显得尤为重要。适应性策略例如提高沿海堤防的高度、完善洪灾保险系统等对沿海地区抵抗未来洪涝威胁具有很重要的作用。

在极高风险区，内陆城区相比内陆乡镇区域面临着更大的短历时降雨威胁，而这可能与城市雨岛效应关系密切。为了有效减少内陆城区雨岛效应的影响，自然水体和植被的保护和恢复尤为关键。低影响开发措施（LID）例如建造雨水花园、绿色屋顶等具有很积极的作用。此外，相关规范和法律等还需得到进一步完善。例如，在建造规范中应明确自然水体和植被的覆盖面积。对于破坏植被和水环境的各种行为，法律规范应明确相应处罚。

在高度城镇化发展的背景下，可预见未来更多的乡村区域将变为城市区域，这增加了地面不透水率，改变了原本的产汇流过程，从而增大了区域洪涝发生的概率。在这种背景下，高风险或中等风险的乡村地区在未来可能会转变为极高风险地区，这种具体变化的范围和规律还有待进一步研究（Chen et al.，2020）。此外，当前极高风险的乡村区域相比城市区域拥有更恶劣的孕灾环境。在城镇化之后，承灾体脆弱性的增大会进一步加剧这些区域洪涝风险。在这种情况下，对建筑进行优化布局、对排水设施进行科学设计并尽可能增加绿地植被的覆盖面积是乡镇地区防洪工作需要关注的重点。

DEM、M1DP 和 RD 是洪涝风险最重要的三个驱动因子。在实际中，降雨特征不易受人为控制，即无法从 M1DP 指标入手减轻洪涝风险。因此，我们应着眼于改善人类社会所处的 DEM 和 RD 条件去实现更好的洪涝风险管理。一方面，新建建筑应位于高程较高区域，以避免形成持续性洪水。另一方面，城市的排水系统例如道路、沟渠、地下管网等应相应得到加强。

7.5 小 结

本章以珠三角为例，将六种机器学习模型应用于洪涝风险评估，其中梯度提升树模型、XGBoost 模型和一维卷积神经网络模型是在该领域的首次应用。经过超参数优化后的模型首先经过样本数据集的训练和测试，然后应用 2014 年的实测内涝黑点对模型合理性进行评估。在选择出最优模型之后，不同风险等级的指标分布特点、不同条件下高风险区域特征和洪涝风险的主要驱动因子得到具体分析。主要结论如下：

（1）基于决策树的机器学习模型非常适用于洪涝风险评估。在六个模型中梯度提升树模型表现最佳，其在测试集上的预测精度达到 96.83%，相应的 AUC 值达 0.973。并且梯度提升树模型生成的洪涝风险图与现实情况较为相符，超过 82%的内涝黑点落在风险图的高风险或极高风险区。由于洪涝风险评估领域数据获取上的限制性，像一维卷积神经网络一类的深度学习模型可能不太适合应用于该领域。

（2）致灾因子、孕灾环境和承灾体并不会随着洪涝风险的增加一直变得更严重。相比极高风险区域，尽管高风险区域的致灾因子没那么严重，但它们拥有更恶劣的孕灾环境和更脆弱的承灾体。在风险管理中，应根据这些不同风险等级区域指标分布的特点采取相应的应急管理策略以防止风险恶化。

（3）在极高风险区域，沿海地区相比内陆地区有更严重的致灾因子，乡镇地区相比城市地区拥有更恶劣的孕灾环境。与乡镇内陆地区相比，城市内陆地区更容易遭受短历时暴雨的影响，而这可能与城市地区的雨岛效应密切相关。这些结果表明正在城镇化发展中的乡镇地区防洪问题非常重要，需要采取有效的风险管理策略以防止风险恶化。土地利用变化带来的不利影响可能是乡镇地区需要重点关注的问题之一。

（4）12 个指标对洪涝风险的贡献率由大到小分别为：DEM、M1DP、RD、DG25、M3DP、PD、GD、CN、DTR、SL、TF 和 TWI。由贡献率最大的七个指标生成的洪涝风险图与原本的洪涝风险图相比有 85.19%的区域处于相同风险。此驱动因子结果为后续风险研究提供了一定的参考，能够减轻数据收集和处理的压力。

（5）对不同空间尺度下城镇化地区的风险评估应采取不同的方法策略。对于城市、城区或其他更小的空间尺度的研究区域，结合情景模拟法和指标体系法是未来的发展趋势。对于两个城市以上构成的城市群或更大尺度的研究区域，指标体系法和机器学习法则具有较高的优先度。

第 8 章　气候变化与城市化对城市洪涝风险的影响

受气候变化、城市化及社会经济发展等影响，洪涝灾害事件在世界范围内均呈现增加趋势。中国作为洪涝灾害事件发生最为频繁的国家之一，洪涝灾害事件频发已经给中国造成了巨大损失，研究洪涝灾害风险评估具有重要的现实意义。就目前来说，大部分研究仅针对历史时期洪涝灾害的单因素致灾因子进行分析，而事实上洪涝灾害风险是不断发展变化的。近年来中国南方地区极端降雨事件呈上升趋势，珠三角地区发生了剧烈的城市化过程，城市地区人口和生产总值增长显著，这些变化使得洪灾风险呈现出新特征和新格局（Woodruff et al.，2013；Zheng et al.，2014；Lai et al.，2016）。多因素变化对洪涝风险的联合影响目前仍研究较少，探讨这些因素的联合影响将会对珠三角地区的洪涝灾害预报、防灾减灾、灾后重建工作提供可靠的依据。

鉴于此，以珠三角地区为例，基于气候变化情景、城市化情景和社会经济情景联合影响，构建 RCPs-Urbanization-SSPs 洪涝风险模型对未来时期洪涝风险变化进行预测，通过分析三种情景的联合压力剖析珠三角地区未来时期洪涝风险变化规律及演变特征，并进一步分析气候变化和社会经济情景在洪涝风险演变中所做的贡献。

8.1　数 据 来 源

使用的原始数据包括降雨量、数字高程模型（DEM）、坡度（SL）、土地利用、生产总值密度和人口密度（POP）。极端降雨指标 Rx1day 和 R25mm 为 GFDL-ESM2M 单向嵌套 RegCM4.6 降尺度输出结果，DEM 和 SL 数据来自于地理空间数据云（http://www.gscloud. cn/），土地利用数据、生产总值数据、POP 数据来自于中国科学院地理科学与资源研究所全球变化科学研究数据出版系统（http://www.geodata.cn），河道数据依靠 DEM 数据提取。

8.2　驱动因子选取及指标体系构建

构建洪涝灾害指标体系、洪涝灾害指标选取和洪涝灾害指标权重确定是洪涝灾害风险分析的主要内容，基于洪涝灾害形成机制的系统分析方法，按照致灾因子、孕灾环境和承灾体三个洪涝灾害风险的驱动因素进行洪涝灾害风险评估指标选取。洪涝灾害致灾因子包括自然致灾因子和人为致灾因子，孕灾环境包括孕育产生灾害的自然环境和人文环境，承灾体为各种洪涝灾害致灾因子的具体作用对象，可以视为人类社会中各种社会经济资源的综合体，如果没有承灾体也就不存在灾害，因此洪涝灾害是洪涝灾害致灾因子在特定的孕灾环境中对具体承灾体的影响结果（Zou et al.，2012；Dou et al.，2017）。

基于致灾因子、孕灾环境、承灾体三大驱动因子筛选指标构成洪涝风险成因机制系统，在具有一定代表性且资料允许的前提下，结合珠三角地区极端降雨事件造成洪涝灾害的实际情况选取 8 个指标，构建指标体系如图 8-1 所示，各个指标的含义具体如下所述：

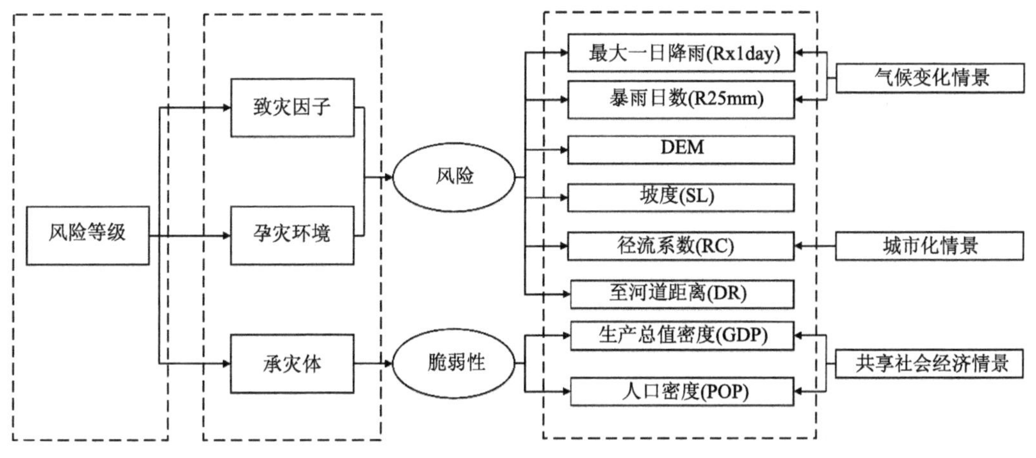

图 8-1　珠三角地区洪涝灾害风险评价的层次结构

（1）致灾因子：最大一日降雨（Rx1day）和暴雨日数（R25mm）是两个关键的洪涝致灾因子，其值及空间分布直接影响风险水平高低，通过全球气候模式单向嵌套 RegCM4.6 的输出结果得到 RCP4.5 和 RCP8.5 情景下 2030～2050 年 Rx1day 与 R25mm 的空间分布。

（2）孕灾环境：采用径流系数（RC）衡量土地利用类型的不同，将土地利用类型分为林地、草地、园地、耕地、未利用地、建设用地和水体共计 7 类，径流系数分别为 0.30、0.35、0.40、0.60、0.70、0.92 和 1.00。径流系数越大，降雨形成的径流越大，从而将会导致更为严重的洪涝灾害。数字高程模型（DEM）代表珠三角地区高程，DEM 越大表明当地高程越大，从而发生洪涝灾害风险越小。坡度（SL）用来代表地形起伏变化，坡度越小表明当地坡度越小，地形更为平缓低洼，更易遭受严重的洪涝灾害。到河道距离（DR）用来衡量距离河道的远近，该值越大表明距离河道的距离越远，从而受到河道洪水泛滥造成洪涝灾害风险越小（赖成光，2016）。

（3）承灾体：选取人口密度（POP）和生产总值密度（GDP）作为承灾体因子，人口密度和生产总值密度越大的地区表明人口和财产分布越集中，在受到洪涝灾害危险时造成的损失将会越大。

图 8-2 为上述各个指标的空间分布。

8.3　情景设置

8.3.1　气候变化情景

未来气候情景选用 IPCC 第五次评估报告提出的典型浓度路径（representative concentration pathways，RCPs），其中包括 RCP8.5、RCP6、RCP4.5 和 RCP2.6（到 2100

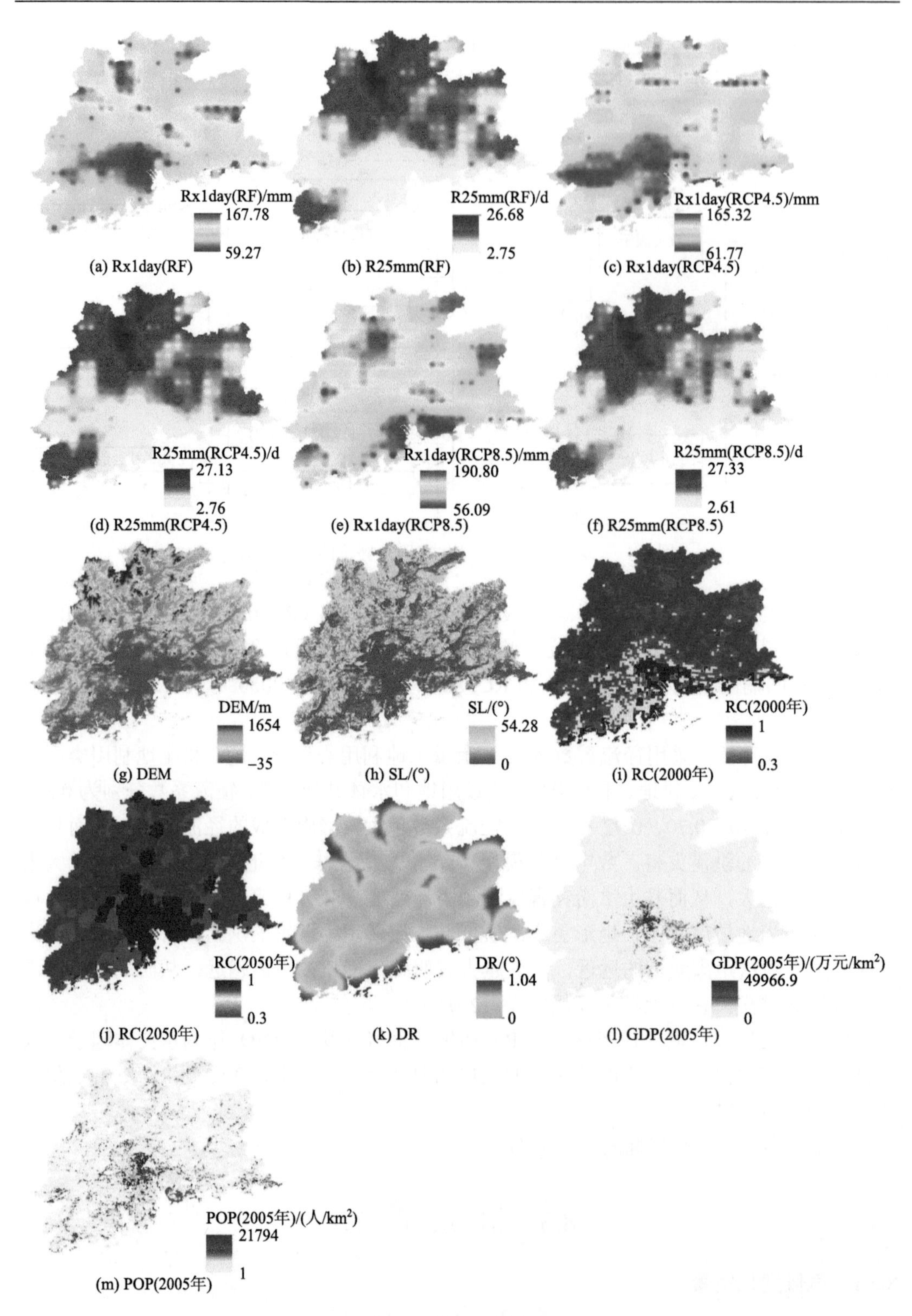
Rx1day(RF)/mm
167.78
59.27
(a) Rx1day(RF)
R25mm(RF)/d
26.68
2.75
(b) R25mm(RF)
Rx1day(RCP4.5)/mm
165.32
61.77
(c) Rx1day(RCP4.5)
R25mm(RCP4.5)/d
27.13
2.76
(d) R25mm(RCP4.5)
Rx1day(RCP8.5)/mm
190.80
56.09
(e) Rx1day(RCP8.5)
R25mm(RCP8.5)/d
27.33
2.61
(f) R25mm(RCP8.5)
DEM/m
1654
−35
(g) DEM
SL/(°)
54.28
0
(h) SL/(°)
RC(2000年)
1
0.3
(i) RC(2000年)
RC(2050年)
1
0.3
(j) RC(2050年)
DR/(°)
1.04
0
(k) DR
GDP(2005年)/(万元/km²)
49966.9
0
(l) GDP(2005年)
POP(2005年)/(人/km²)
21794
1
(m) POP(2005年)

图 8-2　指标空间分布

年达到的辐射强迫分别为 8.5W/m^2、6W/m^2、4.5W/m^2 和 2.6W/m^2），本节选用 RCP8.5 和 RCP4.5 两种情景设定为未来气候情景。

8.3.2　城市化情景

1. CA-Markov 模型

CA 模型（cellular automation）是一个非线性动力学模型，它由一个规则的土地覆盖单元网格组成，每个网格都可以根据局部的、相同的相互作用规则，以离散的时间步长同步更新。Markov 模型（Markov Chain）不仅可以方便地从数字图像和基于网格的 GIS 数据中进行计算，而且可以有效地反映当前土地覆盖变化趋势（Matthews et al.，2007；何丹等，2011；Kim et al.，2014）。CA 模型和 Markov 模型分别表示为

$$S_{(t+1)} = f\left[S_{(t)}, N\right] \tag{8-1}$$

式中，S 为元胞不同状态的集合；N 为邻域范围；t 和 $t+1$ 为两个不同时刻；f 为状态转化规则。

状态转移概率矩阵 P 为

$$P = \begin{bmatrix} P_{11} & P_{12} & \cdots & P_{1n} \\ P_{21} & P_{22} & \cdots & P_{2n} \\ \cdots & \cdots & \cdots & \cdots \\ P_{n1} & P_{n2} & \cdots & P_{nn} \end{bmatrix} \tag{8-2}$$

基于此概率矩阵建立的 Markov 模型为

$$E_{(k+1)} = E_{(k)}p = E_{(0)}p_{(k+1)} \tag{8-3}$$

式中，$E_{(k)}$ 和 $E_{(k+1)}$ 分别为 k 和 k+1 时刻的土地利用类型所处的状态；P_{ij} 为在预测时期内土地利用类型 i 转换为 j 的转移概率；$E_{(0)}$ 为在预测期初始时刻土地利用类型所处的初始状态。

将土地利用视作一个离散的空间变化过程，以年为单位，基于转移矩阵和适宜性图集，设置滤波器大小为 5×5 的单元邻域，利用 IDRISI 软件对土地利用的空间格局变化进行模拟和预测。在以 2000 年和 2010 年 IDRISI 生成的土地利用转移矩阵基础上，将 2010 年土地利用类型作为土地利用预测的初始时刻，每年迭代 1 次，CA 模型迭代次数取为 10，从而得到 2050 年珠三角地区土地利用类型空间格局。

2. 土地利用模型验证

使用 Kappa 空间相关统计系数对 2010 年模拟的土地利用情景与实际土地利用情景的精度进行评价，Kappa 系数计算公式为（刘洁等，2014）

$$\text{Kappa} = \frac{P_0 - P_c}{P_p - P_c} \tag{8-4}$$

式中，P_0 为正确模拟的比例；P_c 为随机情况下期望的正确模拟比例；P_p 为理想分类情况下的正确模拟比例，为 100%。

$$P_0 = P_{11} + P_{22} + \cdots + P_{jj} \tag{8-5}$$

$$P_c = R_1 \times S_1 + R_2 \times S_2 + \cdots + R_j \times S_j \tag{8-6}$$

$$P_p = R_1 + R_2 + \cdots + R_j \tag{8-7}$$

通常，当 $\text{Kappa} > 0.75$ 时，说明两幅图一致性较高；当 $0.4 < \text{Kappa} \leqslant 0.75$ 时，一致性一般，变化明显；当 $\text{Kappa} \leqslant 0.4$ 时，说明一致性较差。

利用 2000 年土地利用类型作为初始状态，运用 CA-Markov 模型对 2010 年土地利用情况进行模拟，并将模拟结果与 2010 年实际的土地利用图进行对比验证，结果显示预测的土地利用情景 Kappa 系数为 0.854，说明两幅图一致性较高。

3. 土地利用情景预测结果

以 2010 年土地利用图为初始状态，对珠三角地区 2050 年土地利用情景进行模拟，结果如图 8-2（j）所示。预测结果表明城市用地在珠三角地区继续扩大，城市边缘的草地和灌木丛用地转变为城市用地，城市用地在 2050 年扩大了 1.53 万 km^2，约占到珠三角总面积的 15%。

8.3.3 未来社会经济情景

2010 年气候变化影响评估情景工作组在典型浓度路径（RCPs）的基础上发布了新的社会经济情景-共享社会经济路径（shared socio-economic pathways，SSPs）。SSPs 是 IPCC 发布的最新的社会经济假设情景，通过人口增长、人力资本发展、经济发展、人类发展、科技进步、生活方式的改变、环境改善和使用能源类型的不同、国际合作、政府间政策制定和国家制度等关键因素，对未来时期不同社会经济发展状况进行预测并对其未来将会面临的气候变化减缓（mitagation）和适应性（adaption）挑战进行评估（O'Neill et al.，2017；Yin et al.，2017）。每种路径下有其特有的人口和经济发展模式：

（1）SSP1 情景：这是一个可持续发展情景。在这一情景中，人口结构则进一步加速转变，人口的增长率则保持在较低水平。高收入国家不再过于强调追求高速的经济增长反而转向更为广泛地追求人类福祉，为了这一目的甚至牺牲了长期的经济增长。投资于环境技术和改变税收结构可以提高资源效率，减少能源和资源的总体使用，改善长期的环境条件。投资的增加、财政激励和观念的改变使可再生能源更具吸引力。环境友好型技术的发展、可再生能源的有利前景、能够促进国际合作的机构以及相对较低的能源需求，这将会使得缓解气候变化方面的挑战相对较小。与此同时，人类福祉的改善以及强有力和较为灵活的全球、区域和国家机构意味着对适应气候变化较低的挑战。

（2）SSP2 情景：这是一个中等发展情景。世界社会、经济和技术的发展趋势与历史时期相比并没有较大变化，居民收入与社会发展较为不平衡，有的国家取得了较为显著的发展，但是另一些国家的发展却并未达到预期。全球国家机构致力于实现可持续发展目标但进展缓慢，包括改善生活条件和获得教育、安全用水和保健。技术进一步发展，但并没有显著的突破。尽管化石燃料的依赖度降低，但却不情愿使用非传统化石燃料。在低收入国家，教育投资的不足无法迅速放缓人口增长，这伴随着收入的不平等使社会缓慢分层，限制了社会的凝聚力。这一中等的发展趋势使世界面临着中等程度应对与适应气候变化的挑战，且在整个过程中具有显著的不均匀性。

（3）SSP3 情景：这是一个局部发展或不一致发展的情景。经济发展缓慢，消费是物质密集型的，不平等现象随着时间的推移而持续或恶化，这一现象在发展中国家尤为显著。国际社会对解决环境问题的重视程度低，导致一些区域的环境严重退化。工业化国家的人口增长率很低，而发展中国家的人口增长率却很高。化石燃料的依赖日益增加，加上难以实现国际合作和缓慢的技术变革，意味着缓解气候变化工作面临着严峻的挑战。人类发展方面的进展有限，收入增长缓慢，缺乏有效的机构，这意味着所有区域的许多群体都面临着适应气候变化方面的严峻挑战。

（4）SSP4 情景：这是一个不均衡发展，以适应挑战为主的情景。人力资本投资高度不平等，加上经济发展机会和政治权力的差距不断扩大，导致各个国家之间以及国家内部的不平等现象进一步加剧。化石能源市场的不确定性导致对新能源的投资进一步降低。能源企业投资碳能源和低碳能源来避免价格波动。环境政策侧重于中高收入地区的局部问题。低碳能源的发展、较好的国际政治以及商业能力反应迅速且具有决定性，表明对减缓气候变化较低的挑战，但对适应气候变化则具有较大的挑战。

（5）SSP5 情景：这是一个常规发展情景，以减缓挑战为主。全球市场日益一体化，干预措施的重点是保持竞争和消除阻碍弱势群体参与的体制壁垒。世界各地还开发了丰富的化石燃料资源，并采取了资源和能源密集的生活方式。所有这些因素都导致了全球经济的快速增长，相信有能力有效地管理社会和生态系统，包括在必要时通过工程进行管理。全球人口在 21 世纪达到顶峰并下降。虽然发展中国家的生育率迅速下降，但由于经济乐观，高收入国家的生育率相对较高。随着收入差距的缩小，国际流动性随着劳动力市场的逐步开放而增加。对化石燃料的强烈依赖和对全球环境关切的缺乏，可能会给气候变化缓解带来很高的挑战。人类发展目标的实现、强劲的经济增长和高度设计的基础设施，使除少数人以外的其他人在适应任何潜在气候变化方面的挑战相对较小。

本章通过上述不同 SSPs 情景发布的未来时期生产总值和 POP 增长率对珠三角地区 2050 年的生产总值和 POP 进行计算，从而得到珠三角地区未来时期 2050 年的生产总值和 POP 分布。

8.3.4　RCPs-Urbanization-SSPs 模型

为了探讨珠三角地区未来洪涝灾害风险的分布，气候变化、城市化、社会经济情景被联合考虑，致灾因子 Rx1day 和 R25mm 受到气候变化影响，径流系数 RC 受到城市化影响，生产总值和 POP 依靠共享社会经济情景预测，假设 DEM、SL 和 DR 在未来时期不变，从而构建 RCPs-Urbanization-SSPs 联合影响模型，其中 RCPs-Urbanization-SSPs 和 RF（reference period）时期的差异为气候变化-城市化-社会经济情景联合影响，RCP4.5-Urbanization-SSPs 和 RCP8.5-Urbanization-SSPs 的差异为不同排放情景对洪涝风险的影响，而 SSPs 情景之间的变化则认为是社会经济发展对洪涝风险的贡献。

8.4　研究方法

8.4.1　层次分析法

采用层次分析法确定指标权重，层次分析法简称AHP方法，是运筹学家Saaty（1990）在20世纪70年代提出的，它是一种多层次权重解析方法，将需要解决问题的相关元素分解为目标层、准则层、方案层等层次，综合了人们的主观判断，是一种定性和定量相结合的系统分析评价方法，该方法已在经济、社会和水文等领域得到了大量应用（Stefanidis and Stathis，2013；Zeng and Huang，2018）。

8.4.2　熵权法

从信息论的角度，熵是用来度量系统的无序状态，熵权则反映了对应的各个评价指标向决策者提供的有用的信息量。熵权法（EW）基本思路是根据指标变异性大小确定权重，该方法所得到的权重具有较好的客观性，使评价结果更符合实际。一般地，若某个指标的信息熵越小，指标值变异程度越大，提供的信息量越多，在综合评价中所能起到的作用越大，其权重也就越大，反之亦然（Wang et al.，2014；Wu et al.，2016）。熵权法确定权重系数计算步骤如下：

（1）构建m个评价对象、n个洪涝风险评价指标的判断矩阵Y

$$Y=(y_{ij})_{m\times n}\quad (i=1,2,\cdots,n;j=1,2,\cdots,m)\tag{8-8}$$

（2）将判断矩阵Y进行归一化处理，得到归一化矩阵B，B的元素为

$$b_{ij}=\frac{y_{ij}-y_{\min}}{y_{\max}-y_{\min}}\tag{8-9}$$

式中，$y_{\max}$和$y_{\min}$分别为同一洪涝灾害风险评价指标下不同对象中最满意者或最不满意者。

（3）根据熵的定义，确定洪涝灾害风险评价指标的熵值为

$$H_i=-\frac{1}{\ln m}\sum_{j=1}^{m}f_{ij}\ln f_{ij}\tag{8-10}$$

式中，$f_{ij}=\dfrac{b_{ij}}{\sum\limits_{j=1}^{m}b_{ij}},i=1,2,\cdots,n;j=1,2,\cdots,m;0\leqslant H_i\leqslant 1$。显然，当$f_{ij}=0$时，$\ln f_{ij}$无意义，因此需要对$f_{ij}$加以修正，将其定义为

$$f_{ij}=\frac{1+b_{ij}}{\sum\limits_{j=1}^{m}(1+b_{ij})}\tag{8-11}$$

（4）利用熵值计算洪灾风险评价指标的熵权为

$$W^*=(\omega_i^*)_{1\times n}\tag{8-12}$$

$$\omega_i^* = \frac{1 - H_i}{n - \sum_{i=1}^{n} H_i} \tag{8-13}$$

式中，$i = 1, 2, \cdots, n$, 且满足 $\sum_{i=1}^{n} \omega_i^* = 1$。

8.4.3　综合权重

指标权重（CW）既是决策者的主观评价，同时又是指标本身物理属性的客观反映，是主客观综合度量的结果。为了全面反映指标的实际重要性，本节采用综合权重方法，将层次分析法和熵权法所得到的结果进行加权运算。计算洪涝灾害风险评价指标的综合权重公式如下（王兆礼等，2012）：

$$W = (\omega_i)_{1\times n} \tag{8-14}$$

$$\omega_i = \frac{\omega_i^* \omega_i'}{\sum_{i=1}^{n} \omega_i^* \omega_i'} \tag{8-15}$$

式中，ω_i 为指标 i 的综合权重；ω_i' 为利用层次分析法得到的指标 i 的主观权重；ω_i^* 为利用熵权法得到的指标 i 的客观权重。

8.4.4　权重分析

表 8-1 为指标权重计算结果，表明 AHP 和熵权法（EW）对主客观权重的影响存在较大差异，AHP 法的主观权重最大的三个指标分别为 Rx1day（0.3058）、GDP（0.2206）和 POP（0.1559）。相反地，熵权法计算的客观权重认为 RC 为权重最大指标，在 RF、RCP4.5 和 RCP8.5 结果中的权重分别为 0.4800、0.5413 和 0.5360。而在 RF、RCP4.5 和 RCP8.5 情景下的综合权重表明 Rx1day 的权重占比最大，RC、GDP 和 R25mm 则处于中间范围，综合权重分析结果表明 Rx1day、RC、GDP 和 R25mm 这四个指标对洪涝灾害风险形成过程的驱动影响最为显著；而 DR 权重最小，表明其对洪涝灾害风险形成过程的驱动影响最小。

表 8-1　指标权重表

权重系数	Rx1day	R25mm	DEM	SL	RC	DR	GDP	POP
AHP	0.3058	0.1379	0.0623	0.0561	0.0400	0.0218	0.2206	0.1559
EW-RF	0.1028	0.1137	0.0518	0.1335	0.4800	0.0346	0.0652	0.0184
EW-RCP4.5	0.0772	0.0817	0.0440	0.1134	0.5413	0.0294	0.0895	0.0234
EW-RCP8.5	0.0827	0.0845	0.0436	0.1123	0.5360	0.0291	0.0886	0.0232
CW-RF	0.3308	0.1649	0.0340	0.0787	0.2021	0.0079	0.1514	0.0301
CW-RCP4.5	0.2632	0.1256	0.0306	0.0709	0.2416	0.0071	0.2202	0.0407
CW-RCP8.5	0.2773	0.1277	0.0298	0.0690	0.2352	0.0070	0.2144	0.0396

8.5　集对分析法

8.5.1　集对分析法原理

集对分析法（set pairs analysis，SPA）是一种描述和处理系统不确定性的方法，它从同一性、差异性和对立性三个方面系统地描述了确定性和不确定性之间的关系，将确定性和不确定性视为一个完整的确定性和不确定系统，其核心思想是首先分析集对的特征，然后建立其联系度方程，包括在一定情况下的同一度、差异度、对立度（向碧为，2012）。

将 A 和 B 构成一个集对 $H(A,B)$，则两个集合的联系度为

$$\mu_{AB}=\frac{S}{N}+\frac{F}{N}i+\frac{P}{N}j \tag{8-16}$$

式中，$i\in[-1,1]$，视为差异度系数；$j=-1$ 视为对立度。

记 $a=S/N$ 为集合 A 和 B 的同一度，$b=F/N$ 为差异度，$c=P/N$ 为对立度，将式（8-16）进一步拓展成为 k 元联系度公式：

$$\mu_{AB}=a+b_1i_1+b_2i_2+\cdots+b_{k-2}i_{k-2}+cj \tag{8-17}$$

式中，$b_1,b_2,\cdots,b_{k-2}$ 为差异度分量，满足 $a+b_1+b_2+\cdots+b_{k-2}+c=1$；$i_1,i_2,\cdots,i_{k-2}$ 为差异度分量系数。

8.5.2　洪涝灾害风险评价模型

洪涝灾害风险评价实质上是一个具有确定性的评价指标和评价标准与具有不确定性的评价因子及其含量变化相结合的分析过程，将实际指标与既定的评价标准构成一个集对，通过比较可得到两者之间的联系度。模型将实际指标值 x_l（$l=1,2,\cdots,m$；m 为指标个数）设为集合 A_l，相应指标评价标准设为集合 B_k（$k=1,2,\cdots,K$；K 为评价等级数），则集合 A_l 与 B_k 构成集对 $H(A_l,B_k)$。对于递减型的指标，x_r 与该指标评价标准的联系度为

$$\mu_l=\begin{cases}1+0i_1+0i_2+\cdots+0i_{k-2}+0j & (x_l<s_1)\\ \dfrac{s_1+s_2-2x_l}{s_2-s_1}+\dfrac{2x_l-2s_1}{s_2-s_1}i_1+\cdots+0i_{k+2}+0j & \left(s_1\leqslant x_l<\dfrac{s_1+s_2}{2}\right)\\ 0+\dfrac{s_1+s_2-2x_l}{s_3-s_1}i_1+\dfrac{2x_l-s_2-s_3}{s_3-s_1}i_2+\cdots 0i_{k-1}+0j & \left(\dfrac{s_1+s_2}{2}\leqslant x_l<\dfrac{s_2+s_3}{2}\right)\\ \vdots & \vdots\\ 0+0i_1+\cdots+\dfrac{2s_{k-1}-2x_l}{s_{k-1}-s_{k-2}}i_{k-2}+\dfrac{2x_l-s_{k-2}-s_{k-1}}{s_{k-1}-s_{k-2}}j & \left(\dfrac{s_{k-2}+s_{k-1}}{2}\leqslant x_l<s_{k-1}\right)\\ 0+0i_1+\cdots+0i_{k-2}+j & (x_l>s_{k-1})\end{cases} \tag{8-18}$$

对于递增型的指标，x_l 与该指标评价标准的联系度为

$$
\mu_l=\begin{cases}
1+0i_1+0i_2+\cdots+0i_{k-2}+0j & (x_l \geqslant s_1)\\
\dfrac{2x_l-s_1-s_2}{s_1-s_2}+\dfrac{2s_1-2x_l}{s_1-s_2}i_1+\cdots+0i_{k+2}+0j & \left(\dfrac{s_1+s_2}{2}\leqslant x_l<s_1\right)\\
0+\dfrac{2x_l-s_2-s_3}{s_1-s_3}i_1+\dfrac{s_1+s_2-2x_l}{s_1-s_3}i_2+\cdots 0i_{k-1}+0j & \left(\dfrac{s_2+s_3}{2}\leqslant x_l<\dfrac{s_1+s_2}{2}\right)\\
\vdots & \vdots\\
0+0i_1+\cdots+\dfrac{2x_l-2s_{k-1}}{s_{k-2}-s_{k-1}}i_{k-2}+\dfrac{s_{k-2}+s_{k-1}-2x_l}{s_{k-2}-s_{k-1}}j & \left(s_{k-1}\leqslant x_l<\dfrac{s_{k-2}+s_{k-1}}{2}\right)\\
0+0i_1+\cdots+0i_{k-2}+j & (x_l<s_{k-1})
\end{cases}
\tag{8-19}
$$

在得到指标实际值与各级评价标准的联系度后，进一步构建集对分析洪涝灾害风险评价模型：

$$
\mu=\mu_{AB}=\sum_{l=1}^{m}\omega_l u_l=\sum_{l=1}^{m}\omega_l a_l+\sum_{l=1}^{m}\omega_l b_{l,1}i_1+\sum_{l=1}^{m}\omega_l b_{l,2}i_2+\cdots+\sum_{l=1}^{m}\omega_{l,k-2}i_{k-2}+\sum_{l=1}^{m}\omega_l c_l j \tag{8-20}
$$

式中，ω_l 为指标权重。

引入置信度准则：

$$
h_k=\left(f_1+f_2+\cdots+f_{k-1}+f_k\right)=\lambda \qquad (k=1,2,\cdots,K) \tag{8-21}
$$

其中

$$
f_1=\sum_{l=1}^{m}\omega_l a_l;f_2=\sum_{l=1}^{m}\omega_l b_{l,1};\cdots;f_{k-1}=\sum_{l=1}^{m}\omega_l b_{l,k-2};f_k=\sum_{l=1}^{m}\omega_l c_l \tag{8-22}
$$

式中，λ 为置信度，一般在 0.5～0.7 之间取值，取值越大越趋于保守。若 $f_1>\lambda$ 则风险为 1 级，若 $f_1+f_2>\lambda$ 则为 2 级，若 $f_1+f_2+\cdots+f_k>\lambda$ 则为 k 级。

根据表 8-2 分类标准计算各指标隶属度，利用综合权重计算同一度、差异度和对立度。本研究设置置信度 $\lambda=0.6$，根据置信度公式确定珠三角地区五个级别的总风险图。

表 8-2　指标风险分类标准

指标	Rx1day	R25mm	DEM	SL	RD	DR	GDP	POP
	x_1	x_2	x_3	x_4	x_5	x_6	x_7	x_8
S1	60	7	802	4.68	0.35	1.04	3723	100
S2	80	10	504	10.64	0.49	0.39	11952	200
S3	100	13	290	17.03	0.71	0.27	20966	500
S4	120	17	118	24.48	0.9	0.17	33311	1500

8.6 未来情景珠三角地区洪涝灾害风险

图8-3为在中等排放情景RCP4.5和五种城市化经济发展条件下珠三角地区洪涝风险空间分布，表8-3为珠三角地区RCP4.5-Urbanization-SSPs情景相对于历史时期洪涝灾害风险变化结果。从结果中可以看出，高风险地区主要集中在广州、佛山、深圳、东莞及珠三角地区北部；在SSP5经济条件下高风险地区增加最大，为0.85万km^2，增幅为8.72%；在SSP1经济条件下高风险地区增加最低，为0.62万km^2，增幅为6.34%。较高风险地区主要集中在韶关以及阳江地区，SSP1～SSP5减幅约为1.09%～2.00%。中风险地区主要集中在龙门、新丰和英德，SSP1～SSP5减幅约为20.62%～21.92%。低风险和较低风险地区主要集中在云浮、罗定和和平，SSP1～SSP5增幅约为14.50%～15.59%。

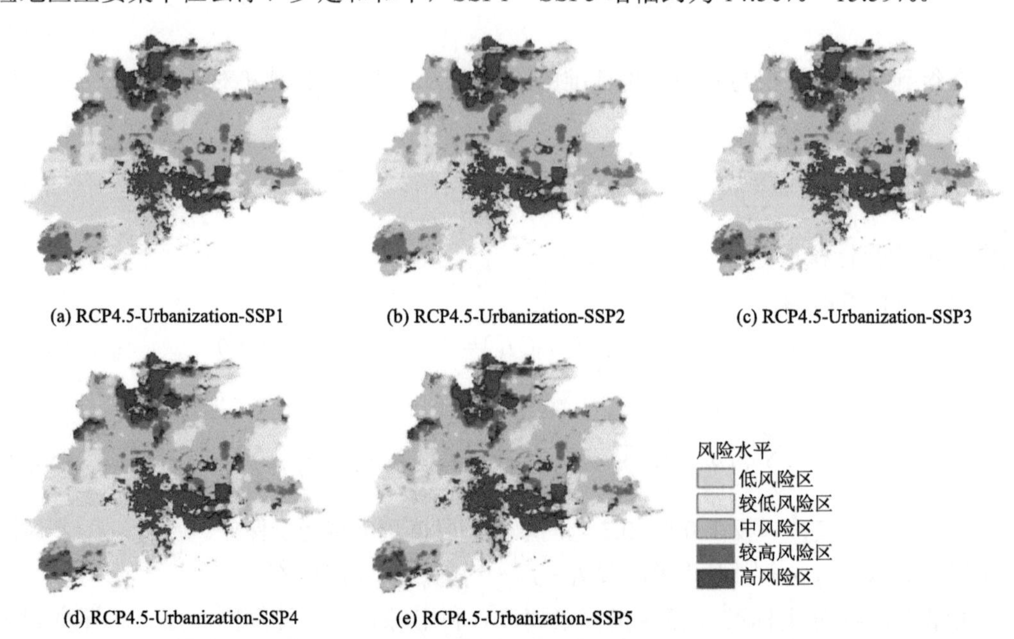

图8-3 RCP4.5-Urbanization-SSPs情景珠三角地区洪涝风险分布图

表8-3 珠三角地区RCP4.5-Urbanization-SSPs情景相对于历史时期洪涝灾害风险变化

风险水平		低风险	较低风险	中风险	较高风险	高风险
RCP4.5-Urbanization-SSP1	面积/万km^2	1.29	0.23	−2.03	−0.12	0.62
	占比/%	13.23	2.36	−20.72	−1.21	6.34
RCP4.5-Urbanization-SSP2	面积/万km^2	1.28	0.21	−2.02	−0.11	0.63
	占比/%	13.12	2.14	−20.62	−1.09	6.45
RCP4.5-Urbanization-SSP3	面积/万km^2	1.14	0.31	−2.12	−0.15	0.82
	占比/%	11.66	3.20	−21.64	−1.57	8.35
RCP4.5-Urbanization-SSP4	面积/万km^2	1.17	0.35	−2.14	−0.16	0.78
	占比/%	11.96	3.62	−21.92	−1.65	8.00
RCP4.5-Urbanization-SSP5	面积/万km^2	1.09	0.33	−2.08	−0.20	0.85
	占比/%	11.17	3.33	−21.23	−2.00	8.72

具体来说，在 RCP4.5-Urbanization-SSPs 情景下，SSP1 高风险区面积增加 0.62 万 km^2，增幅 6.34%；较高风险区面积增加–0.12 万 km^2，增幅–1.21%；中风险区面积增加–2.03 万 km^2，增幅–20.72%；较低风险区面积增加 0.23 万 km^2，增幅 2.36%；低风险区面积增加 1.29 万 km^2，增幅 13.23%。

SSP2 高风险区面积增加 0.63 万 km^2，增幅 6.45%；较高风险区面积增加–0.11 万 km^2，增幅–1.09%；中风险区面积增加–2.02 万 km^2，增幅–20.62%；较低风险区面积增加 0.21 万 km^2，增幅 2.14%；低风险区面积增加 1.28 万 km^2，增幅 13.12%。

SSP3 高风险区面积增加 0.82 万 km^2，增幅 8.35%；较高风险区面积增加–0.15 万 km^2，增幅–1.57%；中风险区面积增加–2.12 万 km^2，增幅–21.64%；较低风险区面积增加 0.31 万 km^2，增幅 3.20%；低风险区面积增加 1.14 万 km^2，增幅 11.66%。

SSP4 高风险区面积增加 0.78 万 km^2，增幅 8.00%；较高风险区面积增加–0.16 万 km^2，增幅–1.65%；中风险区面积增加–2.14 万 km^2，增幅–21.92%；较低风险区面积增加 0.35 万 km^2，增幅 3.62%；低风险区面积增幅 1.17 万 km^2，增幅 11.96%。

SSP5 高风险区面积增加 0.85 万 km^2，增幅 8.72%；较高风险区面积增加–0.20 万 km^2，增幅–2.00%；中风险区面积增加–2.08 万 km^2，增幅–21.23%；较低风险区面积增加 0.33 万 km^2，增幅 3.33%；低风险区面积增加 1.09 万 km^2，增幅 11.17%。

在 RCP8.5-Urbanization-SSPs 情景下，高风险地区除上述地区外，惠州、阳江和清远的高风险地区也进一步增加（图 8-4），表 8-4 表明在 SSP5 经济条件下，高风险地区增加最大，为 1.94 万 km^2，增幅为 19.80%；在 SSP2 经济条件下，高风险地区增幅最小，为 1.65 万 km^2，增幅为 16.89%；较高风险地区主要集中在清远、河源和阳江，在 SSP2

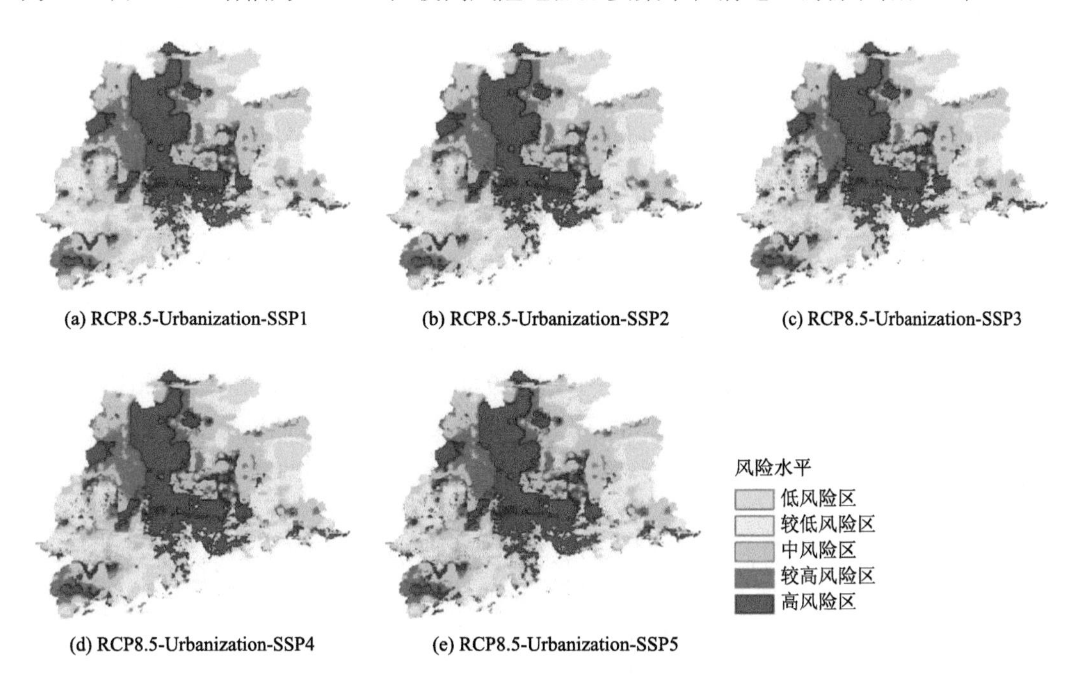

图 8-4　RCP8.5-Urbanization-SSPs 情景珠三角地区洪涝风险分布图

表 8-4 珠三角地区 RCP8.5-Urbanization-SSPs 情景相对于历史时期洪涝灾害风险变化

风险水平		低风险	较低风险	中风险	较高风险	高风险
RCP8.5-Urbanization-SSP1	面积/万 km^2	0.69	0.29	–2.76	0.11	1.67
	占比/%	7.06	2.99	–28.24	1.11	17.09
RCP8.5-Urbanization-SSP2	面积/万 km^2	0.66	0.28	–2.74	0.15	1.65
	占比/%	6.78	2.82	–28.03	1.54	16.89
RCP8.5-Urbanization-SSP3	面积/万 km^2	0.58	0.37	–2.89	0.08	1.86
	占比/%	5.88	3.79	–29.50	0.78	19.05
RCP8.5-Urbanization-SSP4	面积/万 km^2	0.59	0.41	–2.90	0.08	1.83
	占比/%	6.00	4.17	–29.69	0.85	18.67
RCP8.5-Urbanization-SSP5	面积/万 km^2	0.57	0.35	–2.88	0.03	1.94
	占比/%	5.81	3.54	–29.41	0.26	19.8

条件下增幅最大，为 1.54%，最小增幅为 SSP5 经济条件下 0.26%；低风险及较低风险地区主要集中于肇庆和云浮，并在 5 个社会经济情景下均体现出增大趋势；相反的中风险区在五个社会经济情景均有所降低，范围为–29.69%～28.03%。

具体来说，在 RCP8.5-Urbanization-SSPs 情景下，SSP1 高风险区面积增加 1.67 万 km^2，增幅 17.09%；较高风险区面积增加 0.11 万 km^2，增幅 1.11%；中风险区增加–2.76 万 km^2，增幅–28.24%；较低风险区增加 0.29 万 km^2，增幅 2.99%；低风险区增加 0.69 万 km^2，增幅 7.06%。

SSP2 高风险区面积增加 1.65 万 km^2，增幅 16.89%；较高风险区面积增加 0.15 万 km^2，增幅 1.54%；中风险区面积增加–2.74 万 km^2，增幅–28.03%；较低风险区面积增加 0.28 万 km^2，增幅 2.82%；低风险区面积增加 0.66 万 km^2，增幅 6.78%。

SSP3 高风险区面积增加 1.86 万 km^2，增幅 19.05%；较高风险区面积增加 0.08 万 km^2，增幅 0.78%；中风险区面积增加–2.89 万 km^2，增幅–29.50%；较低风险区面积增加 0.37 万 km^2，增幅 3.79%；低风险区面积增加 0.58 万 km^2，增幅 5.88%。

SSP4 高风险区面积增加 1.83 万 km^2，增幅 18.67%；较高风险区面积增加 0.08 万 km^2，增幅 0.85%；中风险区面积增加–2.90 万 km^2，增幅–29.69%；较低风险区面积增加 0.41 万 km^2，增幅 4.17%；低风险区面积增加 0.59 万 km^2，增幅 6.00%。

SSP5 高风险区面积增加 1.94 万 km^2，增幅 19.80%；较高风险区面积增加 0.03 万 km^2，增幅 0.26%；中风险区面积增加–2.88 万 km^2，增幅–29.41%；较低风险区面积增加 0.35 万 km^2，增幅 3.54%；低风险区面积增加 0.57 万 km^2，增幅 5.81%。

8.7 不同排放情景对珠三角地区洪涝风险的影响

表 8-5 为不同排放情景（RCP8.5-RCP4.5）下洪涝风险的变化，从表中可以看出，高风险区面积在五个社会经济情景下显著增加，增加范围为 10.44%～11.09%，较高风险区面积也具有一定程度的增加，增加范围为 2.25%～2.63%，这一结果表明高排放情景能够

直接增加珠三角地区的洪涝风险水平。

表 8-5　洪涝风险变化（RCP8.5 至 RCP4.5）

风险水平		低风险	较低风险	中风险	较高风险	高风险
SSP1	面积/万 km^2	–0.60	0.06	–0.74	0.23	1.05
	占比/%	–6.17	0.63	–7.52	2.32	10.75
SSP2	面积/万 km^2	–0.62	0.07	–0.73	0.26	1.02
	占比/%	–6.34	0.69	–7.41	2.63	10.44
SSP3	面积/万 km^2	–0.56	0.06	–0.77	0.23	1.05
	占比/%	–5.77	0.59	–7.86	2.35	10.70
SSP4	面积/万 km^2	–0.58	0.05	–0.76	0.24	1.04
	占比/%	–5.96	0.55	–7.76	2.50	10.67
SSP5	面积/万 km^2	–0.52	0.02	–0.80	0.22	1.08
	占比/%	–5.36	0.21	–8.18	2.25	11.09

具体来说，SSP1 高风险区面积增加 1.05 万 km^2，增幅 10.75%；较高风险区面积增加 0.23 万 km^2，增幅 2.32%；中风险区面积增加–0.74 万 km^2，增幅–7.52%；较低风险区面积增加 0.06 万 km^2，增幅 0.63%；低风险区面积增加–0.60 万 km^2，增幅–6.17%。

SSP2 高风险区面积增加 1.02 万 km^2，增幅 10.44%；较高风险区面积增加 0.26 万 km^2，增幅 2.63%；中风险区面积增加–0.73 万 km^2，增幅–7.41%；较低风险区面积增加 0.07 万 km^2，增幅 0.69%；低风险区面积增加–0.62 万 km^2，增幅–6.34%。

SSP3 高风险区面积增加 1.05 万 km^2，增幅 10.70%；较高风险区面积增加 0.23 万 km^2，增幅 2.35%；中风险区面积增加–0.77 万 km^2，增幅–7.86%；较低风险区面积增加 0.06 万 km^2，增幅 0.59%；低风险区面积增加–0.56 万 km^2，增幅–5.77%。

SSP4 高风险区面积增加 1.04 万 km^2，增幅 10.67%；较高风险区面积增加 0.24 万 km^2，增幅 2.50%；中风险区面积增加–0.76 万 km^2，增幅–7.76%；较低风险区面积增加 0.05 万 km^2，增幅 0.55%；低风险区面积增加–0.58 万 km^2，增幅–5.96%。

SSP5 高风险区面积增加 1.08 万 km^2，增幅 11.09%；较高风险区面积增加 0.22 万 km^2，增幅 2.25%；中风险区面积增加–0.80 万 km^2，增幅–8.18%；较低风险区面积增加 0.02 万 km^2，增幅 0.21%；低风险区面积增加–0.52 万 km^2，增幅–5.36%。

8.8　不同共享社会经济情景对珠三角地区洪涝风险的影响

不同 SSP 情景下对相同洪水风险的贡献可以认为是共享社会经济发展对珠三角地区洪涝风险的影响，图 8-5 为相同气候与城市化情景条件下，不同洪水风险等级下的社会经济发展的贡献。

具体来说，在 RCP4.5 情景下，相对于 SSP1 情景，SSP2 高风险区面积增加 0.01 万 km^2，增幅 0.11%；较高风险区面积增加 0.01 万 km^2，增幅 0.12%；中风险区面积增加 0.01 万 km^2，增幅 0.10%；较低风险区面积增加–0.02 万 km^2，增幅–0.22%；低风险区面积增加–0.01 万 km^2，增幅–0.11%。

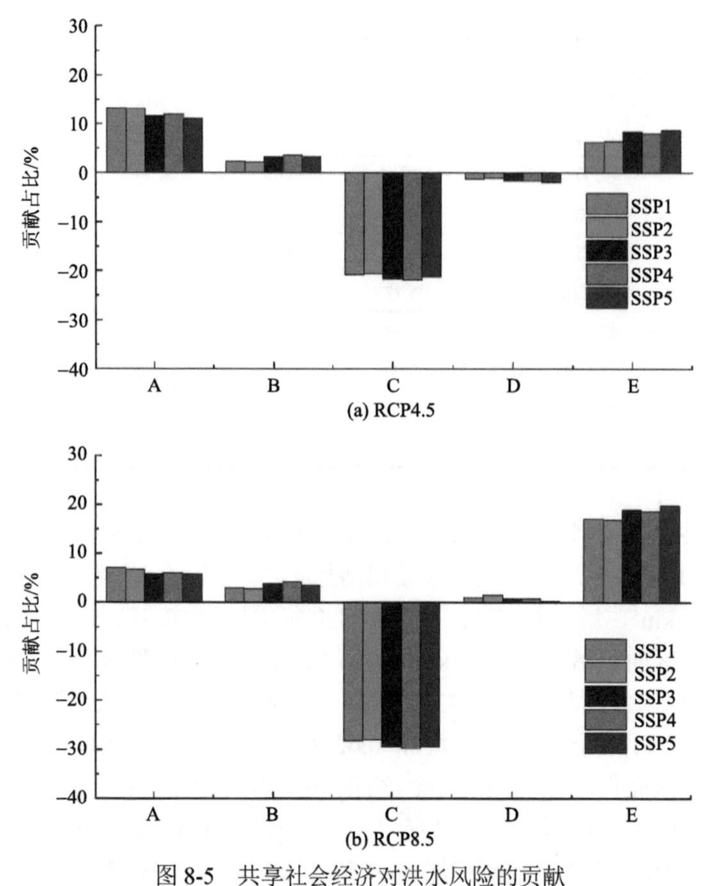

图 8-5 共享社会经济对洪水风险的贡献

A：低风险区；B 较低风险区；C 中等风险区；D 较高风险区；E 高风险区

SSP3 高风险区面积增加 0.20 万 km^2，增幅 2.01%；较高风险区面积增加–0.03 万 km^2，增幅–0.36%；中风险区面积增加–0.09 万 km^2，增幅–0.92%；较低风险区面积增加 0.08 万 km^2，增幅 0.84%；低风险区面积增加–0.15 万 km^2，增幅–1.57%。

SSP4 高风险区面积增加 0.16 万 km^2，增幅 1.66%；较高风险区面积增加–0.04 万 km^2，增幅–0.44%；中风险区面积增加–0.11 万 km^2，增幅–1.20%；较低风险区面积增加 0.12 万 km^2，增幅 1.26%；低风险区面积增加–0.12 万 km^2，增幅–1.27%。

SSP5 高风险区面积增加 0.23 万 km^2，增幅 2.38%；较高风险区面积增加–0.08 万 km^2，增幅–0.79%；中风险区面积增加–0.05 万 km^2，增幅–0.51%；较低风险区面积增加 0.10 万 km^2，增幅 0.97%；低风险区面积增加–0.20 万 km^2，增幅–2.06%。

对于 RCP8.5 情景，相对于 SSP1 情景，SSP2 高风险区面积增加–0.02 万 km^2，增幅–0.20%；较高风险区面积增加 0.04 万 km^2，增幅 0.43%；中风险区面积增加 0.02 万 km^2，增幅 0.21%；较低风险区面积增加–0.01 万 km^2，增幅–0.17%；低风险区面积增加–0.03 万 km^2，增幅–0.28%。

SSP3 高风险区面积增加 0.19 万 km^2，增幅 1.96%；较高风险区面积增加–0.03 万 km^2，增幅–0.33%；中风险区面积增加–0.13 万 km^2，增幅–1.26%；较低风险区面积增加 0.08 万 km^2，增幅 0.80%；低风险区面积增加–0.11 万 km^2，增幅–1.18%。

SSP4 高风险区面积增加 0.16 万 km^2，增幅 1.58%；较高风险区面积增加–0.03 万 km^2，增幅–0.26%；中风险区面积增加–0.14 万 km^2，增幅–1.45%；较低风险区面积增加 0.12 万 km^2，增幅 1.18%；低风险区面积增加–0.10 万 km^2，增幅–1.06%。

SSP5 高风险区面积增加 0.27 万 km^2，增幅 2.71%；较高风险区面积增加–0.08 万 km^2，增幅–0.85%；中风险区面积增加–0.12 万 km^2，增幅–1.17%；较低风险区面积增加 0.06 万 km^2，增幅 0.55%；低风险区面积增加–0.12 万 km^2，增幅–1.25%。

以上统计结果表明，在 RCP4.5 和 RCP8.5 排放情景下，SSP5 为高风险区增幅最大的情景，而低风险区增幅却最小。这一结果与 SSP5 情景的设置相一致，SSP5 的经济增长强劲，但对化石燃料的强烈依赖和全球环境关切的缺乏可能对缓解洪涝风险带来较高的挑战。相对于 SSP3、SSP4 和 SSP5，SSP1 和 SSP2 情景则在高风险区表现出相对较低的贡献，SSP1 是一条可持续发展道路并表现出较为积极的洪涝风险管理，SSP2 情景则是社会经济的发展道路，相对于历史时期并未有显著的变化，将会对降低洪水风险，表现出较低程度的挑战。

8.9　小　　结

根据风险成因机制系统的致灾因子、孕灾环境和承灾体三大驱动因子选取 8 个评价指标，分别构建了历史时期珠三角地区洪涝风险和未来时期 RCPs-Urbanization-SSPs 多情景的洪涝灾害风险评估模型对洪涝风险的变化进行评估，具体结论如下：

（1）利用层次分析法和熵权法得出的综合权重中，最大一日降雨 Rx1day 权重最大，径流系数 RC、生产总值和大雨日数 R25mm 次之，表明这四个指标对珠三角地区洪涝灾害风险形成过程驱动影响最大；距河道距离（DR）权重最小，表明其驱动影响最小。

（2）未来时期洪涝灾害风险模型 RCP4.5-Urbanization-SSPs 和 RCP8.5-Urbanization-SSPs 结果均表明高风险地区均大幅增加，尤其是 RCP8.5-Urbanization-SSP5，增幅为 90.80%；较高风险地区则主要集中在人口密度较大、地形较为不利的地区；中风险地区在两种排放情景下则均减少。这一结果表明在未来时期珠三角地区可能遭受更为严重的洪涝风险灾害。

（3）RCP8.5-Urbanization-SSPs 和 RCP4.5-Urbanization-SSPs 的差异表明高排放情景能够直接增加高风险区的洪涝风险范围，增加范围为 10.44%～11.09%，较高风险区面积也具有一定程度的增加，这一结果表明高排放情景将会给珠三角地区的洪涝风险治理带来更不利的影响。

（4）不同的社会经济发展将会给未来时期洪水风险管理带来不同的影响，在 SSP5 社会经济情景下，在经济发展强劲的同时，缺少对全球环境的关心，使得洪涝风险管理将会进一步面临更为严峻的挑战，而 SSP1 作为可持续发展道路，将有利于降低未来时期洪水风险。

参 考 文 献

柏茂杨, 唐斌. 2020. 基于 NPP-VIIRS 夜间灯光数据的成都市 GDP 空间化研究. 测绘, 43(04): 147-151.

曹晓晨. 2021. 基于熵权法的黑龙江省经济高质量发展评价研究. 商业经济, (3): 27-28, 75.

柴子为, 王帅磊, 乔纪纲. 2015. 基于夜间灯光数据的珠三角地区镇级 GDP 估算. 热带地理, 35(3): 379-385.

邓雪, 李家铭, 曾浩健, 等. 2012. 层次分析法权重计算方法分析及其应用研究. 数学的实践与认识, 42(7): 93-100.

龚丽芳, 吴泽俊, 陈欢. 2021. 基于因子分析和熵权法的赣州市水资源承载力研究. 水利规划与设计, (2): 46-50, 73.

国家统计局. 2022. 中华人民共和国 2021 年国民经济和社会发展统计公报. 中国信息报. [2022-02-28].

何丹, 金凤君, 周璟. 2011. 基于 Logistic-CA-Markov 的土地利用景观格局变化——以京津冀都市圈为例. 地理科学, 31(08): 903-910.

侯精明, 郭凯华, 王志力, 等. 2017. 设计暴雨雨型对城市内涝影响数值模拟. 水科学进展, 28(6): 820-828.

胡波, 丁烨毅, 何利德, 等. 2014. 基于模糊综合评价的宁波暴雨洪涝灾害风险区划. 暴雨灾害, 33(4): 380-385.

黄国如, 罗海婉, 陈文杰, 等. 2019. 广州东濠涌流域城市洪涝灾害情景模拟与风险评估. 水科学进展, 30(5): 643-652.

黄国如, 王欣, 黄维. 2017. 基于 InfoWorks ICM 模型的城市暴雨内涝模拟. 水电能源科学, 35(2): 66-70, 60.

黄国如, 冼卓雁, 成国栋, 等. 2015. 基于 GIS 的清远市瑶安小流域山洪灾害风险评价. 水电能源科学, 33(6): 43-47.

黄铁兰, 陈君浩, 黄枫杰, 等. 2017. 基于 GIS 的珠江三角洲地区城市内涝特征研究. 广东工业大学学报, 34(1): 24-30.

焦瑾璞, 黄亭亭, 汪天都, 等. 2015. 中国普惠金融发展进程及实证研究. 上海金融, (4): 12-22.

赖成光. 2016. 变化环境下南方不同空间单元洪涝灾害风险评估模型研究. 广州: 中山大学.

李碧琦, 罗海婉, 陈文杰, 等. 2019. 基于数值模拟的深圳民治片区暴雨内涝风险评估. 南水北调与水利科技, 17(5): 20-28, 63.

李道全, 王雪, 于波, 等. 2020. 基于一维卷积神经网络的网络流量分类方法. 计算机工程与应用, 56(3): 94-99.

廖永丰, 赵飞, 邓岚, 等. 2017. 城市内涝灾害居民室内财产损失评价模型研究. 灾害学, 32(2): 7-12.

刘洁, 李宏, 马勇刚. 2014. 基于 CA-Markov 模型的中亚典型城市土地利用变化预测分析. 水土保持研究, 21(3): 51-56.

刘薇薇, 张小红. 2021. 基于 C-D 拓展模型的武汉市 GDP 增长影响因素研究——以 1978—2017 年截面数据为例. 经济研究导刊, 463(5): 39-43.

刘玉湖. 2019. 基于长时序夜间灯光反演 GDP 发展研究. 南昌: 东华理工大学.

马晋毅. 2015. 深圳市内涝形成原因分析与治涝对策研究. 水利水电技术, 46(2): 105-111.

石勇. 2010. 灾害情景下城市脆弱性评估研究——以上海市为例. 上海: 华东师范大学.

苏明道, 张龄方, 林美君, 等. 2002. 国科会专题研究计划成果报告——基隆河流域淹水损害评估模式与相关资料库建立之研究(II). 台北: 台湾大学生物环境系统工程学系暨研究所.

王浩, 王佳, 刘家宏, 等. 2021. 城市水循环演变及对策分析. 水利学报, 52(1): 3-11.

王兆礼, 赖成光, 陈晓宏. 2012. 基于熵权的洪灾风险空间模糊综合评价模型. 水力发电学报, 31(5): 35-40.

王兆卫. 2017. 基于模糊评价法的城市洪涝灾害评估研究. 南京: 东南大学.

吴健生, 张朴华. 2017. 城市景观格局对城市内涝的影响研究——以深圳市为例. 地理学报, 72(3): 444-456.

吴彦成, 丁祥, 杨利伟, 等. 2020. 基于 InfoWorks ICM 模型的陕西省咸阳市排水系统能力及内涝风险评估. 地球科学与环境学报, 42(4): 552-559.

吴志强, 叶锺楠. 2016. 基于百度地图热力图的城市空间结构研究——以上海中心城区为例. 城市规划, 40(4): 33-40.

夏军, 石卫. 2016. 变化环境下中国水安全问题研究与展望. 水利学报, 474(3): 46-55.

向碧为. 2012. 东江流域水基系统健康评价研究. 广州: 华南理工大学.

许学强, 李郇. 2009. 改革开放 30 年珠江三角洲城镇化的回顾与展望. 经济地理, 29(1): 13-18.

徐宗学, 程涛. 2019. 城市水管理与海绵城市建设之理论基础——城市水文学研究进展. 水利学报, 50(1): 53-61.

姚思敏. 2016. 城市暴雨灾害风险评估研究——以京津冀地区为例. 北京: 清华大学.

游珍, 王露, 封志明, 等. 2013. 珠三角地区人口分布时空格局及其变化特征. 热带地理, 33(2): 156-163.

余凯, 贾磊, 陈雨强, 等. 2013. 深度学习的昨天、今天和明天. 计算机研究与发展, 50(9): 1799-1804.

张瀚. 2019. 气候变化与城市化对珠三角地区城市洪涝灾害风险影响研究. 广州: 华南理工大学.

张会, 李铖, 程炯, 等. 2019. 基于“H-E-V”框架的城市洪涝风险评估研究进展. 地理科学进展, 38(2): 175-190.

张建云, 向衍. 2018. 气候变化对水利工程安全影响分析. 中国科学: 技术科学, 48(10): 1031-1039.

张建云, 王银堂, 贺瑞敏, 等. 2016. 中国城市洪涝问题及成因分析. 水科学进展, 27(4): 485-491.

周春山, 金万富, 史晨怡. 2015. 新时期珠江三角洲城市群发展战略的思考. 地理科学进展, 34(3): 302-312.

朱静. 2010. 城市山洪灾害风险评价——以云南省文山县城为例. 地理研究, 29(4): 655-664.

Ahmadlou M, Al_Fugara A K, Al-Shabeeb A R, et al. 2020. Flood susceptibility mapping and assessment using a novel deep learning model combining multilayer perceptron and autoencoder neural networks. Journal of Flood Risk Management, 13: 1-22.

Auerbach L W, Goodbred Jr S L, Mondal D R, et al. 2015. Flood risk of natural and embanked landscapes on the Ganges–Brahmaputra tidal delta plain. Nature Climate Change, 5(2): 153-157.

Becker A, Grünewald U. 2003. Disaster management: Flood risk in Central Europe. Science, 300(5622): 1099.

Campolo M, Andreussi P, Soldati A. 1999. River flood forecasting with a neural network model. Water Resources Research, 35(4): 1191-1197.

Chen T, Guestrin C. 2016. XGBoost: A Scalable Tree Boosting System. Proceedings of the 22nd ACM SIGKDD International Conference on Knowledge Discovery and Data Mining, 785-794.

Chen W, Huang G, Zhang H, et al. 2018. Urban inundation response to rainstorm patterns with a coupled hydrodynamic model: A case study in Haidian Island, China. Journal of Hydrology, 564: 1022-1035.

Chen X, Zhang H, Chen W, et al. 2020. Urbanization and climate change impacts on future flood risk in the Pearl River Delta under shared socioeconomic pathways. Science of The Total Environment, 762: 143144.

CRED. 2022. 2021 Disasters in numbers. Brussels: CRED.

Darabi H, Choubin B, Rahmati O, et al. 2019. Urban flood risk mapping using the GARP and QUEST models: A comparative study of machine learning techniques. Journal of Hydrology, 569: 142-154.

Dickinson R, Henderson-Sellers A, Kennedy P J. 1993. Biosphere-Atmosphere Transfer Scheme (BATS) Version 1 as coupled to the NCAR Community Climate Model. NCAR Technical Note NCAR/TN-387 STR, National Center for Atmospheric Research of Soil and Water Conservation, Boulder, CO, 72 pp.

Dou X, Song J, Wang L, et al. 2017. Flood risk assessment and mapping based on a modified multi-parameter flood hazard index model in the Guanzhong Urban Area, China. Stochastic Environmental Research and Risk Assessment, 32(4): 1131-1146.

Dunne J P, John J G, Adcroft A J, et al. 2012a. GFDL's ESM2 Global Coupled Climate–Carbon Earth System Models. Part I: Physical Formulation and Baseline Simulation Characteristics. Journal of Climate, 25(19): 6646-6665.

Dunne J P, John J G, Shevliakova E, et al. 2012b. GFDL's ESM2 Global Coupled Climate–Carbon Earth System Models. Part II: Carbon System Formulation and Baseline Simulation Characteristics. Journal of Climate, 26(7): 2247-2267.

Grell G A. 1993. Prognostic Evaluation of Assumptions Used by Cumulus Parameterizations. Monthly Weather Review, 121(3): 764-787.

Hallegatte S, Green C, Nicholls R J, et al. 2013. Future flood losses in major coastal cities. Nature Climate Change, 3(9): 802-806.

Hirabayashi Y, Mahendran R, Koirala S, et al. 2013. Global flood risk under climate change. Nature Climate Change, 3(9): 816-821.

Holtslag A A M, De Bruijn E I F, Pan H L. 1990. A high resolution air mass transformation model for short-range weather forecasting. Monthly Weather Review, 118(8): 1561-1575.

Hong Y, Adler R F. 2008. Estimation of global SCS curve numbers using satellite remote sensing and geospatial data. International Journal of Remote Sensing, 29(2): 471-477.

Jahangir M H, Mousavi Reineh S M, Abolghasemi M. 2019. Spatial predication of flood zonation mapping in Kan River Basin, Iran, using artificial neural network algorithm. Weather and Climate Extremes, 25: 100215.

Jha A K, Bloch R, Lamond J. 2012. Cities and flooding: a guide to integrated urban flood risk management for the 21st century. The World Bank.

Ji Z, Kang S. 2015. Evaluation of extreme climate events using a regional climate model for China. International Journal of Climatology, 35(6): 888-902.

Jongman B, Hochrainer-Stigler S, Feyen L, et al. 2014. Increasing stress on disaster-risk finance due to large floods. Nature Climate Change, 4(4): 264-268.

Kabir S, Patidar S, Xia X, et al. 2020. A deep convolutional neural network model for rapid prediction of fluvial flood inundation. Journal of Hydrology, 590: 125481.

Kendall M G. 1975. Rank correlation method. London: Griffin.

Khosravi K, Pham B T, Chapi K, et al. 2018. A comparative assessment of decision trees algorithms for flash flood susceptibility modeling at Haraz watershed, northern Iran. Science of The Total Environment, 627: 744-755.

Kiehl J T, Hack J J, Bonan G. B. , et al. 1996. Description of the NCAR community climate model (CCM3). NCAR Technical Note NCAR/TN-420 STR, Boulder, CO, 152 pp.

Kim S, Kim B. S, Jun H, et al. 2014. Assessment of future water resources and water scarcity considering the factors of climate change and social–environmental change in Han River basin, Korea. Stochastic Environmental Research and Risk Assessment, 28(8): 1999-2014.

Kiranyaz S, Ince T, Hamila R, et al. 2015. Convolutional Neural Networks for patient-specific ECG classification. Annual International Conference of the IEEE Engineering in Medicine and Biology Society, 2608-2611.

Kuś G, Zwaag S, Bessa M. 2021. Sparse quantum Gaussian processes to counter the curse of dimensionality. Quantum Machine Intelligence, 3: 6.

Lai C, Shao Q, Chen X, et al. 2016. Flood risk zoning using a rule mining based on ant colony algorithm. Journal of Hydrology, 542: 268-280.

Lee Y, Yu F, Switzer A, et al. 2012. Developing a historical typhoon database for the southeastern chinese coastal provinces, 1951-2010. Proceedings of Annual International Conference on Geological and Earth Science, 8-12.

Li S, Wang Z, Lai C, et al. 2020. Quantitative assessment of the relative impacts of climate change and human activity on flood susceptibility based on a cloud model. Journal of Hydrology, 588: 125051.

Li X, Xu H, Chen X, et al. 2013. Potential of NPP-VIIRS nighttime light imagery for modeling the regional economy of China. Remote Sensing, 5(6): 3057-3081.

Liang H, Guo Z, Wu J, et al. 2020. GDP spatialization in Ningbo City based on NPP/VIIRS night-time light and auxiliary data using random forest regression. Advances in Space Research, 65(1): 481-493.

Lin K, Chen H, Xu C-Y, et al. 2020. Assessment of flash flood risk based on improved analytic hierarchy process method and integrated maximum likelihood clustering algorithm. Journal of Hydrology, 584: 124696.

Liu D. 2016. China's sponge cities to soak up rainwater. Nature, 537(7620): 307.

Liu S, Gao W, Liang X-Z. 2013. A regional climate model downscaling projection of China future climate change. Climate Dynamics, 41(7): 1871-1884.

Loveland T R, Reed B C, Brown J F, et al. 2010. Development of a global land cover characteristics database and IGBP DISCover from 1 km AVHRR data. International Journal of Remote Sensing, 21(6-7): 1303-1330.

Lyu H-M, Sun W-J, Shen S-L, et al. 2018. Flood risk assessment in metro systems of mega-cities using a

GIS-based modeling approach. Science of the Total Environment, 626: 1012-1025.

Mann H B. 1945. Non-Parametric tests against trend. Econometrica, 13: 245-259.

Matthews R B, Gilbert N G, Roach A, et al. 2007. Agent-based land-use models: a review of applications. Landscape Ecology, 22(10): 1447-1459.

Milly P C D, Wetherald R T, Dunne K A, et al. 2002. Increasing risk of great floods in a changing climate. Nature, 415(6871): 514-517.

Mojaddadi H, Pradhan B, Nampak H, et al. 2017. Ensemble machine-learning-based geospatial approach for flood risk assessment using multi-sensor remote-sensing data and GIS. Geomatics, Natural Hazards and Risk, 8(2): 1080-1102.

O'Neill B C, Kriegler E, Ebi K L, et al. 2017. The roads ahead: Narratives for shared socioeconomic pathways describing world futures in the 21st century. Global Environmental Change, 42: 169-180.

Saaty T L. 1990. How to make a decision: The analytic hierarchy process. European Journal of Operational Research, 48(1): 9-26.

Sadler J M, Goodall J L, Morsy M M, et al. 2018. Modeling urban coastal flood severity from crowd-sourced flood reports using Poisson regression and Random Forest. Journal of Hydrology, 559: 43-55.

Sen M, Dutta S, Ghosh S. 2020. Flood resilience quantification for roadways infrastructure using an integrated GIS-BN approach// Second ASCE India Conference on "Challenges of Resilient and Sustainable Infrastructure Development in Emerging Economies" (CRSIDE2020).

Sen P K. 1968. Estimates of the Regression Coefficient Based on Kendall's Tau. Journal of the American Statistical Association, 63(324): 1379-1389.

Shannon C E. 1948. A mathematical theory of communication. The Bell System Technical Journal, 27: 379-423.

Song J, Wang J, Xi G, et al. 2020. Evaluation of stormwater runoff quantity integral management via sponge city construction: A pilot case study of Jinan. Urban Water Journal, 18: 1-12.

Sørensen R, Zinko U, Seibert J. 2006. On the calculation of the topographic wetness index: evaluation of different methods based on field observations. Hydrology and Earth System Sciences, 10 (1): 101-112.

Stefanidis S, Stathis D. 2013. Assessment of flood hazard based on natural and anthropogenic factors using analytic hierarchy process (AHP). Natural Hazards, 68(2): 569-585.

Sun P, Zhang Q, Wen Q, et al. 2017. Multisource Data-Based Integrated Agricultural Drought Monitoring in the Huai River Basin, China. Journal of Geophysical Research: Atmospheres, 122(20): 10751-10772.

Sun Q, Miao C, Duan Q. 2015. Projected changes in temperature and precipitation in ten river basins over China in 21st century. International Journal of Climatology, 35(6): 1125-1141.

Tehrany M S, Pradhan B, Mansor S, et al. 2015. Flood susceptibility assessment using GIS-based support vector machine model with different kernel types. Catena, 125: 91-101.

Tellman B, Sullivan J A, Kuhn C, et al. 2021. Satellite imaging reveals increased proportion of population exposed to floods. Nature, 596: 80-86.

Temmerman S, Meire P, Bouma T J, et al. 2013. Ecosystem-based coastal defense in the face of global change. Nature, 504(7478): 79-83.

Wagenaar D, Curran A, Balbi M, et al. 2020. Invited perspectives: How machine learning will change flood risk and impact assessment. Natural Hazards and Earth System Sciences, 20: 1149-1161.

Waibel A, Hanazawa T, Hinton G, et al. 1989. Phoneme recognition using time-delay neural networks. IEEE Transactions on Acoustics, Speech, and Signal Processing, 37(3): 328-339.

Wang T, Chen J S, Wang T, et al. 2014. Entropy weight-set pair analysis based on tracer techniques for dam leakage investigation. Natural Hazards, 76(2): 747-767.

Wang X, Wang X, Zhai J, et al. 2017. Improvement to flooding risk assessment of storm surges by residual interpolation in the coastal areas of Guangdong Province, China. Quaternary International, 453: 1-14.

Wang Y, Meng F, Liu H, et al. 2019. Assessing catchment scale flood resilience of urban areas using a grid cell based metric. Water Research, 163: 114852.

Wang Z, Lai C, Chen X, et al. 2015. Flood hazard risk assessment model based on random forest. Journal of Hydrology, 527: 1130-1141.

Woodruff J D, Irish J L, Camargo S J. 2013. Coastal flooding by tropical cyclones and sea-level rise. Nature, 504(7478): 44-52.

Wu C, Huang G. 2016. Projection of climate extremes in the Zhujiang River basin using a regional climate model. International Journal of Climatology, 36(3): 1184-1196.

Wu Y, Zhong P, Xu B, et al. 2016. Changing of flood risk due to climate and development in Huaihe River basin, China. Stochastic Environmental Research and Risk Assessment, 31(4): 935-948.

Wu Z, Zhou Y, Wang H, et al. 2020. Depth prediction of urban flood under different rainfall return periods based on deep learning and data warehouse. Science of The Total Environment, 716: 137077.

Yin Y, Tang Q, Liu X, et al. 2017. Water scarcity under various socio-economic pathways and its potential effects on food production in the Yellow River basin. Hydrology and Earth System Sciences, 21(2): 791-804.

Zadeh L A. 1965. Fuzzy Sets. Information and Control, 8(3): 338-353.

Zeng J, Huang G. 2018. Set pair analysis for karst waterlogging risk assessment based on AHP and entropy weight. Hydrology Research, 49(4): 1143-1155.

Zeng X, Zhao M, Dickinson R E. 1998. Intercomparison of Bulk Aerodynamic Algorithms for the Computation of Sea Surface Fluxes Using TOGA COARE and TAO Data. Journal of Climate, 11(10): 2628-2644.

Zhang D L, Lin Y, Zhao P, et al. 2013. The Beijing extreme rainfall of 21 July 2012: "Right results" but for wrong reasons. Geophysical Research Letters, 40(7): 1426-1431.

Zhang Q, Gu X, Singh V P, et al. 2014. Stationarity of annual flood peaks during 1951–2010 in the Pearl River basin, China. Journal of Hydrology, 519: 3263-3274.

Zhang Q, Singh V P, Peng J, et al. 2012. Spatial–temporal changes of precipitation structure across the Pearl River basin, China. Journal of Hydrology, 440-441: 113-122.

Zhao G, Pang B, Xu Z, et al. 2019. Assessment of urban flood susceptibility using semi-supervised machine learning model. Science of The Total Environment, 659: 940-949.

Zhao G, Pang B, Xu Z, et al. 2020. Urban flood susceptibility assessment based on convolutional neural networks. Journal of Hydrology, 590: 125235.

Zheng F, Westra S, Leonard M, et al. 2014. A. Modeling dependence between extreme rainfall and storm surge to estimate coastal flooding risk. Water Resources Research, 50(3): 2050-2071.

Zhi G, Liao Z, Tian W, et al. 2020. Urban flood risk assessment and analysis with a 3D visualization method coupling the PP-PSO algorithm and building data. Journal of Environmental Management, 268: 110521.

Zou Q, Zhou J, Zhou C, et al. 2012. Comprehensive flood risk assessment based on set pair analysis-variable fuzzy sets model and fuzzy AHP. Stochastic Environmental Research and Risk Assessment, 27(2): 525-546.